园林综合实践

霍宪起　张桂玲　等编著

化学工业出版社

·北京·

本书共三篇，上篇为园林植物篇，主要介绍了园林植物种子检验、育苗、嫁接、管理、养护等内容；中篇为园林工程篇，主要介绍了园林的规划、设计、施工等内容；下篇为园林实习篇，主要介绍了中国南方、北方的代表性园林。

　　本书内容结构清晰，图文结合，直观性和适用性强，可供从事园林工程领域设计、施工、维护等领域的工程技术人员和科研人员参考，也可作为高等学校园林及相关专业的实训教材，还可作为园林专业高级技术人员的培训教材。

图书在版编目（CIP）数据

　　园林综合实践/霍宪起等编著. —北京：化学工业出版社，2018.4
　　ISBN 978-7-122-31621-9

　　Ⅰ.①园…　Ⅱ.①霍…　Ⅲ.①园林-工程-高等学校-教材　Ⅳ.①TU986.3

　　中国版本图书馆 CIP 数据核字（2018）第 040660 号

责任编辑：刘兴春　刘　婧　　　　　文字编辑：汲永臻
责任校对：宋　玮　　　　　　　　　装帧设计：张　辉

出版发行：化学工业出版社（北京市东城区青年湖南街 13 号　邮政编码 100011）
印　　装：北京市白帆印务有限公司
787mm×1092mm　1/16　印张 14¾　字数 363 千字　2018 年 7 月北京第 1 版第 1 次印刷

购书咨询：010-64518888（传真：010-64519686）　　售后服务：010-64518899
网　　址：http://www.cip.com.cn
凡购买本书，如有缺损质量问题，本社销售中心负责调换。

定　　价：58.00 元

前　言

　　随着经济社会的发展以及人们生活水平的提高，城市园林建设得到了快速发展，园林绿化规模大幅提升。各地城市建设中园林规划设计、施工、养护的任务比较繁重，对于高水平园林专业人才有较大的需求。为有效适应园林绿化现状，同时结合高等学校园林（3＋2）五年一贯制专业实践教学的实际需要组织编著了《园林综合实践》，旨在强化读者对园林植物进行栽培与养护、设计与施工工作基本方法的掌握，并且与园林生产实践以及职业技能鉴定考核相结合，及时融进新知识、新观念、新方法，呈现内容的专业性和开放性，培养读者进行园林植物栽培与养护、设计与施工的实践能力，耐心细致的工作作风和严肃认真的工作态度以及创新意识。

　　本书共三篇，上篇为园林植物篇，主要介绍了园林植物种子检验、育苗、嫁接、管理、养护等内容；中篇为园林工程篇，主要介绍了园林的规划、设计、施工等内容；下篇为园林实习篇，主要介绍了中国南方、北方的代表性园林。本书内容结构清晰，图文结合，直观性和适用性强，既可供从事园林工程领域设计、施工、维护等领域的工程技术人员和科研人员参考，也可作为高等学校园林及相关专业的实训教材，还可作为园林专业高级技术人员的培训教材。

　　本书主要由霍宪起、张桂玲等编著。在该书的编著过程中，临沂大学赵彦杰教授、刘敏博士、齐尧尧博士参与了相关章节的编著与审定。全书最后由霍宪起统稿、定稿。同时，本书在编著过程中还参考了相关专家的大量文献资料，仿绘了部分图例，在此向有关专家、单位深表感谢！

　　限于编著者编著水平和时间，书中难免存在不妥和疏漏之处，敬请读者批评指正。

编著者

2018 年 2 月

目 录

上篇 园林植物篇

实验 1 园林植物种子的识别、采收与处理

1.1 实验目的

通过实验了解常见园林植物种子的外部形态特征和种子的分类方法；掌握园林植物种子的观察方法和正确描述种子的方法；掌握园林植物种子采收、鉴定及处理的方法。

1.2 材料与用具

（1）材料

园林植物种子 30～40 种。

（2）用具

枝剪、采集箱、种子瓶、淘洗箩筐、天平、直尺、镊子、纸袋、盛物盒、培养皿、放大镜、滤纸等。

1.3 内容与操作步骤

识别 30～40 种园林植物的种子，并学会采收、处理、鉴定与储藏，并完成表 1-1-3、表 1-1-4 和表 1-1-5。

1.3.1 种子识别

种子类型如下所述。

（1）干果类种子

干果类果实成熟时自然干燥（表 1-1-1）。

表 1-1-1 干果类种子类型

种子类型	特点	代表植物
荚果	豆科植物特有，由一个心皮发育而成，果实成熟后沿腹、背两条缝开裂	刺槐、紫藤、皂荚、相思树、合欢、紫穗槐等
蒴果	由两个或两个以上心皮组成，成熟时果实瓣裂或盖裂，种子散出	柳、黄杨、紫薇、油茶、乌桕、丁香等

续表

种子类型	特点	代表植物
坚果	成熟时果皮木质化或革质化,通常一果含一粒种子	板栗、栓皮栎、栲属、山核桃等
颖果	果实含种子一枚,种皮与子房壁愈合	毛竹、花叶芦竹、罗汉竹、野燕麦、丽蚌草、早熟禾、结缕草等
翅果	果实长成翅状,果实有翅	榆、杜仲、白蜡、槭等
瘦果	果实生在坛状花托内,或生在扁平而突起的花托上	蔷薇、月季等
蓇葖果	由一个心皮或离生心皮发育而成,成熟时沿腹缝线或背缝线一边开裂	白玉兰、梧桐、绣线菊、珍珠梅等
聚合果	由多枚心皮集生于一个花托上形成	鹅掌楸(马褂木)、草莓、悬钩子、八角、芍药等

（2）肉质果种子

肉质果成熟时果皮含水多，一般不开裂，成熟后自母体脱落或逐渐腐烂（表 1-1-2）。

表 1-1-2　肉质果类种子类型

种子类型	特点	代表植物
核果	果皮分三层,通常外果皮呈膜质,中果皮肉质化,内果皮由石细胞组成,质地坚硬	榆叶梅、山桃、山杏、毛樱桃、山茱萸、黄檗等
梨果	属于假果,其果肉由花托和果皮共同发育而形成,通常情况下,花托膨大与外果皮和中果皮合成肉质,内果皮膜质或纸质状构成果心	海棠、山楂、山荆子、银杏、紫杉等
浆果	果皮肉质或浆质并充满汁液,果实内含一枚或多枚种子	猕猴桃、葡萄、金银花、金银木、女贞、樟树、小檗等

（3）球果类

裸子植物的雌球花受精后发育形成，种子着生在种鳞腹面聚成球果。如落叶松、樟子松、云杉、柳杉、柏树等。

1.3.2　种子采收

（1）干果类种子

当果实成熟时会自然干燥，种子容易干裂散出；采收种子应在完全成熟前，即将开裂或脱落前进行。某些花卉果实陆续成熟散落，采收种子必须在开花植株上陆续进行。

（2）肉质果种子

当果实成熟时果皮含水多，一般不会开裂。当果实成熟后自植株脱落或逐渐腐烂，如浆果、核果、梨果等。采收种子应在果实变色、变软时及时进行，防止过熟会自落或遭鸟虫啄食。如果等果皮干燥后再采收，会加深种子的休眠或受霉菌感染。

一般情况，根据种实形态成熟的外部特征来确定种子成熟期和采种期。

① 肉质果类成熟时，果实变软，颜色由绿变红、黄、紫等色，有光泽。如蔷薇、冬青、枸骨、火棘、南天竹、珊瑚树等。

② 干果类成熟时，果皮变为褐色，并干燥开裂，如刺槐、合欢、皂荚、油茶、海桐、卫矛等。

③ 球果类，果鳞干燥硬化变色，如油松、马尾松、侧柏等变成黄褐色。

1.3.3　种实脱落类型

种实成熟后，还需根据种实脱落方式和脱落时间的不同调整采种期。

① 种实悬挂在树上，较长时间不脱落，如樟子松、马尾松、杉木、侧柏、悬铃木、苦楝、刺槐、国槐、紫锻、臭椿、水曲柳、白蜡、女贞、槭树、桉树、梓树、楠木等。

② 成熟后随风飞散的，如杨树、柳树、泡桐、榆树、桦树等。

③ 树种籽粒大，成熟后即落在地面上，如七叶树、胡桃、板栗、栎等。

1.3.4　采种方法

（1）树上采种

适宜种粒很小且落地后不便收集（侧柏、桧柏），脱落后易被风吹散的翅果、絮毛种实（杨、柳、泡桐、榆），不易脱落或落果期长等种子采种。这类种子多用高枝剪、采种镰和采种兜采收；高大母树借助软梯、升降机等上树工具采收。

（2）地面收集

适宜种子成熟后，自行脱落且不易被风吹失的大粒种子（海棠、山楂、银杏、核桃）、中粒种子（栎、油茶、油桐等）。通过摇树、扫收或收采种布的方法收集此类种子。

（3）剪下果穗收集

对大果穗或翅果树种（臭椿、元宝枫、国槐等），可用高枝剪、采种钩将果穗剪下。

（4）直接收集

对树体不高的灌木类，如紫薇，可用枝剪将种子剪下。

1.3.5　种子处理

（1）干果的处理

含水量高的一般用阴干法，而含水量低的可用晒干法。

① 坚果类　含水量较高的阴干，暴晒容易失去生活力，如栎类、板栗、茅栗等。

② 翅果类　枫树、槭树、臭椿、白蜡、榆树、杜仲等的果实，调制时不必脱去果翅。其中杜仲、榆树的果实一般用阴干法干燥。

③ 荚果类　含水量比较低，用晒干法处理。

④ 蒴果类　含水量较高的大粒蒴果，阴干，如油茶、油桐；蒴果较小的应在采集后立即放入干燥室内进行干燥，如杨、柳等。

（2）肉质果的处理

肉质果的果肉含有较多的果胶和糖类，水分含量也高，采集后需要及时调制。调制工序主要为软化果肉、揉碎果肉，水淘洗出种子，然后干燥和净种。通常从肉质果实中取出的种子含水率高，不宜在阳光下暴晒，应在通风良好的地方摊放阴干，达到安全含水量时进行贮藏。

（3）球果类的处理

① 自然干燥脱粒　将球果放在阳光下暴晒，待球果鳞片裂开后，用棒敲打、然后将杂物和种子分开。

② 人工干燥脱粒　在球果干燥室进行，人工控制温度和通风条件，促进球果干燥，使

种子脱出。

1.3.6　种子的鉴定

（1）种子大小

① 千粒重　一般指 1000 粒正常种子的重量，是衡量种子质量的重要指标。测定千粒重时先进行净度检验，然后随机抽样 1000 粒种子称重，重复 3 次，计算 3 次的平均值。

② 大粒种子千粒重在 100～1000g 之间；中粒种子千粒重在 10～99.9g 之间；小粒种子千粒重在 1～9.9g 之间；微粒种子千粒重在 0.1～0.99g 之间。

（2）种子形状

种子形状可分为球形、卵形、椭圆形、肾形、披针形、线形、楔形、扁平形、舟形等。

（3）色泽

种子的颜色与光泽达到成熟的标准。

（4）种子附属物

有或无毛、翅、钩、刺等。

通过观察认识，对每小组所用种子，在混杂的情况下能够分清并说出名称。

1.3.7　种子储藏

（1）干藏法

对于含水量低的种子一般采用干藏法，如大多数乔灌木及草花种子多用此法。储藏前先充分干燥，然后将干燥的种子装入袋或桶中，放在通风、阴凉干燥的室内。密封干藏法是将干燥后的种子放在密闭容器中，并在其中加入适量干燥剂，要求定期检查，更换干燥剂。密封干燥是延长种子寿命的有效方法。

（2）湿藏法

对于含水量高的种子适用湿藏法，此法多限于越冬储藏，并与催芽相结合。一般将种子与湿沙或其他基质混拌（比例为 1∶3），埋在排水良好的地下或堆放在室内，保持一定湿度。这类方法对于保持种子生活力效果显著，并具有催芽作用，可提高种子发芽率和发芽势。

1.4　作业

① 识别常见园林植物的种子，将识别的结果填入表 1-1-3。

表 1-1-3　园林植物种子类型

植物名称	种子类型											
	干果							肉质果				球果
	蒴果	荚果	蓇葖果	坚果	颖果	瘦果	翅果	聚合果	浆果	核果	梨果	
1												
2												
3												
…												
…												

② 识别常见园林植物种子的采收方法，将采收的方式填入表 1-1-4。

表 1-1-4　园林植物种子的采收方式

植物名称	采收方式			
	树上采种	地面收集	剪下果穗收集	直接收集
1				
2				
3				
…				
…				

③ 将试验中所有的园林植物的种子进行鉴定，鉴定结果填入表 1-1-5。

表 1-1-5　园林植物种子的鉴定

植物名称	种子大小(千粒重)	种子形状	色泽	种子附属物
1				
2				
3				
…				
…				

④ 种子采收的依据是什么？如何确定不同类型园林植物的种子采收期？

⑤ 采收成熟度与种子生活力关系如何？

实验 2　园林植物种类识别

2.1　实验目的

通过对园林植物根、茎、叶、花、果实和种子的蜡质标本和实物标本的形态特征的识别和观察，掌握应用形态术语，描述至少 100 种园林植物，为识别、应用各类园林植物奠定基础；通过对冬季园林植物的芽、枝条及残存花果的观察，掌握园林植物冬态特征的识别；复习和巩固植物形态知识，理解掌握园林植物分类的常用方法，识别掌握常见园林植物种类，提高野外识别能力；了解本地区的乡土植物资源与观赏用途。

2.2　实验原理

世界花卉植物种属繁多，由于自身遗传基础和原产地的不同，形成了独特的生态习性和生长发育特点，但从生活型、栽培方式或应用特点等方面来看，某些花卉植物有相似的用途或共同的特性，这就是对花卉植物进行各种不同分类的依据。

2.3 实验地点

校园、树木园、植物园、花园、花卉市场等。

2.4 材料与用具

剪枝刀、放大镜、小镊子、解剖针、野外记录本、工具书、铅笔、海拔仪、皮尺、测高器、卷尺、钢卷尺、直尺、采集袋、标牌、枝剪。

2.5 内容与操作步骤

2.5.1 实验内容

a.园林植物形态特征观察；b.园林植物生长状况观察；c.园林植物园林应用观察。

2.5.2 方法与步骤

见表 1-2-1（可分数次进行）。

表 1-2-1 方法与步骤

步骤	方法
调查与采集	野外线路、样方
鉴定	参考文献
命名	国际命名法规
描述	形态特征
分类	系统学
专论	分类群或地理区域

具体步骤如下。

① 由教师指导识别 50～100 种或品种，并按生活型、栽培方式、观赏特性、系统分类和原产地气候型等进行分类。

② 学生 3～5 人一组，通过观察分析并对照识别手册或相关专业书籍，记录园林植物主要观赏部位的形态，并记忆中文名和学名，归纳其所属类别。

③ 观察不同生长条件或栽培方式下园林植物生长发育表现，了解各类园林植物科、属、种、品种的生态习性。

2.6 作业

① 每次重点识别常见园林植物 50～100 种，按多种分类法分类，并填写表 1-2-2。

② 掌握 50～100 种常见园林植物所属原产地气候型。

③ 园林植物依原产地的分类与依生活型和栽培方式的分类的关系如何？

④ 理解园林植物分类的意义。如何评价各种分类法的优缺点？

⑤ 将观察到的园林植物填入表 1-2-2。

表 1-2-2　观察记录表

序号	拉丁文	科属	形态特征	生态习性	园林应用
1					
2					
3					
4					
5					
6					
...					

2.7　说明

2.7.1　园林植物生长性状

2.7.1.1　园林植物分类

园林植物分为草本和木本。

（1）草本

分为一年生草本和多年生草本。

① 一年生草本　整个生命周期在 1 年内完成的草本植物。

② 多年生草本　整个生命周期需要在 2 年以上完成的草本植物。

（2）木本

根据是否落叶分为常绿树种和落叶树种，包括乔木、灌木、半灌木、木质藤本。

① 常绿树种　当年新长出来的叶当年不脱落、叶片寿命长于 1 年的树种，如侧柏、白皮松等。

② 落叶树种　当年新长出来的叶当年秋季脱落、叶片寿命短于 1 年的树种，如玉兰、杜仲等。

③ 乔木　高大直立，高达 5.5m 以上的树木。主干明显，分枝部位较高，如松、杉、枫杨、樟等。

④ 灌木　比较矮小，高在 5m 以下的树木，分枝靠近茎的基部，如茶、月季、木槿、榆叶梅、毛樱桃、紫丁香等。

⑤ 半灌木　植物属于多年生，仅茎基部木质化，上部茎为草质，冬季枯萎，如沙蒿、牡丹等。

⑥ 木质藤本　茎秆不能直立，只能依附他物支持而上。按照它们的攀附方式，分缠绕藤本、攀缘藤本。缠绕藤本以主枝缠绕他物，如紫藤、金银花、何首乌、葛藤、五味子等。攀缘藤本以卷须、不定根、吸盘等攀附器官攀缘于他物，如葡萄、五叶爬山虎、凌霄、丝瓜、葫芦等。

2.7.1.2　木本植物的形态

见图 1-2-1。

① 棕榈形　如棕榈、蒲葵、棕竹等。

② 塔形　如雪松、红皮云杉等。

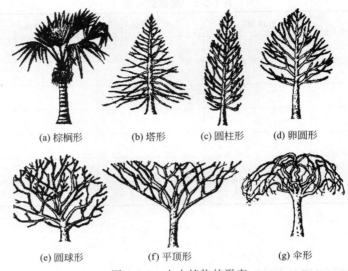

(a) 棕榈形   (b) 塔形   (c) 圆柱形   (d) 卵圆形

(e) 圆球形   (f) 平顶形   (g) 伞形

图 1-2-1   木本植物的形态

③ 圆球形   如黄栌等。
④ 平顶形   如合欢、黄檗等。
⑤ 圆柱形   如杜松、箭杆杨等。
⑥ 伞形   如龙爪槐、垂枝榆等。

⑦ 倒卵形   如玉兰等。
⑧ 卵圆形   如毛白杨、悬铃木等。

2.7.2   园林植物的叶

（1）叶的概念

见图 1-2-2。

叶是植物进行光合作用、蒸腾和气体交换的主要器官，其主要由叶片、叶柄和托叶组成。

① 叶片   叶柄顶端的宽扁部分。
② 叶柄   枝条与叶片连接的部分。
③ 托叶   叶柄或叶片基部两侧小型的叶状体。
④ 叶腋   叶柄与枝间夹角内的部位，常具腋芽。

（2）叶的类型

叶可分为单叶和复叶。

① 单叶   叶柄上具 1 个叶片的叶称为单叶。叶柄与叶片间不具关节。

② 复叶   见图 1-2-3，1 个叶柄上生有 2 至多个叶片的叫复叶。

单身复叶：外形似单叶，但小叶片与叶柄间具关节。

二出复叶：叶片总叶柄上只有 2 个小叶，又名二小叶复叶，如歪头菜等。

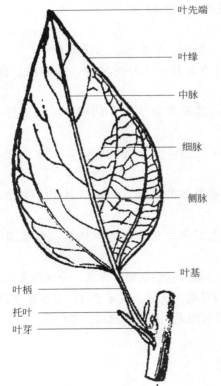

叶先端

叶缘

中脉

细脉

侧脉

叶基

叶柄
托叶
叶芽

图 1-2-2   植物叶的结构

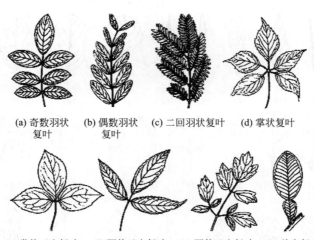

(a) 奇数羽状　(b) 偶数羽状　(c) 二回羽状复叶　(d) 掌状复叶
　　复叶　　　　　复叶

(e) 掌状三出复叶　(f) 羽状三出复叶　(g) 羽状三出复叶　(h) 单身复叶

图 1-2-3　复叶的类型

三出复叶：叶片总叶柄上只有 3 个小叶，如迎春等。

羽状三出复叶：总叶轴的顶端着生顶生小叶，另外 2 个小叶在顶生小叶之下对生枝上。

掌状三出复叶：总叶柄顶端的一点上着生 3 个小叶，小叶柄近等长，如橡胶树等。

羽状复叶：复叶的小叶生于总叶轴的两侧，排列呈羽状，如水曲柳等。

奇数羽状复叶：羽状复叶的小叶总数为奇数，顶端仅有 1 个小叶，如槐树等。

偶数羽状复叶：羽状复叶的小叶总数为偶数，顶端有 2 个小叶，如皂荚等。

二回羽状复叶：一回羽状复叶羽状排列在总叶柄的两侧，如合欢等。

三回羽状复叶：二回羽状复叶羽状排列在总叶柄两侧，如南天竹等。

掌状复叶：总叶柄的顶端着生几个小叶，如荆条、七叶树等。

（3）叶的形态

① 叶形　叶片的形状有多种，如鳞形、锥形、条形、针形、刺形、披针形等（图1-2-4）。

鳞形：叶细小呈鳞片状，如侧柏、柽柳、木麻黄等。

锥形：又叫钻形，叶短而先端尖，基部略宽，如柳杉等。

条形：又叫线形，叶扁平狭长，两侧边缘近平行，如冷杉、水杉等。

针形：叶细长而先端尖呈针状，如马尾松、油松、华山松等。

刺形：叶扁平且狭长，先端渐尖或锐尖，如刺柏等。

披针形：叶较窄长，中部或中部以下为最宽处，先端渐长尖，长是宽的 4～5 倍，如柠檬桉。

匙形：形状如汤匙，全叶窄长，先端圆而宽，向下渐窄，如紫叶小檗等。

卵形：形状如鸡蛋，最宽部在中部以下，长是宽的 1.5～2 倍，如毛白杨等。

矩圆形：又叫矩形，长方状椭圆形，长是宽的 3 倍，两侧边缘均平行。

菱形：呈近等边的斜方形，如乌桕等。

心形：形状像心脏，先端尖或渐尖，基部具圆形浅裂及弯缺且内凹，如紫丁香、紫荆等。

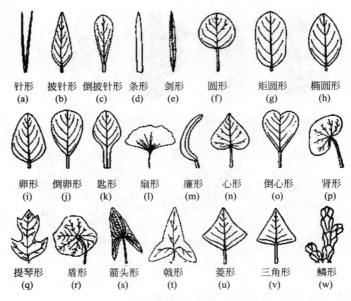

图 1-2-4　叶的形状

肾形：形状如肾形，基部凹陷，先端宽钝，横径较长。

椭圆形：叶身中央最宽，至两端渐转狭，长宽之比约为 1.5∶1，如高山榕、君迁子等。

三角形：形状如三角形，如加拿大杨等。

圆形：状如圆形，如阔叶乌桕、黄栌等。

扇形：叶顶端宽圆，向下逐渐狭长，如银杏。

② **叶缘**（图 1-2-5）　即叶片的周边，叶片的边缘。常见的类型有全缘、睫状缘、齿缘等。

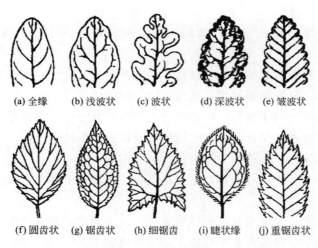

图 1-2-5　叶缘的类型

全缘：叶缘周边平滑或近于平滑，如女贞、丁香、紫荆等。

睫状缘：叶缘周边齿状，齿尖两边相等，且极细锐，如石竹。

齿缘：叶缘周边齿状，齿尖两边相等，且较粗大，如麻。

细锯齿缘：叶缘周边锯齿状，齿尖两边不相等，齿尖细锐，通常向一侧倾斜，如茜草、垂柳等。

锯齿缘：叶缘周边锯齿状，齿尖两边不相等，齿尖粗锐，通常向一侧倾斜，如茶、白榆。

钝锯齿缘：叶缘周边锯齿状，齿尖两边不相等，齿尖较圆钝，通常向一侧倾斜，如地黄叶、加拿大杨等。

重锯齿缘：叶缘周边锯齿状，齿尖两边不相等，齿尖两边亦呈锯齿状，通常向一侧倾斜，如刺儿菜、樱花。

曲波缘：叶缘周边曲波状，波缘交互组成凹凸波，如茄、棕树、毛白杨等。

浅波状：叶缘波状较浅，如白桦。

深波状：叶缘波状较深，如蒙古栎。

皱波状：叶缘波状皱曲，如北京杨。

齿牙缘：叶缘有尖锐的齿牙，且齿端向外，齿的两边近相等。

小齿牙：边缘有较小的齿牙，又叫小牙齿状，如英莲。

缺刻：叶缘具不整齐较深的裂片。

条裂：叶缘分裂为狭条。

浅裂：叶缘浅裂至中脉的1/3处左右，如辽东栎等。

深裂：叶片深裂至叶基部或离中脉不远处，如鸡爪槭。

全裂：叶片深裂至叶柄顶端或中脉，裂片彼此完全分开，如银弹子。

羽状分裂：叶片具有羽状脉，裂片排列呈羽状。根据分裂深浅程度不同，又可分为羽状深裂、羽状浅裂、羽状全裂。

掌状分裂：叶片具有掌状脉，裂片排列呈掌状。根据分裂深浅程度不同，又可分为掌状全裂、掌状五深裂、掌状五浅裂、掌状三浅裂等。

③ 叶基（图 1-2-6）　亦称下部，是指叶片的基部，通过叶柄或直接与茎连接。可分为心形、盾形等。

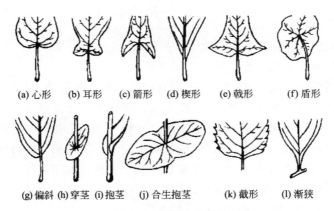

(a) 心形　　(b) 耳形　　(c) 箭形　　(d) 楔形　　(e) 戟形　　(f) 盾形

(g) 偏斜　(h) 穿茎　(i) 抱茎　(j) 合生抱茎　(k) 截形　(l) 渐狭

图 1-2-6　叶基的类型

楔形：叶片基部两边的夹角近 90°，两边较为平直，叶片没有向下延至叶柄，如枇杷、八角。

渐狭：叶片基部两边的夹角小于 90°，两边弯曲，并向下渐趋尖狭，但叶片没有向下延至叶柄，如樟树。

下延：叶片基部两边的夹角小于90°，两边弯曲或平直，向下渐趋狭窄，叶片向下延至叶柄下端，如杉木、鼠曲草、柳杉。

圆钝：叶片基部两边的夹角为180°，或下端略呈圆形，如蜡梅。

截形：叶片基部近于平截，或略为180°，如元宝枫、金线吊乌龟。

箭形：叶片基部两边夹角明显大于180°，下端略呈箭形，两侧叶耳较细尖，如慈菇。

耳形：叶片基部两边夹角明显大于180°，下端略呈耳形，两侧叶耳较圆钝，如白英。

戟形：叶片基部两边的夹角明显大于180°，下端略呈戟形，两侧叶耳较宽大而呈戟刃状，如打碗花。

心形：叶片基部两边的夹角明显大于180°，下端略呈心形，两侧叶耳圆钝宽大，如紫荆、山桐子、苘麻。

偏斜形：叶片基部两边大小形状不对称，如松树、小叶朴、榆、曼陀罗、秋海棠。

盾状：叶柄着生在叶背部的一点，如柠檬桉、蝙蝠葛等。

合生穿茎：两个对生的无柄叶，其二者基部合生成一体而包围茎，茎穿叶片中，如金钱松等。

④ 叶先端（图1-2-7） 也称叶尖，是叶片的尖端部分。

(a) 卷须状 (b) 芒尖 (c) 尾状 (d) 渐尖 (e) 急尖 (f) 骤尖 (g) 短尖

(h) 钝形 (i) 圆形 (j) 微凹 (k) 微缺 (l) 倒心形

图1-2-7 叶尖的类型

尖：先端呈一锐角，又叫急尖，如女贞。

微凸：叶片中脉的顶端略伸出于叶片先端之外。

凸尖：叶片上端两边夹角大于180°，先端有短尖，如石蟾蜍等。

芒尖：叶片上端两边夹角小于30°，先端尖细，如知母、天南星等。

尾尖：叶片上端两边夹角小于30°，先端渐趋于狭长，如东北杏、菩提树等。

渐尖：叶片上端两边夹角小于30°，先端渐趋于尖狭，如乌桕、夹竹桃等。

骤尖：叶片上端两边夹角小于30°，先端急骤趋于尖狭，如艾麻等。

微凹：叶片上端向下微凹，但不深陷，如马蹄金等。

凹缺：叶片先端凹缺稍深，又叫微缺，如黄杨。

锐尖：叶片上端两边夹角小于30°，先端两边平直而趋于尖狭，如慈竹等。

钝形：叶片上端两边夹角大于180°，先端两边较平直或呈弧线，如梅花草等。

截形：叶片上端平截，即略近于180°，如火棘等。

倒心形：叶片上端向下极度凹陷，而呈倒心形，如马鞍叶羊蹄甲。

二裂：叶片先端具二浅裂，如银杏。

（4）叶序

叶在枝上着生的顺序（图 1-2-8），可分为互生、对生、轮生和簇生等。

① 互生 每节上着生 1 叶，节间有一定距离，叶片在枝条上交错排列，呈螺旋状着生，如杉木、云杉。

② 对生 每节上对应两面各生 1 叶，如丁香、桂花、毛泡桐等。

③ 轮生 每节上规则地着生 3 个或 3 个以上叶片，如夹竹桃等。

④ 簇生 在短枝上叶片呈簇生状，如银杏、落叶松。

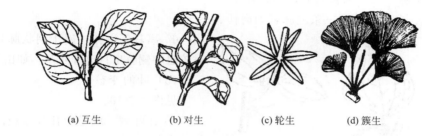

(a) 互生　　　　(b) 对生　　　(c) 轮生　　　(d) 簇生

图 1-2-8 叶在枝上着生的顺序

（5）叶脉及脉序

叶脉，通俗讲就是叶片上可见的脉纹，是由不含叶绿素的薄壁组织、厚角细胞等支持组织包围维管束所形成的沿叶背轴侧凸出的肋条。而脉序，即为叶脉在叶片上排列的顺序（图 1-2-9）。

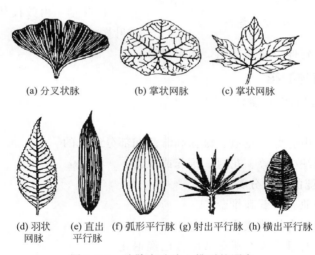

(a) 分叉状脉　　　(b) 掌状网脉　　　(c) 掌状网脉

(d) 羽状　(e) 直出　(f) 弧形平行脉 (g) 射出平行脉 (h) 横出平行脉
　　网脉　　平行脉

图 1-2-9 叶脉在叶片上排列的顺序

① 主脉 位于叶片中部且较粗的叶脉，又叫中脉。

② 侧脉 从主脉向两侧分出的次级脉。

③ 细脉 从侧脉上分出，并联系各侧脉的细小脉，又叫小脉。

④ 二歧分枝脉 叶脉通常自叶柄着生处发生，呈二歧分枝，不呈网状亦不平行，如银杏。

⑤ 掌状网脉 叶脉通常自近叶柄着生处发出，交织呈网状，主脉数条，如八角、葡萄。

⑥ 羽状网脉 叶脉侧脉自主脉两侧分出，并略呈羽状，交织呈网状，主脉一条，纵长

明显，如马兰、榆树等。

⑦ 射出平行脉　叶脉主侧脉皆自叶柄着生处分出，而呈辐射走向，不交织成网状，如棕榈等。

⑧ 羽状平行脉　叶脉侧脉自主脉两侧分出，而彼此平行，并略呈羽状，不交织成网状，主脉一条，纵长明显，如姜黄。

⑨ 弧形平行脉　叶脉侧脉自叶片下部分出，并略呈弧状平行而直达先端，不交织成网状，主脉一条，纵长明显，如宝铎草。

⑩ 直出平行脉　叶脉侧脉自叶片下部分出，并彼此近于平行，而纵直延伸至先端，不交织成网状，主脉一条，纵长明显，如慈竹。

⑪ 三出脉　自叶基伸出三条主脉，如肉桂、枣等。

⑫ 离基三出脉　属于羽状脉且最下一对较粗的侧脉出自离开叶基，如山梅花等。

（6）叶的变态

见图 1-2-10。

① 托叶刺　刺是由托叶变成的，如刺槐、枣等。

② 卷须　纤弱细长的卷须是由叶片或托叶变成的，如爬山虎、五叶爬山虎等。

③ 叶状柄　叶已退化，叶柄为叶状体，呈扁平状，如相思树等。

④ 叶鞘　由数枚芽鳞包围针叶基部组成叶鞘，如松属。

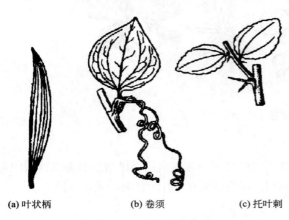

(a) 叶状柄　　　　(b) 卷须　　　　(c) 托叶刺

图 1-2-10　叶的变态类型

⑤ 托叶鞘　托叶延伸形成托叶鞘，如木蓼等。

2.7.3　园林植物的花

花是被子植物特有的生殖器官。

（1）按花的性质分类

① 完全花　花是由花萼、花冠、雄蕊和雌蕊四部分组成的。

② 不完全花　花缺少花萼、花冠、雄蕊或雌蕊。

（2）按雌蕊与雄蕊的缺失分类

① 两性花　花中兼有雌蕊和雄蕊。

② 单性花　花中仅有雄蕊或雌蕊。

③ 雄花　花中只有雄蕊没有雌蕊或雌蕊已经退化。

④ 雌花　花中只有雌蕊没有雄蕊或雄蕊已经退化。

⑤ 雌雄同株　同一植株上共同着生雄花和雌花的现象。

⑥ 雌雄异株　同一植株上仅着生雄花或雌花的现象。

⑦ 杂性花　同一植株上兼有单性花和两性花。

2.7.4　园林植物的果实

果实是植物开花受精后的子房发育形成的。包围果实的壁为果皮，一般可分为 3 层，最外一层叫外果皮，中间一层叫中果皮，最内一层叫内果皮。

（1）果实的主要类型

见图 1-2-11。

(a) 聚合蓇　(b) 聚合核果　(c) 聚花果　(d) 蓇葖果　(e) 荚果　(f) 颖果　(g) 胞果
葖果

(h) 瓣裂蒴果　(i) 室背开裂蒴果　(j) 室间开　　(k) 翅果
裂蒴果

(l) 坚果　　　(m) 浆果　　　(n) 柑果　　　(o) 梨果　　　(p) 核果

图 1-2-11　果实的类型

①　聚合果　各离生心皮形成的小果聚合形成聚合。根据小果类型的不同又分为：**聚合核果**，如悬钩子；**聚合浆果**，如五味子；**聚合蓇葖果**，如八角属及木兰属等；**聚合瘦果**，如铁线莲等。

②　聚花果　由整个花序形成的合生果，如桑葚、无花果。

③　单果　单个果实是由花中的一个子房或一个心皮形成的。

（2）单果类型

见图 1-2-11。

①　荚果　成熟时心皮沿背缝线或腹缝线开裂的干果，如银杏、玉兰等。

②　颖果　由单心皮上位子房形成的干果，成熟时通常沿腹、背两缝线开裂或不裂，如含羞草亚科、蝶形花亚科植物的果实。

③　蒴果　两个以上合生心皮的子房发育而成。根据开裂方式的不同又分为：室间开裂，沿室之间的隔膜进行开裂，如杜鹃等；室背开裂，沿心皮的背缝线进行开裂，如橡胶树等；室轴开裂，室间或室背开裂的裂瓣与隔膜同时分离，但心皮间的隔膜仍然保持联合，如乌桕等；瓣裂，以瓣片的方式进行开裂；孔裂，果实成熟时种子由小孔散出。

④　瘦果　为单个小且仅具一心皮一种子不开裂的干果，如菊科植物的果实。

⑤　翅果　干果呈瘦果状且带翅，由合生心皮的上位子房发育而成，如槭树、榆树、杜仲、臭椿等。

⑥ 坚果　具一颗种子的干果，果皮坚硬，由合生心皮的下位子房形成，并常有总苞包围，如板栗、核桃等。

⑦ 浆果　由合生心皮的子房形成，外果皮革质，中果皮和内果皮肉质，含浆汁，如葡萄、荔枝等。

⑧ 柑果　属于浆果类，外果皮厚而软，中果皮和内果皮汁液较多，由合生心皮上位子房发育而成，如柑橘类。

⑨ 梨果　属于肉质果，内果皮软骨质，由合生心皮的下位子房与花托共同发育而成，内有数室，如苹果、梨等。

⑩ 核果　外果皮薄，中果皮肉质或纤维质，如桃、李、杏等。

2.7.5　园林树木的冬态识别

（1）芽

没有萌发的枝、叶和花的雏形。其外包被的鳞片称为芽鳞。

① 芽的类型　园林树木冬芽的类型如图 1-2-12 所示。

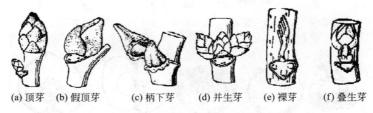

　　(a) 顶芽　(b) 假顶芽　　(c) 柄下芽　(d) 并生芽　(e) 裸芽　(f) 叠生芽

图 1-2-12　园林树木冬芽的类型

Ⅰ.按芽的着生位置，可分为顶芽、腋芽、假顶芽、柄下芽。

顶芽：生于枝顶的芽。

腋芽：着生于叶腋的芽，外形一般较顶芽小，又叫侧芽。

假顶芽：顶芽已经退化或枯死，最靠近顶端的腋芽代替顶芽继续生长发育。

柄下芽：隐藏于叶柄基部内的芽，又名隐芽，如悬铃木等。

Ⅱ.按芽的数量，可分为单生芽、并生芽、叠生芽、簇生芽。

单生芽：单个芽独生于一处。

并生芽：数个芽并生在一起，如桃、杏等。位于中间的叫主芽，位于外侧的叫副芽。

叠生芽：数个上下重叠在一起的芽，如枫杨、皂荚等。

簇生芽：数个芽生长在一起。

Ⅲ.按芽的发育结果，可分为花芽、叶芽、混合芽。

花芽：此芽将发育成花或花序。

叶芽：将发育成枝、叶的芽。

混合芽：将同时发育成枝、叶、花的芽叫混合芽。

Ⅳ.按芽鳞的有无，可分为裸芽和鳞芽。

裸芽：没有芽鳞的芽，如枫杨、山核桃等。

鳞芽：有芽鳞的芽，如棕树、加拿大杨等。

② 芽的形状　有多种形状，常见的有以下几种（图 1-2-13）。

圆球形：芽外形如圆球，如白榆花芽等。

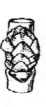 

(a) 圆锥形　　(b) 卵形　　(c) 圆球形　　(d) 扁三角形　　(e) 椭圆形　　(f) 纺锤形

图 1-2-13　芽的形状

卵形：芽外形如卵，狭端在上，如青冈等。

椭圆形：芽的纵截面为椭圆形，如青檀等。

圆锥形：渐上渐狭，横截面为圆形，如云杉、青杨等。

纺锤形：渐上渐窄，状如纺锤，如水青冈等。

扁三角形：芽的纵截面为三角形，芽的横切面为扁圆形，如柿树等。

③ 芽序　芽在枝条上的着生顺序。不同树种的芽序不同，可分为以下几种。

互生：每节只生长 1 个芽，交互在枝条上分布，如杨、柳。

对生：每节生长 2 个对生芽，如丁香、卫矛等。

并生：每节的每个叶痕中水平着生 2 个以上的芽。

轮生：每节着生 3 个以上的芽，如红松、雪松等。

簇生：数个芽生长在一起，如榆叶梅等。

叠生：每节的每个叶痕中上下着生 2 个以上的芽。

（2）枝条

维管植物地上部分的骨干，上面着生叶、花和果实（图 1-2-14）。

① 节间　两节之间的部分。节间较长的枝条叫长枝，一般生长极为缓慢。

② 叶痕　叶脱落以后，叶柄基部在小枝上留下的脱落痕迹。可分为维管束痕、托叶痕和芽鳞痕等。

③ 皮孔　枝条上的表皮破裂后所形成的小裂口。树种不同，其形状、疏密等各有不同。

④ 髓　枝条的中心部位。髓按形状可分为空心髓、片状髓和实心髓。植物髓的形状如图 1-2-15 所示。

（3）残存果实、枯叶及越冬花序等

有些树木果实经冬不落，而一部分残存于树上，其果实的种类、果序、果实的情况等均可作为冬态鉴定的依据，如水曲柳、茶条槭等。

某些树种秋季叶枯黄后，一部分存于树上，翌春开始脱落，借助其枯叶，亦可断定其为何种，如蒙古栎等。

有些树种的花序，于当年夏末秋初即已形成，裸露越冬，依此，亦可作为识别的依据，如珍珠梅、绣线菊等。

（4）枝的变态

① 枝刺　枝条变为硬刺，硬刺分枝或不分枝，如皂荚、石榴、贴梗海棠、山楂等。

② 卷须　柔韧而旋卷，具缠绕性，如葡萄、五叶爬山虎等。

③ 吸盘　位于卷须的末端，能分泌物质以吸附他物的盘状结构，如爬山虎等。

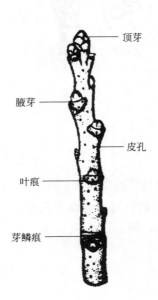

图 1-2-14　枝条

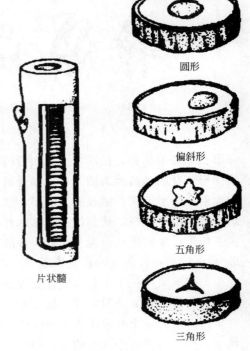

图 1-2-15　植物髓的形状

（5）附属物

① 毛　表皮细胞产生的毛状体，可分为以下几类。

短柔毛：短而柔软的毛，如柿树叶背面的毛。

微柔毛：细小而柔软的毛，如白蜡小枝的毛。

绒毛：毛状卷曲，多次交织而贴伏呈毡状毛，如毛白杨叶背的毛。

茸毛：密生如丝绒状的长而直立的毛，如白蜡茸毛。

疏柔毛：长而柔软，直立而较疏的毛，如薄皮木叶背的毛。

长柔毛：长而柔软，常弯曲但不平伏的毛，如毛叶石楠幼叶的毛。

绢状毛：长、直、柔软贴伏、有丝绸光泽的毛，又叫丝状毛。

刚状毛：硬、短而贴伏或稍稍翘起，触之有粗糙感觉的毛，如蜡梅表面的毛。

皮毛：短粗而硬，无粗糙感的直立的毛，如映山红叶下面的毛。

短硬毛：细短而较硬的毛，如榆叶面的毛。

睫毛：毛成行生于边缘，又叫缘毛，如黄桑叶缘的毛。

星状毛：毛的分枝向四方辐射似星芒，如葛根叶背的毛。

丁字状毛：毛分枝呈丁字线，外观似一根毛，其着生点在中央，如木兰等。

枝状毛：分枝如树枝状的毛，如毛泡桐叶的毛。

腺毛：毛顶端具有腺点，或与毛状腺体混生在一起的毛。

② 腺鳞　呈圆片状且具有腺质的鳞片，如胡颓子、茅栗叶背的被覆物。

③ 垢鳞　鳞片呈垢状，易擦落，又叫皮屑状鳞片，如照山白的枝叶和叶下面的被覆物。

④ 腺体 略带肉质或海绵质，间或分泌少量的油脂物质的盾状小体，呈干燥状，具有一定的位置，为数不多，如油桐、合欢的叶柄。

⑤ 腺窝 生于脉腋内的腺体，亦叫腺体。

⑥ 腺点 外生的小凸点，数目通常极多，如紫叶槐、杨梅叶下面的斑点。如樟科有些种类叶下面脉腋的窝。呈各种颜色，为表皮细胞分泌油状或胶状物。

⑦ 油点 叶表皮下的若干细胞，由于分泌物大量累积，溶化了细胞壁，通常呈现出圆形的透明点，如桃金娘科和芸香科大多数种类的叶片。

⑧ 乳头状突起 小而圆，如红豆杉、鹅掌楸的叶下面所见的。

⑨ 枕状突起 圆形的、小庞状的突起，如蒙古栎壳斗苞片上的小枕枝、卫矛的枝等。

⑩ 皮刺 刺状突起，是由表皮形成的，位置不确定，如玫瑰、花椒的枝叶上着生的刺。

⑪ 木栓翅 翅状的木栓质突起，如大果榆、卫矛的小枝。

⑫ 白粉 白色粉状物，如白檀的枝叶、白檀的干皮、苹果果皮上的一层被覆物。

（6）质地

透明：薄而几乎透明，如竹类花的鳞被。

半透明：如钻天杨、小叶杨叶的边缘。

干膜质：薄而干燥，呈枯萎状，如麻黄的鞘状退化叶。

膜质：薄而软，但不透明，如桑树、构树的叶。

革质：坚韧如皮革，如栲类、黄杨的叶。

软骨质：坚韧，常较薄，如梨果的内果皮。

骨质：似骨骼的质地，如山楂、桃、杏果实的内果皮。

草质：质软，如草本植物的茎、干。

肉质：质厚而稍有浆汁，如芦荟的叶。

木栓质：松软而稍有弹性，如栓皮栎的树皮。

纤维质：含有多量的纤维，如椰子的中果皮。

角质：如牛角的质地。

2.7.6 本地常见园林植物

本地常见园林植物如表 1-2-3 所列。

表 1-2-3 本地常见园林植物

编号	植物名称	科属	形态特征	生态习性
1	平枝枸子（*Cotoneaster horizontalis* Decne)	蔷薇科枸子属	半常绿匍匐性灌木,株高 0.5m 以下。小枝排成两列,幼嫩时被粗糙毛。叶片近圆形或宽椭圆形,少数倒卵形,全缘,基部楔形,先端急尖,叶上面无毛,下面有稀疏柔毛;叶柄被柔毛。花粉红色,顶生或腋生,1～2 朵,近无梗;雄蕊约 12 枚;子房离生,顶端有柔毛。果实鲜红色近球形。花期 5～6 月,果期 9～10 月	喜温暖湿润的环境,耐阴性较强,耐干燥和瘠薄的土地,耐寒,不耐湿热,怕积水
2	大叶女贞［*Ligustrum compactum*（Wall. ex G. Don) Hook. f.］	木犀科女贞属	灌木或小乔木,半常绿。幼枝及叶柄无毛或有微小短柔毛,有皮孔。叶纸质,椭圆状披针形。花梗短,花冠筒和花冠裂片略等长。花期 6 月。生于海拔 700～1300m 处山坡下部灌木丛中或溪边	适应性强,喜光,稍耐阴。喜温暖湿润气候,稍耐寒,不耐干旱和瘠薄,适生于肥沃深厚、湿润的微酸性至微碱性土壤,根系发达。萌蘖、萌芽力均强,耐修剪。抗氯气、二氧化硫和氟化氢

编号	植物名称	科属	形态特征	生态习性
3	月季（*Rosa chinensis* Jacq.）	蔷薇科蔷薇属	直立灌木，具钩状皮刺，小叶 3～7 枚，广卵形至卵状椭圆形，缘有锯齿；叶柄和叶轴散生皮刺和短腺毛，托叶大部分附着在叶轴上，花数朵簇生，少数单生，粉红至白色	以疏松、肥沃、富含有机质、微酸性、排水良好的壤土较为适宜。性喜温暖、日照充足、空气流通的环境。大多数品种最适温度白天为 15～26℃，晚上为 10～15℃。冬季气温低于 5℃ 即进入休眠
4	碧桃（*Prunus persica* Batsc）	蔷薇科李属	落叶小乔木，高8m。小枝红褐色，无毛。芽密被灰色绒毛。叶椭圆状披针形，叶缘细钝锯齿。花单生，径约 3cm，粉红色，后变深红色，花大、色艳，外被毛。果近球形，表面密被绒毛。树较矮小。花期 4 月中旬至 5 月上旬	喜夏季高温，有一定的耐寒力，除酷寒地区外均可栽培。耐旱，不耐水湿，喜肥沃而排水良好的土壤，开花时节最怕晚霜，忌大风。根系较浅，寿命一般只有 30～50 年
5	雪松［*Cedrus deodara* (Roxb.) G. Don］	松科雪松属	高达 50～72m，胸径可达 3m，树皮深灰色，不规则鳞片状剥裂。1 年生枝微有白粉及短柔毛。雌雄异株。球果卵圆形或宽椭圆形，长 7～12cm，径 3cm，基部被种翅包着，花期 10～11 月；球果翌年 10 月成熟	喜温暖，不耐严寒，喜光，幼枝稍耐庇荫。喜肥沃土壤，不耐积水。种子繁殖或扦插繁殖，雪松抗风力较弱，对 SO_2 比较敏感，抗烟害能力较差。雪松以其挺拔舒展的形态深受欢迎，加上它抗寒耐旱的特性，适宜在全国范围内栽植
6	银杏（*Ginkgo biloba* L.）	银杏科银杏属	落叶大乔木，高达 41m；干直径达 3.5m 以上。成年树树冠广卵形，青壮年期树冠圆锥形。树皮呈灰褐色，深纵裂。主枝斜生，近轮生，枝分长枝和短枝。种子 9～10 月成熟	喜阳，喜湿润而又排水良好的深厚沙质壤土，以中性或微酸性土最适宜；不耐积水，较耐旱。耐寒性颇强，寿命极长，可达千年以上
7	玉兰（*Magnolia denudata* Desr）	木兰科木兰属	别名白玉兰、望春、玉兰花。落叶乔木。成年树树冠呈宽卵形或松散广卵形，幼龄树狭卵形。老枝树皮呈深灰色，粗糙开裂，幼枝树皮灰白色，平滑少裂。叶片互生或螺旋状，宽倒卵形至倒卵形，长 10～18cm，宽 6～12cm。玉兰叶基部通常有托叶或附属物，幼枝上残存环状托叶痕，这是木兰科树种的识别特征。花多种颜色，白色到淡紫红色，大型、芳香，花冠杯状，花先于叶开放，花期 10d 左右	喜光，稍耐阴，颇耐寒，喜欢肥沃，适当湿润而排水良好的弱酸性土壤。根肉质，忌积水低洼处，生长速度缓慢。中国著名的花木，南方早春重要的观赏树木。上海市市花。玉兰花外形极像莲花，盛开时，花瓣展向四方，使庭院青白片片，白光耀眼，具有很高的观赏价值，为美化庭院的理想花型
8	广玉兰（*Magnolia grandiflora* Linn）	木兰科木兰属	常绿乔木，在原产地高达 30m；树皮淡褐色或灰色；小枝粗壮，具横隔的髓心。叶厚革质，椭圆形、长圆状椭圆形或倒卵状椭圆形，叶面深绿色，有光泽。花白色，有芳香；花被片 9～12，厚肉质，倒卵形。聚合果，圆柱状长圆形或卵圆形。花期 5～6 月，果期 9～10 月	广玉兰生长喜光，而幼时稍耐阴。喜温湿气候，有一定抗寒能力。适生于干燥、肥沃、湿润与排水良好微酸性或中性土壤，在碱性土壤种植易发生黄化，忌积水、排水不良。对烟尘及二氧化硫气体有较强抗性，病虫害少。根系深广，抗风力强

编号	植物名称	科属	形态特征	生态习性
9	红叶石楠（*Photinia fraseri*）	蔷薇科石楠属	常绿灌木，高 1～2m，株形紧凑，茎直立，下部绿色，茎上部紫色或红色，多有分枝。叶片革质，长椭圆形至倒卵状披针形，下部叶绿色或带紫色，上部嫩叶鲜红色或紫红色。常绿小乔木，高度可达 12m，株形紧凑。春季和秋季新叶亮红色。花期 4～5 月。梨果红色，能延续至冬季，果期 10 月	喜光，稍耐阴，喜温暖湿润气候，耐干旱瘠薄，不耐水湿。喜温暖、潮湿、阳光充足的环境。耐寒性强，能耐最低温度−18℃。喜强光照，也有很强的耐阴能力。适宜于各类中肥土质。有一定的耐盐碱性
10	垂丝海棠（*Malus halliana* Koehne）	蔷薇科苹果属	落叶小乔木，高达 5m，树冠开展；叶片卵形或椭圆形至长椭圆形，伞房花序，具花 4～6 朵，花梗细弱下垂，有稀疏柔毛，紫色；萼筒外面无毛；萼片三角卵形，花瓣倒卵形，基部有短爪，粉红色，常在 5 数以上；果实梨形或倒卵形，略带紫色，成熟很迟，萼片脱落。花期 3～4 月，果期 9～10 月	喜阳光，不耐阴，也不甚耐寒，喜温暖湿润环境，适生于阳光充足、背风之处。对土壤要求不严，微酸或微碱性土壤均可成长，但以土层深厚、疏松、肥沃、排水良好略带黏质的生长更好。此花生性强健，栽培容易，不需要特殊技术管理，唯不耐水涝，盆栽必须防止水渍，以免烂根
11	西府海棠（*Malus micromalus*）	蔷薇科苹果属	小乔木，高达 2.5～5m，树枝直立性强；小枝细弱圆柱形。叶片长椭圆形或椭圆形，长 5～10cm，宽 2.5～5cm。花直径约 4cm；花瓣近圆形或长椭圆形，长约 1.5cm，基部有短爪，粉红色。果实近球形，直径 1～1.5cm，红色，萼片多数脱落，少数宿存。花期 4～5 月，果期 8～9 月	喜光，耐寒，忌水涝，忌空气过湿，较耐干旱
12	垂柳（*Salix babylonica*）	杨柳科柳属	乔木，高达 12～18m，树冠开展而疏散。树皮灰黑色，不规则开裂；枝细，下垂，淡褐黄色、淡褐色或带紫色，无毛。叶狭披针形或线状披针形，长 9～16cm，宽 0.5～1.5cm，先端长渐尖，基部楔形两面无毛或微有毛，上面绿色，下面色较淡，锯齿缘。花序先于叶开放，或与叶同时开放。蒴果长 3～4mm，带绿黄褐色。花期 3～4 月，果期 4～5 月	喜光，极耐水湿，树干在水中能生出大量不定根。高燥地及石灰性地也能生长，喜肥沃酸性土壤
13	紫丁香（*Syringa oblata* Lindl.）	木犀科丁香属	落叶灌木或小乔木。又称丁香、华北紫丁香、百结、情客、龙梢子。高 1.5～4m，树皮灰褐色，小枝黄褐色，初被短柔毛，后渐脱落。嫩叶簇生，后对生，卵形、倒卵形或披针形，圆锥花序，花淡紫色、紫红色或蓝色，花冠筒长 6～8mm。花期 5～6 月	喜阳，喜土壤湿润而排水良好
14	紫荆（*Cercis chinensis*）	豆科紫荆属	落叶乔木或灌木，原产于中国，高 2～5m，树皮和小枝灰白色。叶纸质，近圆形或三角状圆形，长 5～10cm。花紫红色或粉红色，2～10 余朵成束，簇生于老枝和主干上，尤以主干上花束较多，越到上部幼嫩枝条则花越少，通常先于叶开放，但嫩枝或幼株上的花则与叶同时开放。荚果扁狭长形。花期 3～4 月，果期 8～10 月	性喜光照，有一定的耐寒性。喜肥沃、排水良好的土壤，不耐淹。萌蘖性强，耐修剪

续表

编号	植物名称	科属	形态特征	生态习性
15	紫薇（*Lagerstroemia in-dica* L.）	千屈菜科紫薇属	落叶灌木或小乔木，高可达 7m；树皮平滑，灰色或灰褐色；枝干多扭曲，小枝纤细，叶互生或有时对生，纸质，椭圆形、阔矩圆形或倒卵形，幼时绿色至黄色，成熟时或干燥时呈紫黑色；室背开裂；种子有翅，长约 8mm。花期 6～9 月，果期 9～12 月	紫薇喜暖湿气候，喜光，略耐阴，喜肥，尤喜深厚肥沃的砂质壤土，好生于略有湿气之地，亦耐干旱，忌涝，忌种在地下水位高的低湿地方，性喜温暖，而能抗寒，萌蘖性强。也能耐旱，不论钙质土或酸性土都生长良好
16	木槿（*Hibiscus syriacus* Linn.）	锦葵科木槿属	落叶灌木，高 3～4m，小枝密被黄色星状绒毛。叶菱形至三角状卵形，长 3～10cm，宽 2～4cm，具深浅不同的 3 裂或不裂。花单生于枝端叶腋间，花朵色彩有纯白、淡粉红、淡紫、紫红等，花形呈钟状，有单瓣、复瓣、重瓣几种。外面疏被绒毛和星状长柔毛。蒴果卵圆形，直径约 12mm，密被黄色星状绒毛；种子肾形，背部被黄白色长柔毛。花期 7～10 月	较耐干燥和贫瘠，对土壤要求不严格，在重黏土中也能生长。尤喜光和温暖潮润的气候。稍耐阴，喜温暖、湿润气候，耐修剪，耐热又耐寒，但在北方地区栽培需保护越冬，好水湿而又耐旱。萌蘖性强

2.7.7　主要植物分类系统

（1）物种

也称为"种"，一种共同起源和类似的形态、生理和生态特征，以及个体在自然交配中繁殖生物（树）个体的后代，个体之间存在"生殖隔离"。种是分类的基本单位，种群是某一地理区域内物种的所有个体的集合，种群有一定的特征值：大小、分布模式、生活史和演变。分类等级：指区别于分类群大小的分类单元，顺序如下：界—门—纲—目—科—属—种。

（2）主要分类系统的特点

① 德国恩格勒系统（A. Engler system）　a. 无花被认为是较原始的特征（证明为错误）；b. 认为单子叶植物比双子叶植物更原始（证明是错误的）；c. 科与目的范围较大。

② 英国哈钦森（J. Hutchinson）系统　a. 认为单子叶植物较双子叶植物为进化（证明为正确）；b. 在双子叶植物中，将木本植物与草本植物分离（人为分类），并且认为草本是比木本植物进化的（证明是正确的）；c. 认为少数或非花被是更加进化或退化的性质（证明是正确的），并且花卉特征的演变被科学地讨论（参照植物学植物形态特征演化表）；d. 目与科的范围较小。《有花植物科志》认为被子植物起源于"假想的原始被子植物（灭绝）"，进化主干有 3 条：双子叶植物木本分枝起源于木兰目；双子叶植物草本与单子植物起源于毛茛目；提出了植物形态进化 24 条进化原则。

（3）植物分类检索表

植物分类检索表：三种类型，两种格式。其中，三种类型为分科、分属、分种，两种格式为定距检索表和平行检索表。

① 定距检索表　植物类群的某个性状和相应性状的描述从与页面的左侧对应两相同的距离开始，不并列紧靠平行排列。

② 平行检索表　植物类群的某个性状和相应性状的描述从与页面的左侧对应两相同的距离开始，并列紧靠平行排列。

实验 3　园林植物种子品质检验

3.1　实验目的

了解种子检验的基本程序和方法及其在农业生产中的重要作用。掌握园林植物种子质量检验的原理、方法及其关键技术；掌握种子纯度、净度、含水量、千粒重、发芽率、发芽势等种子品质的检测方法；掌握种子播种前的处理技术。

3.2　实验原理

（1）TTC 染色法原理

凡有生活力的种子胚部在呼吸作用过程中都有氧化还原反应，而无生活力的种胚则无此反应。当 TTC 溶液渗入种胚的活细胞内，并作为氢受体被脱氢辅酶（NADH 或 NADPH）还原时，可产生红色的三苯基甲（TTF），胚便被染成红色。当种胚生活力下降时，呼吸作用明显减弱，脱氢酶的活性亦大大下降，胚的颜色变化不明显，故可由染色的程度推知种子的生活力强弱。TTC 还原反应如下：

（2）红墨水（酸性大红 G）染色法原理

有生活力的种子其胚细胞的原生质具有半透性，有选择吸收外界物质的能力，某些染料如红墨水中的酸性大红 G 不能进入细胞内，胚部不染色。而丧失活力的种子其胚部细胞原生质膜丧失了选择吸收的能力，染料进入细胞内使胚部染色。所以可根据种子胚部是否染色来判断种子的生活力。

3.3　材料与用具

（1）材料

园林植物种子 40～50 种。

（2）用具

天平、刀片、套筛、培养皿、镊子、放大镜、毛笔、光照培养箱、滤纸、电热恒温鼓风干燥箱、铝盒、坩埚钳、干燥器、1.0% 的四唑溶液、棕色试剂瓶、解剖针、搪瓷盘、pH试纸等。

3.4　实验内容

3.4.1　净度分析

种子净度分析主要测试样品中净种子、其他植物种子和杂质三种组分的百分比。净度分析确定测试样品的不同组分的质量分数和样品混合物的性质，并据此推测种子的组成。将测试样品分成净种子、其他植物种子和杂质三个组分，并测定每种组分的质量分数。

种子净度是指本批种子中净种子的质量占样品总质量的百分比。种子净度是衡量这批种子利用价值和分级的依据。

净种子、其他植物种子、杂质的区分依据如下。

① 净种子 凡能清楚地确定它们属于所分析的物种（除已变成菌核、孢子团或线虫瘿外），即使它们是不成熟的、弱小的、不饱满的、带病菌的或已经发芽的种子单位（真种子、瘦果、颖果、分果和小花等），均应视作净种子。大于原来尺寸的一般损害种子可以视为净种子。

② 其他植物种子 除了净种子以外的所有植物种子。

③ 杂质 除净种子和其他植物种子外的种子和所有其他物质：a.非常明显的不是真种子的种子；b.破损或受损的种子的碎片为原来大小的 1/2 及以下的。

3.4.2 含水量测定

种子含水量是其活力和安全贮存的重要指标。其测定方法通常为干燥减压法（低温干燥法、130℃高温快速干燥法和高水分预干燥法）和电子水分速度测量法。测定方法的选择基于种子的水分、生理状态和含油量。如果种子的油含量高，温度太高，油挥发，使样品水分散度损失增大，计算结果的水分比例高。因此，应选择适当的方法以严格控制温度。

3.4.3 发芽力测定

（1）相关概念

目的是确定种子萌发的最大潜力和估计田间种子价格。通常以发芽率和发芽势表示。种子发芽率和发芽势是两个不同的概念，不应该混淆。在确定种子发芽率时，还应确定种子发芽势，以便合理准确地确定每单位面积种子大小和种植深度，做到一次播种保全苗。

种子发芽率为发芽试验结束时，在指定日期种子发芽总数占试验种子总数的百分比，发芽率（%）＝（规定日期内全部发芽种子粒数/供试种子粒数）×100%。其值高，表明种子出苗率高。

种子的发芽势是在发芽试验的早期，发芽的种子数占供势种子数的百分比，即发芽势（%）＝（规定时间内发芽种子粒数/供势种子粒数）×100%。其值高，表示种子活力强。

不同植物观察不同时间的发芽率和发芽势。发芽率表明一定数量的种子有多少能发芽，而发芽势表明该批种子的发芽活力，发芽势值大，表明种子活力强。一般新种子发芽势强，老种子发芽势弱。发芽率可反映种子的出苗率，发芽势表明种子活力的高低。发芽率高的种子出苗率高，但出苗不一定整齐，也不一定粗壮。发芽势高的种子，其种子的活力高，出苗齐而壮。

（2）测定方法

种子发芽率和发芽势的测定方法如下。

① 标准方法 国家有关部门设定种子发芽率和发芽势的标准测试程序。核心部分是控制温度和湿度。方法是滤纸法、毛巾法、沙培养法等。

滤纸法：在培养皿中覆盖两层或三层滤纸，滴湿；将种子放在上面，盖上两层或三层滤纸，滴湿，盖上培养皿，在孵箱上保持 25℃恒温；每天加水两次，加水控制滤纸不干，培养皿内不能积水。

毛巾法：将毛巾煮沸消毒，将种子放入毛巾中，卷成松散的卷，扎住两头，在恒温器里，保持恒温 25℃，定期用水保持毛巾湿润。

沙培养法：在塑料托盘上放一层干净的沙子，将种子放在上面，然后用沙子覆盖，滴水使沙湿润，置于恒温室内，保持25℃恒温。将用于萌发的种子样品规定为200粒，将其分为4组，每组50粒。

② 简单的方法　没有恒温器可以用保温瓶代替。用暖水瓶盛装半瓶30℃水，纱布包裹种子浸在水中6h，纱布袋提升后，挂在空中。每天换水1次，4～7d可以发芽。也可以使用体温而不是孵化器：里面的衣服做一个口袋，把湿的种子放进塑料袋再放进口袋里。通过该方法测量的发芽率通常低于实际发芽率。如果测量的发芽率高于标准，则可以放心使用；如果低于标准，尚不能确定种子不合格。

（3）判定标准

① 正常幼苗　在良好的土壤和适宜的水分、温度和光照条件下，具有继续生长成良好的植物潜能的幼苗即为正常幼苗。

Ⅰ.完整幼苗。幼苗所有主要结构生长良好、完全、匀称和健康。

Ⅱ.幼苗有轻微缺陷。幼苗主要结构出现小缺陷，但在其他区域仍可相对较好和均衡地发育，与相同试验进行的健康幼苗相当。

Ⅲ.次生感染的幼苗。幼苗明显符合上述完整幼苗和具有轻微缺陷的幼苗的要求，但已经被来自种子本身的真菌或细菌的病原体感染。

② 异常幼苗　指在良好的土壤环境和适当的水分、温度和光照条件下生长，没有成长为良好的植物潜能的幼苗。

Ⅰ.损伤苗。幼苗主要结构不完全，或受严重的生理和不可逆的损害，所以不能平衡生长。

Ⅱ.变形或不均匀幼苗。幼苗生长较弱，或存在物理障碍，或其主要结构畸形或不均匀。

Ⅲ.腐烂幼苗。通过原发感染（病菌来源于种子本身）引起的主要结构的发病和衰减，甚至阻碍其正常生长。

③ 种子不发芽　在规定的试验条件下，试验结束后仍不能发芽的种子。

Ⅰ.硬实。在试验结束时还是不能吸水，仍然保持坚硬的种子。

Ⅱ.新鲜种子。在发芽试验条件下，既不硬实也不发芽，保持清洁和坚硬，具有生长成正常幼苗的潜力的种子。

Ⅲ.死亡种子。试验结束时，既不坚硬也不新鲜，没有产生幼苗生长的迹象的种子。

3.5　方法与操作步骤

3.5.1　重型混杂物的分离称重

① 将各种园林植物种子的送检样品称重，记为 M。

② 分离与供验种子重量或大小上有较大差异且严重影响测定结果的混杂物（如土块、小石头或小粒种子中混大粒种子等），称重后再将其分离为其他植物种子和杂质，再次分别称重，三次称重结果分别记为 M、M_1、M_2。

3.5.2　含水量测定

（1）低温干燥法

① 将铝盒于烘箱内烘干、干燥器内冷却后标号、称重，记作 m。

② 烘箱预热至115℃。

③ 从净度分析后获得的净种子中，用感量为0.001g的电子天平称取2份试样，各

4.5~5g（铝盒直径等于或大于 8cm 以上的，试样量则为 10g），置于标号的铝盒中摊匀，称重，记为 m_1。

④ 将装有试样的铝盒盖好盖子，快速置于预热的烘箱内 5~10min，将温度调至 103℃ ±2℃，烘干 8h，用坩埚钳取出，在干燥器内冷却 30~45min 后称重，记作 m_2。

（2）130℃高温烘干法

这个方法与低温烘干法相同。如果是菜豆属、豌豆、西瓜等种子烘干前需要磨碎。预热温度为 140~145℃，于 130℃烘干，试样烘干时间缩短为 1h。

3.5.3 发芽力测定

3.5.3.1 播种法

（1）试验样品获得

净度分析后，充分混合的净种子。随机抽取 400 粒。通常以 100 粒为 1 次重复，大粒种子或带有病菌的 50 粒，甚至可以再分为 25 粒为 1 次重复。复胚种子可视为单粒种子进行试验，不需弄破（分开）。

（2）选择发芽床

适用于各种作物的适宜发芽床，《农作物种子检验规程 发芽试验》（GB/T 3543.4—1995）上有具体要求。通常小粒种子选择纸床；大粒种子选择沙床或纸床；中粒种子选择纸床，沙床也可以。

一般用滤纸、吸水纸作为纸床。纸上是指放在一层或多层纸上进行种子发芽；纸间是指在两层纸之间放入种子发芽。将纸床放在培养皿中，放在保湿萌发箱中萌发。沙床由沙上（将种子压入沙子的表面）、沙中（种子播种在平整湿沙上，然后根据种子大小用 10~20mm 的松散沙覆盖）组成。沙子必须在使用前进行清洗和高温灭菌。土壤用作发芽床主要用于一些发芽研究，例如幼苗出现植物中毒症状或对幼苗鉴定发生怀疑时可用此床播种。

（3）加水

纸床应吸足水分后，再沥去多余的水。沙床加水应为最大持水量的 60%~80%。土壤加水至以手握土黏成团，再用手指轻压就碎为宜。

（4）置床培养

将数取的种子均匀地排在湿润的发芽床上，粒与粒之间应保持一定距离。在培养器上贴上标签，放在《农作物种子检验规程 发芽试验》（GB/T 3543.4—1995）规定的条件下进行培养。发芽期间要经常检查湿度、水分和通气状况。如有发霉的种子应取出冲洗，严重发霉的应更换发芽床。

（5）幼苗鉴定

鉴定要在主要构造已发育到一定时期进行。每株幼苗都必须按《规程》规定的标准进行鉴定。根据种的不同，试验中绝大部分幼苗应达到：子叶从种皮中伸出（如莴苣属）、初生叶展开（如菜豆属）。尽管一些种子如胡萝卜在试验末期，并非所有幼苗的子叶都从种皮中伸出，但至少在末次计数时，可以清楚地看到子叶基部的"颈"。

在计数过程中，发芽良好的正常幼苗应从发芽床中拣出，对可疑的或损伤、畸形或不均衡的幼苗，通常到末次计数。严重腐烂的幼苗或发霉的种子应从发芽床中除去，并随时增加计数。

复胚种子单位作为单粒种子计数，试验结果用至少产生一个正常幼苗的种子单位的百分

比表示。当送验者提出要求时，也可测定 100 个种子单位所产生的正常幼苗数，或产生 1
株、2 株及 2 株以上正常幼苗的种子单位数。

3.5.3.2 染色法

（1）TTC 法

① 将新种子、陈种子或死种子，用温水（30℃）浸泡 2～6h，使种子充分吸胀。

② 随机取种子 2 份，每份 50 粒，沿种胚中央准确切开，取每粒种子的 1/2 备用。

③ 把切好的种子分别放在培养皿中，加 TTC 溶液，以浸没种子为度。

④ 放入 30～35℃的恒温箱内保温 30min，也可在 20℃左右的室温下放置 40～60min。

⑤ 保温后，倾出药液，用自来水冲洗 2～3 次，立即观察种胚着色情况，判断种子有无
生活力，把判断结果记入表 1-3-2 内。

（2）红墨水（酸性大红 G）染色法

① 先将待测种子用水浸泡 3～4h，待充分吸胀后取出一部分种子，在沸水中煮沸 3～
5min，作为死种子。

② 取浸好的新种子、陈种子和死种子各 50 粒，用单面刀片沿胚部中线纵切成两半，其
中一半用于测定。

③ 将备好的种子分别放在培养皿内，加入红墨水溶液，以浸没种子为度。

④ 染色 10～20min 后倾倒出溶液，用自来水反复冲洗种子，直到所染颜色不再洗出为止。

⑤ 对比观察冲洗后的新种子、陈种子和死种子胚部着色情况。凡胚部不着色或略带浅
红色者，即具有生活力的种子，若胚部染成与胚乳相同的红色，则为死种子，把测定结果记
入表 1-3-2。

3.6 结果分析

3.6.1 净度分析

重型混杂物：指重量和体积明显大于所分析的种子，且对净度分析结果有较大影响的混
杂物。

送验样品称重（M）：在送验样品中，若有颗粒与供检种子在大小或重量上明显不同且
严重影响结果的混杂物，如土块、小石块或小粒种子中混有大粒种子等，应先挑出这类物质
（m）并称重，再将其分离成其他植物种子（m_1）和杂质（m_2），分别称重，记录。

净种子：
$$P_2(\%) = P_1 \frac{M-m}{M} \times 100\%$$

其他植物种子：
$$OS_2(\%) = OS_1 \frac{M-m}{M} + \frac{m_1}{M} \times 100\%$$

杂质：
$$I_2(\%) = I_1 \frac{M-m}{M} + \frac{m_2}{M} \times 100\%$$

式中　M——送验样品的重量，g；

　　m——重型混杂物的重量，g；

　　m_1——重型混杂物中其他植物种子重量，g；

　　m_2——重型混杂物中杂质重量，g；

　　P_1——除去重型混杂物后的净种子重量百分率，%；

　　OS_1——除去重型混杂物后的其他植物种子重量百分率，%；

I_1——除去重型混杂物后的杂质重量百分率，%。

百分率修约：将各成分的百分率相加，总和应为 100%，若不是，则应从百分率最大值上加 0.1% 进行修约。但应注意修约值大于 0.1% 时，需检查计算有无差错。

3.6.2 含水量测定

$$W = \frac{m_1 - m_2}{m_1 - m} \times 100\%$$

式中　W——种子含水量；

m_1——样品盒和盖及样品烘干前的质量，g；

m_2——样品盒和盖及样品烘干后的质量，g；

m——样品盒和盖的质量，g。

若一个样品的两份测定值之间的差距不超过 0.2%，其结果可用两份测定值的算术平均值表示，否则需重新实验。

3.6.3 发芽力测定

发芽试验结果以发芽种子粒数的百分比表示。当一个试验的 4 次重复（每个重复以 100 粒计，相邻的副重复合并成 100 粒的重复）正常幼苗百分比都在最大容许差距内，则以平均数表示发芽百分比。正常幼苗、不正常幼苗和未发芽种子百分比的总和必须为 100%。

当试验出现下列情况时应重新试验：怀疑种子有休眠（即有较多的新鲜种子不发芽），可采用温度处理、化学处理和机械处理等方法重新试验，并应注明所用的方法；由于真菌或细菌的蔓延而使试验结果不一定可靠时，可采用沙床或土壤进行试验；当用纸床正确鉴定幼苗数有困难时，可按规定选用沙床或土壤进行试验；当发现试验条件、幼苗鉴定或计数有差错时，采用同样的方法重新试验；当 100 粒种子重复间的差距超过《农作物种子检验规程发芽试验》（GB/T 3543.4—1995）规定的最大容许差距时，采用同样方法重新试验。

填报发芽试验结果时，必须填报正常幼苗、不正常幼苗、硬实、新鲜不发芽种子和死种子的百分比。同时还必须填报采用的发芽床、温度、试验持续时间以及为促进发芽所采用的处理方法等。

3.7　作业

将试验结果填入表 1-3-1 与表 1-3-2。

表 1-3-1　园林植物种子的品质检测结果

植物名称	测定指标				
	纯度/%	净度/%	含水量/%	发芽率/%	发芽势/%
1					
2					
3					
...					
...					

表 1-3-2 染色法测定种子生活力结果记载表

方法	种子名称	供试粒数	有生活力 种子粒数	无生活力 种子粒数	有生活力种子 占供试粒数的百分比/%
TTC 法	1				
	2				
	3				
	...				
红墨水法	1				
	2				
	3				
	...				

3.8 思考题

① 园林植物种子水分测定应注意什么问题？

② 种子检验在种子贸易中有何作用与意义？

实验 4 常用化学肥料的定性鉴别

4.1 实验目的

掌握化学肥料的定性鉴定的原理和鉴定方法，能熟练检测当地市场主要化学肥料的成分。

4.2 实验原理

4.2.1 用物理方法对常见化肥定性鉴别

常见化肥除尿素外都属于盐类，而且绝大多数为白色晶体。这些化合物的溶解度不同：常见的氮肥、钾肥，20℃时溶解度在 10g 以上；然而普通过磷酸钙，其中所含的 $CaSO_4 \cdot 2H_2O$ 几乎不溶于水。由于普通过磷酸钙中含有 40% 左右的 $CaSO_4 \cdot 2H_2O$，几乎不溶于水，因而，可以通过溶解的办法与氮、钾肥加以区分。氮、钾等化合物燃点不同，碳酸氢铵升华点为 60℃，其他氮肥熔点低于 400℃，而钾肥熔点都高于 700℃（其中 KCl 燃点为 776℃，K_2SO_4 燃点为 1069℃）。

4.2.2 水溶性化肥的化学鉴别

NH_4HCO_3、$(NH_4)_2SO_4$、NH_4Cl、NH_4NO_3、K_2SO_4、KCl、KNO_3 等肥料，只要检出阳离子（NH_4^+、K^+）和阴离子（HCO_3^-、SO_4^{2-}、Cl^-、NO_3^-）就可以确定是属于何种化肥，如阳离子为 NH_4^+，阴离子为 SO_4^{2-}，则此化学肥料即为 $(NH_4)_2SO_4$。

① NH_4^+ 检查

$$NH_4^+ + NaOH \xrightarrow{\triangle} Na^+ + NH_3 \uparrow + H_2O$$

湿润的红色石蕊试纸遇 NH_3 首先形成 NH_4OH

$$NH_3+H_2O \longrightarrow (NH_4)OH$$

碱使试纸变蓝。

② K$^+$检查

$$2K^+ + Na_3Co(NO_2)_6 \longrightarrow K_2NaCo(NO_2)_6 \downarrow + 2Na^+$$
$$\text{亚硝酸钴钠} \qquad\qquad \text{亚硝酸钴钠钾（橙黄色）}$$

③ SO$_4^-$检查

$$SO_4^{2-} + BaCl_2 \longrightarrow BaSO_4 \downarrow + 2Cl^-$$
$$\text{白色沉淀（不溶于酸）}$$

④ Cl$^-$检查

$$Cl^- + AgNO_3 \longrightarrow AgCl \downarrow + NO_3^-$$
$$\text{白色沉淀}$$
$$\text{（在 HNO}_3\text{ 存在下）}$$

⑤ HCO$_3^-$检查

$$HCO_3^- + HCl \longrightarrow Cl^- + H_2CO_3$$
$$H_2CO_3 \longrightarrow H_2O + CO_2 \uparrow$$

⑥ NO$_3^-$检查

$$NO_3^- + C_6H_5-NH-C_6H_5 = C_6H_5 \longrightarrow N = C_6H_4 = C_6H_4 = NHSO_3H-C_6H_5$$
$$\text{二苯胺} \qquad\qquad\qquad\qquad \text{二苯胺本胺络离子（蓝色）}$$

⑦ CO(NH$_2$)$_2$检查　取少量化肥于一干试管中，加水 2mL 热溶化后，冷却。加 10% NaOH 5 滴，加 0.5%CuSO$_4$ 3 滴，振动摇匀，如出现淡紫色，即示有尿素存在。缩二脲在碱性条件下与 CuSO$_4$ 作用，生成紫色络合物（缩二脲铜络合物）。

4.3　仪器与试剂

试管、铁片或炉火、木炭、烧杯、酒精灯或电炉比色盘、红石蕊试纸、火柴、各种肥料、1%NaOH、10%NaOH、1%BaCl$_2$、10%AgNO$_3$、10%醋酸、10%HCl、5%CuSO$_4$、二苯胺试剂（称二苯胺 0.5g 加蒸馏水 20mL，缓缓加入密度 1.84kg/m^3 的 H$_2$SO$_4$ 100mL，溶解后存于棕色玻璃瓶中，变蓝即为失效）、20%亚硝酸钴钠溶液｛将亚硝酸钴钠 [Na$_2$Co(NO$_2$)$_6$] 20g 溶解于蒸馏水中，稀释至 100mL｝。

4.4　鉴别步骤

4.4.1　用物理方法对常见化肥的定性鉴别

4.4.1.1　溶解鉴别

对要检查的肥料，取 0.5～1g 于试管中，另加 10 倍的蒸馏水（或白开水），振荡，观察溶解情况。

① 完全溶解于水的为氮肥或钾肥。

② 部分溶解或微溶为磷肥：一部分溶解于水为过磷酸钙、重过磷酸钙；微溶或溶解不明显有可能是钙镁磷肥、沉淀磷肥等。

4.4.1.2　燃烧鉴别

对水溶性肥料，取 0.2g 左右，在燃红的木炭上或烧红的铁片上燃烧，区分氮肥或钾肥。

① 燃烧过程中不发生任何变化，即：不直接变成气体、不冒烟、不熔化、无火，此肥料为钾肥（硫酸钾、氢化钾）。

② 燃烧过程中变成气体（升华）的肥料或冒烟、熔化、发火的肥料为氮肥。根据燃烧时的残余物，可初步区分出是何种氮肥。

直接变成气体（称升华）的为碳酸氢铵。燃烧时猛烈或有火亮的为硝酸铵。熔化快并发浓浓白烟的为尿素。

熔化慢并发丝丝的白烟（即稀烟），残余物为白色的为氯化铵。

4.4.2　水溶性化肥的化学鉴别

（1）进行燃烧试验

确定是氮肥或钾肥。

（2）制取肥料溶液

取约 0.2g 肥料加入 15mL 蒸馏水。

（3）燃烧时成气（即升华）的肥料

按以下步骤检查。

① 检查 NH_4^+　a. 量取肥料液 3mL 放于试管中；b. 加入 10％NaOH 溶液 1～2mL，放一湿润的红色石蕊试纸于试管口上；c. 在酒精灯上加热试管，观察试纸变蓝与否（如变蓝，则证明有 NH_3）。也可在肥料瓶中放入湿润的红色石蕊试纸（不要接触），观察是否变蓝（如变蓝，证明有 NH_3）。此法也可检查碳铵中氨。

② 检查 HCO_3^-　取 0.1g 左右肥料或上述肥料液放入试管中，加 10％HCl 溶液 2～3mL，观察是否有气泡发生，如有气泡即有 HCO_3^-。

（4）燃烧时发烟，有 NH_4^+ 肥料

按以下步骤检查。

① 检查 NH_4^+　a. 量取肥料液 3mL 倒入试管中；b. 加入 10％NaOH 溶液 1～2mL，放一湿润的红色石蕊试纸于试管口；c. 在酒精灯上加热试管，观察试纸变蓝与否（如变蓝，则证明有 NH_3。也可在肥料瓶中放入湿润的红色石蕊试纸（不要接触），观察是否变蓝（如变蓝，则证明有 NH_3）。

② 检查 SO_4^{2-}　量取 3mL 肥料液倒入试管中，加 1％$BaCl_2$ 溶液数滴，若有白色沉淀时，再加醋酸数滴，若白色沉淀不溶，即有 SO_4^{2-} 存在。

③ 检查 Cl^-　有 SO_4^{2-}，不检查 Cl^-。取肥料液 3mL 于试管，加数滴 10％$AgNO_3$，有絮状白色沉淀时，再加数滴 HNO_3，如白色沉淀不溶即有 Cl^- 存在。

④ 检查 NO_3^-　若有 SO_4^{2-} 或 Cl^- 时，不检查 NO_3^-。取数滴肥料液放入比色盘孔穴，加 1 滴二苯胺，若显蓝色，即证明存在 NO_3^-。

（5）燃烧发烟，无 NH_4^+ 的肥料

检查确定是否是尿素。

① 称取 0.1～0.5g 肥料放入干燥试管中，加热熔化稍冷。

② 加 10％ NaOH 溶液 2～3mL。

③ 再加 5％ $CuSO_4$ 试剂 2～3 滴，若出现淡紫色即为 $CO(NH_2)_2$。

（6）燃烧过程中不发生任何变化的肥料（属钾肥）

① 检查 K^+　量取 3mL 肥料液放入试管中，加入亚硝酸钴钠试剂 2～3 滴，当有黄色沉淀产生时，即有 K^+ 存在。

② 检查 SO_4^{2-}　量取肥料液 3mL 放入试管中，加 1％ $BaCl_2$ 溶液数滴，当有白色沉淀时，则加醋酸数滴，若白色沉淀不溶即有 SO_4^{2-} 存在。

③ 检查 Cl^-　量取肥料液 3mL 放入试管中，加 10％ $AgNO_3$ 数滴，当有絮状白色沉淀时，再加 HNO_3 数滴，若白色沉淀不溶即有 Cl^- 存在。

4.5　作业

领取未知单质化肥和复合肥料各一份进行鉴定，将鉴定结果填入表 1-4-1。

表 1-4-1　测定记录与供试肥料名称的确定

编号	水溶解情况	燃烧情况	NH_4^+	K^+	SO_4^{2-}	Cl^-	NO_3^-	$CO(NH_2)_2$	属何种肥料
1									
2									
3									

实验 5　农家肥的调查与高温堆肥

5.1　实验目的

了解农家肥的来源、组成和积制与施用方法；掌握堆制农家肥技术。

5.2　材料与用具

各种秸秆、粪尿、干细土、碳酸氢铵、铁锹、铡刀等工具。

5.3　内容与操作步骤

5.3.1　农家肥的调查

有机肥料没有统一规范的分类标准。目前主要根据其来源、特性及积制方法对其进行简单的归类，一般分为：粪尿肥类，包括人粪尿、家畜粪、家禽粪、蚕沙等；堆沤肥类，包括堆肥、沤肥、秸秆直接还田以及沼气池肥等；绿肥类，包括栽培绿肥和野生绿肥；杂肥类，主要包括城市生活垃圾、泥土肥、草木灰、草炭、腐殖酸肥料及各种饼肥等。

5.3.2　堆制原理

堆肥是以秸秆、杂草、绿肥、泥炭、落叶、生活垃圾及其他废弃物为主要原料，加入人畜粪尿，进行堆腐而成的有机肥。堆肥根据其配料中有机质含量、堆制过程中最高温度的不同，可以分为普通堆肥和高温堆肥。普通堆肥有机质含量低，堆制时间长，有害物质处理不彻底。高温堆肥堆制时间短，腐熟快，对杀灭其中的病菌、虫卵及杂草种子均有良好效果。

5.3.3 堆制过程

堆制过程是一系列微生物对秸秆、粪尿等有机物质进行矿质化和腐殖化作用的过程。堆制初期以矿化分解为主，后期则以腐殖化作用占优势。通过堆制可以使有机质的碳氮比变小，有机质中的养分得以释放。高温堆肥在高温阶段积累起来的 60～70℃ 的高温，可以减少甚至杀灭堆肥材料中的病菌、虫卵及杂草种子等有害物质。因此，堆肥的腐熟过程，既是有机质的分解和再合成过程，又是一个无害化处理过程。

（1）场地的选择

制肥场地应选择地势平坦、靠近水源的背风向阳处，一年四季均可露天制作。

（2）材料的准备

以 1t 干秸秆为例。

① 作物秸秆 1000kg。

② 饼粉 20kg，花生饼、豆饼、棉籽饼、菜籽饼等均可。无饼粉可用 10kg 尿素或者 30kg 碳酸氢铵代替。

③ 20% 左右的粪尿肥或者 10% 左右的塘泥。如果粪尿肥或塘泥的数量不足，可以用 1kg 左右快速发酵菌剂代替。

（3）制作方法

① 用粉碎机粉碎或用铡草机切断作物秸秆（如玉米秆），一般长度以 1～3cm 为宜（稻草、树叶、麦秸、杂草、花生秧、豆秸等可直接使用发酵，但粉碎后发酵效果更佳）。

② 把粉碎或切断后的秸秆用水浇湿、渗透，秸秆含水量一般掌握在 70% 左右。

③ 用 20kg 饼粉同粪尿肥、塘泥或者菌种拌匀。若用快速发酵菌剂，需用手均匀地把拌有菌种的饼粉撒在用水浇过的秸秆表面。用铁锹等工具翻拌一遍，堆成宽 2m、高 2m、长度不限的长条，用塑料布盖严或者进行泥封即可。

（4）腐化过程

① 升温阶段　从常温升到 50℃，夏季一般只需 2～3d，春秋需 1 周左右，冬季需要的时间要更长一些。

② 高温阶段　50～70℃，要让这个阶段维持 2～3d，不宜过长或过短。时间过短，如果是冬季，其中的有害物质处理不彻底；如果是夏季，堆温如果不能自然降温的话，需要采用翻堆、喷水等措施进行人工降温。不过翻堆后，一定注意要用一些细土覆盖粪堆，以防止养分损失。

③ 降温阶段　从高温降到 50℃ 以下，一般需要 10d 左右。此时，堆肥积制过程基本完成，肥料可以直接施用。

（5）腐熟标志

① 秸秆颜色变为褐色或黑褐色，较湿时用手捏柔软且有弹性，干时很脆弱而且容易破碎。

② 腐熟后缩小 1/3 或 1/2。

5.3.4 施用

堆肥中有机质十分丰富，氮、磷、钾养分较为均衡，还含有各种微量元素，是各种作物、各种土壤都适宜的常用肥料，具有提高产品品质、增加产量等显著效果。

实验 6　园林植物种子繁殖及苗期管理技术

6.1　实验目的

学习播种工作的全部过程，了解和掌握播种前种子处理和播种工作中的关键技术问题。

6.2　材料与用具

（1）种子

小粒种子、中粒种子、带翅种子、大粒种子。

（2）药品及用具

各土壤消毒用药、各种子消毒用药、播种培养土、粗沙、瓦片、浸种容器、育苗盘、喷壶、细筛、铁锹、平耙、镐、钢卷尺、开沟器、木牌、镇压滚等。

6.3　内容与方法

① 播种前的种子处理、做高床和低床、做垄。

② 练习大粒种子、中粒种子、小粒种子的播种技术。

③ 要求每个同学亲自操作种子处理、做床、做垄、人工播种的全过程。

6.4　播种技术

6.4.1　种子的准备

（1）取种

已经完成层积催芽的种子，播前 3～7d 内取出种子，并进行种沙的分离。当发芽强度不够时，再将种子放于 16～21℃条件下催芽。

（2）温水浸种

对于冬季来不及层积催芽的种子应进行温水浸种，并在播种前 7～14d 进行。

常见树种的种子用水温度参考教材的相关章节，水量通常为种子体积的 2 倍以上，水倒在种子上，一边搅拌一边倒水。如种皮较硬的种子（金合欢）可用升温法，分批浸泡，先用 60℃温水浸泡一昼夜，达到种子吸胀的状态，取出种子，然后浸泡在 80℃以上的热水中，一昼夜后再捞出吸胀的种子，分批催芽，分批播种。若小粒种子且种皮较薄一般水温 20～30℃。如种粒渗透性差，膨胀速度慢，浸泡时间可以延长，每天更换水 1 次或 2 次，直到种子已吸胀后捞出，并置于 15～25℃的温度条件下保持湿润，每天用温水冲洗 2～3 次，直到 30% 的种子已裂嘴时即可播种。

6.4.2　露地播种技术

（1）整地

经过粗平后需要灌充足底水，施充足底肥。翌春耙地并细平。

（2）土壤消毒

为防止苗期病虫害发生，在做床或做垄前要进行土壤消毒。选用绿亨 1 号（噁霉灵）或绿享 2 号（多·福·辛）喷淋土壤表层，或直接灌溉到土壤中，使药液渗入土壤深层，杀死土中病菌。喷淋施药处理土壤适宜于大田、育苗营养土、草坪更新等。也可以用福尔马林、硫酸亚铁等药剂消毒土壤。要及时做好土壤的处理和种子的处理，切勿影响正常播种期。

① 福尔马林　稀释 150～250 倍，用量为 50～60mL/m²，于播种前 15d 喷洒在苗床上，用塑料薄膜密封，播前 7d 掀开薄膜，并多次翻地，加强通风，待气味全部消失后播种。

② 硫酸亚铁　用量为 9～10g/m²，用浓度为 2%～3% 的溶液喷洒于播种床，亦可将药剂溶于蓄水池中再进行灌底水，或与基肥混拌使用。

（3）做床或起垄

① 做床　高床长 10m，宽 0.8m，高 15cm；低床长 10m，宽 1.3m，床心宽 1～1.2m，床埂宽 30cm，埂高 12～15cm。

② 起垄　用机具按规格做垄，一般垄距 70cm，高×宽＝15cm×30cm。机具做好后，要进行人工修整、平垄面。

（4）播种

① 播种方法　大粒种子用点播，中小粒种子用条播。

② 播种技术　用开沟器进行南北向开沟，沟要直，宽窄深浅要均匀一致。行距一般为 20cm，沟的深浅要与覆土厚度一致。极小粒种子一般覆土厚度为 0.1～0.5cm，小粒种子覆土厚度为 0.5～1cm，中粒种子覆土厚度为 1～3cm，大粒种子覆土厚度为 3～5cm。开沟后撒药、撒种。播种要均匀，特别是中小粒种子。播种量按计划确定。

（5）覆土

播种后应立即覆土，覆土要均匀，薄厚要一致。要按种粒大小、土壤墒情确定覆土厚度，厚度要适宜。覆土深度一般为种子横径的 1～3 倍。微粒种子以不见种子为度。

（6）镇压

播种覆土后应及时镇压。土壤黏重，可以不用镇压。在播种微粒或小粒种子时，可以先镇压再播种、覆土。

（7）管理观察

播种 3d 后，早晨检查发芽情况并开始记录，要把发芽的种子上面的覆盖物拿下来。基质表面缺水时要及时喷洒，不得让基质变干燥，基质干湿交替会使种子干燥，丧失发芽能力。子叶张开后可以改喷雾为喷水。真叶生长到两对时可以叶面施肥。当根系从孔洞出来时，可以定植。

（8）播种记录

将育苗过程中各环节记录填入表 1-6-1。

表 1-6-1　播种记录

植物名称	播种日期	开始出芽日期	50%出芽日期	80%出芽日期	真叶日期	温度	湿度
1							
2							
3							
...							
...							

（9）注意事项

① 要做好播种量的计算工作。

② 播种过程中，开沟、撒种、覆土、镇压等每个环节严格按要求完成，要紧密配合，形成流水作业。

③ 要准备齐全种子、药剂。

④ 对于已经催过芽的种子要求在播种过程中注意种子的保管，并应有专人负责。

⑤ 使用药剂时要注意人畜安全。

6.4.3　盆播育苗技术

（1）播种盆的准备

旧盆须洗净，如为新瓦盆应提前泡水 1～2d 退火备用。

（2）育苗基质的配制

取蛭石、泥炭、细河沙按 1∶1∶1 比例，经过暴晒过筛后，混拌均匀，用细喷头喷适量水，将基质充分混拌至含水量约为 60%，即用手握起能成团，松手放下能散开，则说明基质含水量适宜。

（3）装盆

先用瓦片盖住盆底的排水孔，然后装入粗砂砾或煤渣，约 2cm，使其形成排水层，再填入疏松细碎的基质至距盆沿 2cm 处，双手提盆轻击地面使盆土沉实。

（4）浸盆

采用盆底给水法浇水；先将水盆盛上水，把一空花盆倒扣在其中，然后把播种盆置于空花盆上，浸在水中，水面低于盆土表面，待盆土吸水充足后，立即取出。

（5）播种

若为小粒种子，需要先掺入干细沙拌混均匀，用撒播法均匀地将种子撒播于土面上；若为中、大粒种子，需要用点播法均匀地将种子点播于土中。

（6）覆土

播种后覆上一层配好的培养土。小粒种子的覆土厚度以盖住种子为佳；中、大粒种子的覆土厚度以种子直径的 2～3 倍为佳。

（7）覆盖

可以在花盆上先盖一层草席或报纸，再盖上玻璃板或覆上塑料薄膜，以利于遮光保湿；如为喜光性种子，只盖玻璃板或罩塑料薄膜即可，不用盖草席或报纸。

（8）播后管理

将完成播种的盆置于荫处，保持盆土湿润，温度为 18～25℃，相对湿度为 80%～90%。若干燥就用浸盆法给水，早晚将覆盖物揭开数分钟，以便通风透气。幼苗出土后除去覆盖物，逐渐移到光线好的地方养护。

（9）播种记录

填入表 1-6-2。

表 1-6-2　播种记录

植物名称	播种日期	开始出芽日期	50%出芽日期	80%出芽日期	真叶日期	温度	湿度
1							
2							

续表

植物名称	播种日期	开始出芽日期	50％出芽日期	80％出芽日期	真叶日期	温度	湿度
3							
…							
…							

6.5　苗期管理技术

（1）遮阴、降温保墒

为防止幼苗遭受日灼危害，遮阴是个有效方法。遮阴可使幼苗减少阳光直射，降低地表温度，保持合适的土壤温度，减少土壤和幼苗的水分蒸发，同时起到降温保墒的作用。遮阴可用遮阳网覆盖。

（2）间苗和补苗

间苗有利于调整幼苗的疏密度，使幼苗保持一定的营养面积、光照范围和空间位置，使根系均衡生长，苗木生长整齐健壮。间苗过程中应除去发育不正常的、有病虫害的劣苗以及过密苗。间苗后要求立即浇水，以淤塞苗根孔隙。

补苗工作是补救缺苗的一项重要措施。方法是从过密苗处挖取苗木，栽植到缺苗处。补苗可以结合间苗同时进行，最好选择阴天、雨天或下午 4 时以后进行，以减少阳光的照射，防止萎蔫。有时在补苗后进行一定的遮阴，可提高成活率。

（3）截根和移栽

截根有助于控制主根的生长，促进幼苗侧根、须根的生长，加速苗木的整体生长。截根一般在幼苗长出 4～5 片真叶，苗根还没木质化时，用锋利的铁铲等将主根截断。

此法适用于主根发达，侧根不发达的树种，如核桃、樟树、梧桐等树种。

（4）中耕除草

中耕，即为松土，目的是疏松地表土层，增加土壤保水蓄水能力，促进土壤空气流通，加速微生物的繁殖和根系的生长发育。

（5）水分管理

在种子萌发和苗木生长发育过程中，都离不开水。植物在不同的生长时期对水的需求量不同。生长初期，因为此时幼苗小、根系短小、伸入土层浅，需水量不大，只要经常保持土壤上层湿润，就能满足幼苗对水分的需要，因此灌水宜少量多次进行。幼苗速生期，由于苗木的茎叶急剧增长，茎叶的蒸腾作用旺盛，对水量的需求也增大，因此灌水量应大，次数应增多。幼苗生长后期，由于苗木生长缓慢即将进入停止生长期，即处于枝干木质化，充实组织，增加抗寒能力阶段，此时要减少灌水，控制水分，防止徒长。

（6）施肥管理

施肥分基肥、追肥和叶面喷肥 3 种。

① 基肥　基肥多随整地时施用，也可在播种时施用基肥，称种肥。以有机肥为主，常用腐熟的有机肥或颗粒肥料，撒入播种沟中或与种子混合随播种时一起施入。

② 追肥　施用追肥一般指根外追肥。在植物生长的不同时期分别进行追肥。一般采用穴施或溶于水中随着灌水进行施肥。生长前期多施用氮肥，生长后期多施用磷钾肥。

③ 叶面喷肥　叶面喷肥利用植物的叶片能吸收肥料的特点，采用液肥喷雾的方法进行施肥。对于微量元素和部分化肥由于需要量不大，所以进行根外追肥效果较好，既可减少肥料的流失，又可快速收效。

肥料的种类和肥量因树种的不同、生长时期的不同差异很大。1 年生的播种苗（实生苗）在快速生长期吸收氮肥量最大，所以应在这个时期（一般在 6～8 月）追施大量氮肥；2 年生及以上的播种移植苗则在生长期的前期吸收氮量最大，应在前期追施大量氮肥，在夏末秋初以后，为防止苗木徒长，以有利于木质化，要求停止追施氮肥，以促使苗木充实，有利于越冬。

总之，要根据植物的种类及各个生长时期的需肥特点，进行合理施肥，以提高肥料的利用率。

（7）病虫害防治

① 栽培技术上的预防　a. 实行秋耕和轮作；选用适宜的播种时期；适当早播，提高苗木抵抗力；做好播种前的种子处理工作。b. 合理施肥，精心培育，使苗木生长健壮，增强对病虫害的抵御能力。c. 在播种前，对土壤进行必要的消毒处理。

② 药剂防治和综合防治　发现苗木感染病虫害，要注意及时进行药物防治。

③ 生物防治　保护和利用捕食性、寄生性昆虫和寄生菌来防治害虫，可达到"以虫治虫、以菌治病"的效果。

6.6　作业

① 根据实习树种，如何确定播种期？为什么？

② 如何确定覆土厚度？举出大、中、小三种具体树种的适宜覆土厚度。

③ 以一树种为例，为提高场圃发芽率，在播种阶段应掌握哪些主要技术环节？

实验 7　培养土的配制

7.1　实验目的

花卉植物起源地复杂，种类繁多，生态习性差异较大，因此对栽培基质的要求也各不相同。为满足花卉生长发育的需求，必须配制合适的培养土。通过本次试验，使学生了解和掌握各类（或各种）花卉常见的栽培用土，掌握一般培养土的配制方法。

7.2　实验原理

土壤或基质是花卉生长发育的基本条件。盆栽用土由于容积有限，花卉的根系生长受到限制。因此要求盆栽花卉的培养土必须含有足够的营养成分，具有良好的理化性质，如疏松通气，酸碱度适中，含有丰富的腐殖质等。

7.3　材料与用具

铁锹、筛子、筐、腐熟的肥料、河沙、腐叶土、人粪尿、园土、落叶、泥炭、蛭石、水藓、椰子纤维、骨粉、砻糠灰、塘泥、针叶土等。

7.4 方法与操作步骤

7.4.1 腐叶土的配制

将园土、落叶、厩肥等按一定比例分层堆积成塔状，从塔顶中心倒入人粪尿后，以塑料膜或塘泥密封。15～20d 翻动一次，1～2 月即可制成腐熟的腐叶土。将河沙与腐叶土按不同比例混合，可制成各种用途的栽培用土。

7.4.2 常用盆栽用土配制方法

园土：腐叶土：骨粉（泥炭）：黄沙：骨粉＝6：8：1（12）：8：1（按体积计）。

7.4.3 按比例配制各类花卉培养土

常见草本花卉用腐叶土、园土和砻糠灰，按体积比 2：3：1 进行配比；月季类用堆肥土和园土，按体积比 1：1 进行配比；常见宿根类用堆肥土、园土、草木灰和细沙，按体积比 2：2：1：1 进行配比；多浆植物类用腐叶土、园土和黄沙按体积比 2：1：1 进行配比；山茶和杜鹃类用腐叶土和黄沙，按照体积比 9：1 进行配比；秋海棠和地生兰类用园土、腐叶土（或泥炭）和黄沙，按体积比 1：3：1 进行配比。

7.4.4 按不同用途配制介质

（1）扦插介质

珍珠岩：蛭石：黄沙为 1：1：1 或壤土：泥炭：沙为 2：1：1，每 100L 另加过磷酸钙117g，生石灰 58g。

（2）育苗介质

泥炭：砻糠灰为 1：2，或泥炭：珍珠岩：蛭石为 1：1：1。

（3）假植及定植用土

腐叶土：河沙：园土分别为 4：2：4 和 4：1：5。

7.5 作业

① 自制表格填写堆肥土、腐叶土、草皮土、针叶土、泥炭土、沙土等栽培用土的形成特点、通透性、养分含量、腐殖质、酸碱度等。

② 配制不同种类，不同用途介质的依据是什么？

③ 欧美常用盆栽介质土配比如何？适用哪些种类？

7.6 说明

几种常用的基质如下

（1）河沙

细沙保水性强，水渗透性差。粗沙渗透性好，保水性差。适合使用直径约 1mm 的中等沙，或下面用粗沙，顶部用细沙。当用时需要用筛子除去粗石片和碎片，用水冲洗沙中的泥土和碎片，以利于水的渗透性。河沙不含腐殖质，不容易积水，也可防止细菌感染造成插穗腐烂，有利于愈伤组织的形成，促早期发新根。在栽培基质中混合一定比例的河沙有利于通风排水。

（2）蛭石

云母类矿物，在800～1100℃高温条件下烧制而成，不带病虫害且保水和透气性好。吸水量为自身的2倍，具有较好的缓冲性，本身不溶于水，并含有可被花卉利用的镁肥和钾肥。插条的生根相对慢于其他基质，但根系粗壮，最好与其他基质混合使用效果更好。

（3）珍珠岩

硅质火山岩，在1200℃高温条件下燃烧膨胀而成，pH为酸性，是育苗的好基质。若与泥炭、沙混合使用，效果更佳。如用珍珠岩∶蛭石∶细河沙为1∶1∶2混合，用于栀子花的无土扦插育苗基质，插条能迅速生根。

（4）泥炭

也称草炭、泥煤，植物残体在水分过多、通气不良的条件下，不完全分解的半分解有机物。含丰富的有机质，pH呈酸性，适用于耐酸性植物的栽培。泥炭本身具有防腐作用，不容易产生霉菌，并且含有胡敏酸，能有效地刺激插条生根。泥炭的吸水和排水性能好，土壤中加入泥炭有利于改良其结构，既可单独使用也可混合其他基质使用。用于草本植物的扦插效果较好，也常用松树皮∶泥炭为3∶1混合，用作山茶花的扦插育苗基质。

（5）锯末

木屑，即锯末屑，由于具有保湿性强、轻松透气、缓冲性能好等优点，是无土栽培的良好基质。杉或铁杉的锯末适用于花卉栽培，松柏类锯末由于富含油脂，不适合使用，而侧柏类锯末由于含有毒素物质，更要注意。若在粉碎的木屑中加入氮肥，经过充分腐熟后使用效果更好。锯末大小选用中等粗细的颗粒为好，若是细锯末，因锯末过细，容易蓄水太多，影响花卉生长，最好加入适当比例的刨花混合使用。

轻木颗粒是特殊地下层古代植物木质部分，经开采、消毒、切制、烘干而成，为不腐不朽、轻软干熟的木质软体颗粒。在种植过程中久而不腐，与露地朽木相比结构更稳定，较其他硬质材料更轻，性价比方面较松树皮还好，是纯天然有机园艺栽培基质。适用于国兰、洋兰等的种植。

使用方法：先用水浸泡4～8h，滤干水即可使用，一盆之中，下粗上细为宜，好气性强的宜用较粗规格或加入同等大小的碎石（或碎砖、泡沫等硬质料）。

（6）园土

普通的栽培土，由于经常施肥耕作，腐殖质含量高，团粒结构好，肥力较高，是配制园林植物培养土的主要原料之一。用作栽培月季、石榴等木本花卉及一般草本花卉效果良好。但由于干燥时表层易板结，湿度大时通气透水性差，不能单独使用，栽种过蔬菜或豆科植物的表层沙壤土效果最好。

（7）腐叶土

腐殖质土也称腐叶土，是配制培养土的材料之一。在秋季落叶时将落叶残草与土壤混拌，以水相和，堆置成堆，压紧后置于墙角等处令其自然腐熟，半年后翻堆一次，再浇水或稀薄的人粪尿，待腐熟后即可使用。也可用生活垃圾（拣去硬的固体物）与园土混合制成，暴晒后使用。广东地区常以煤灰和生活垃圾混合再拌以泥土制成。使用时，需先疏松、过筛。一般pH都偏酸性。由于腐叶土质地疏松，有机质含量高，保水和透气性均好。扶桑、琼花、叶子花、灯笼花等木本花卉以腐殖质土作基质为宜。使用前用筛子除去枯枝、叶梗和石粒等杂物，在阳光下暴晒2～3d以杀死其中的多种腐生病菌。

（8）山泥

由树叶腐烂而成的一种天然腐殖质土，具有疏松透气等优点，pH 呈酸性。适合桂花、栀子、米兰、杜鹃、山茶等喜酸性土壤的花卉。

（9）草木灰

植物（草本和木本植物）燃烧后的残余物，称草木灰。因草木灰为植物燃烧后的灰烬，所以凡植物所含的矿质元素，草木灰中几乎都含有，特别是富含钾元素。将草木灰加入培养土中能使培养土排水良好，土壤疏松。草木灰轻且呈碱性，干时易随风而去，湿时易随水而走，与氮肥接触易造成氮素挥发损失。钾在植物体内能促进氮素代谢及糖类的合成与运输，可促使植物生长健壮，增强其抗病虫与自然灾害的能力，此外还有提高植物抗旱能力的作用，保证各种代谢的过程顺利进行。植物缺乏草木灰时茎秆细弱，容易倒伏。草木灰在林果业有很重要的作用：a.促进种子发芽（提高土温，保持疏松通气状态）；b.促进生根（增加底肥和营养土的有效养分，减轻病虫害）；c.防止落叶（浸出液，作补充养料，提高叶片生命力）；d.改善品质（是一种优质叶面肥，可促使枝叶青绿，增强光合作用）；e.抑制病虫害（可杀死地下害虫与病菌，保护种子、根、茎，减少病虫害，防止立枯病、炭疽病的发生）；f.提高果树抗旱性（因为草木灰中含有大量的钾离子，能有效减弱果树叶片蒸腾水的强度，增强树体抗旱、抗高温的能力，还可促进碳水化合物的运转，提高树体的抗病、抗虫能力）。

（10）骨粉

动物骨头磨碎后发酵而成，含大量 P 元素。加入量不超过 1%。

（11）苔藓

若将苔藓晒干后掺入培养土，可以改良培养土的理化性质，使土壤疏松透气、排水良好。

（12）椰糠

椰糠是椰子外壳的纤维磨碎后形成的粉末，是一种可以天然降解、纯天然的有机质媒介，也是一种环保型栽培基质。

椰粉砖是在提取椰子纤维的加工过程中生产出来的椰纤维粉末状物质，经过高温消毒压缩成各种尺寸的砖状，它是一种无公害、绿色环保、天然优良的植物培养基质材料，适用于容器化育苗、扦插床、种子催芽播种床与盆栽的无土栽培及土壤改良。它可单独使用或根据需要与其他基质材料混合使用，具有良好的保水性、保湿性、透气性及稳定的酸碱度（pH 值为 5.5～6.5），适合大多数植物生长的需求。

（13）干水苔

干水苔是由水苔干制而成的，是一种天然的苔藓，属苔藓科植物，又名泥炭藓。生长在热带、亚热带且海拔较高的山区的潮湿地或沼泽地，水苔自身非常柔软并且吸水力非常强，吸水量相当于自身重量的 15～20 倍，保水时间较长，酸碱度稳定（pH 值为 5～6），所以水苔能为高级花卉植物创造良好的栽培条件。目前，水苔主要用作园艺栽培介质，是种植国兰、洋兰的主要材料之一，特别是作为蝴蝶兰的栽培基质；同时干水苔还是一种优良的宠物垫材垫料。水苔的质量等级越高，水苔就越长越粗，杂质也越少，使用时间也越久，效果也越好，选购时可根据自己的经济承受力及用途进行选择，目前市场上水苔品质以新西兰进口为上品，价格也最高，1kg 为 400 元左右，智利进口次之，国产水苔价廉物美，也具有相当的市场竞争力。

实验 8　园林植物组织培养技术

8.1　实验目的

① 掌握培养基的化学组成和配方组成；熟练掌握常用培养基母液的制备方法和配制 MS 工作培养基的基本技能。

② 掌握母液量取、培养基的配制与分装、扎口技术与灭菌方法。

③ 熟练掌握无菌操作技术和外植体的灭菌方法步骤。

④ 熟练掌握试管苗转接时的基本操作步骤；掌握试管苗扩繁的意义。

⑤ 熟练掌握继代无根苗生根培养基配制与生根苗移栽技术。

8.2　实验原理

① 培养基的主要成分为水分、无机物质、有机物质、天然复合物质和凝固剂（或培养体的支持材料）。在植物组织培养中，配制培养基是基础性的工作。为达到准确称量和快速移取，以及便于贮藏等目的，生产上通常先配制成一系列的浓缩液，即母液。母液的浓缩倍数一般控制在 10～100 倍之间，根据成分的不同，可分为母液Ⅰ（大量元素）、母液Ⅱ（微量元素）、母液Ⅲ（有机物质，如维生素、氨基酸等）、母液Ⅳ（铁盐）和母液Ⅴ（激素类）五种。

② 配制培养基时，按照标准配方和最终体积，依次量取各种母液放于容量瓶（或烧杯）中，再定容至最终体积即可。培养基的灭菌一般采用高温高压湿热灭菌法。基本原理是在密闭的锅体内，随着压力的升高，水的沸点也随之升高，从而大大提高水蒸气的温度。在 121.3℃下，保持 15～20min，能达到灭菌效果。

③ 植物外植体都是带菌的，在接种前必须进行消毒处理，杀死物体表面及其孔隙内的一切微生物，获得无菌材料后再进行组织养。

④ 初代培养获得的愈伤组织、胚状体和无根的芽苗等，数量有限，不能满足生根及实际生产上的需求。为了解决上述问题，可采用切割茎段法、切块法等方法，把初代培养得到的中间培养物转接在继代培养基上，使其继续增殖为新的中间产物，如此重复，就可以进行扩大培养。

8.3　仪器设备与用具

配制 MS 培养基所需药品、生长调节剂（2,4-D、NAA、IBA、6-BA）、托盘天平、电子分析天平、500mL 烧杯、100mL 烧杯、量筒（100mL）、定容瓶（1000mL）、各类移液管数只、蒸馏水、95％酒精、0.1mol/L NaOH、0.1mol/L HCl、棕色细口母液瓶、标签纸、电饭锅、琼脂、蔗糖、蒸馏水、三角瓶、记号笔、注射器、高压灭菌锅、超净工作台、75％酒精、盛有培养基的培养瓶、接种器械（主要指解剖刀、剪刀、镊子等）、酒精灯、0.1％的氯化汞（或漂白粉）、无菌水等。

8.4　方法与操作步骤

8.4.1　培养基母液的配制

见表 1-8-1。

表 1-8-1　几种培养基母液的配制

母液种类	成分	规定用量 /(mg/L)	扩大 倍数	称取量 /mL	母液定容 体积/mL	配 1L MS 培养基 吸取量/mL
大量元素	KNO_3	1900		38000		
	NH_4NO_3	1650		33000		
	$MgSO_4 \cdot 7H_2O$	370	20	7400	1000	50
	KH_2PO_4	170		3400		
	$CaCl_2 \cdot 2H_2O$	440		8800		
微量元素	$MnSO_4 \cdot 4H_2O$	22.3		2230		
	$ZnSO_4 \cdot 7H_2O$	8.6		860		
	H_2BO_3	6.2		620		
	KI	0.83	100	83	1000	10
	$Na_2MoO_4 \cdot 2H_2O$	0.25		25		
	$CuSO_4 \cdot 5H_2O$	0.025		2.5		
	$CoCl_2 \cdot 6H_2O$	0.025		2.5		
铁盐	Na_2-EDTA	37.3	100	3730	1000	10
	$FeSO_4 \cdot 7H_2O$	27.8		2780		
有机化合物	烟酸	0.5		25		
	甘氨酸	2		100		
	维生素 B_1	0.1	50	5	500	10
	维生素 B_6	0.5		25		
	肌醇	100		5000		

8.4.1.1　大量元素与微量元素培养基母液的配制

用电子分析天平称取大量元素，分别放入烧杯中，用少量蒸馏水溶解，在容量瓶中依次混合已完全溶解的药品；用电子分析天平准确量取微量元素和有机物质，分别放入烧杯中，用少量蒸馏水溶解后于容量瓶中依次混合溶解的药品。

8.4.1.2　激素类母液的配制

（1）称量

用电子分析天平准确量取激素类药品各 0.1g（6-BA、IBA、NAA、2,4-D 等）。

（2）溶解

生长素类（IBA、NAA、2,4-D）可先用少量 0.1mol/L NaOH 或 95％酒精溶解；细胞分裂素类（6-BA）可先用 0.1mol/L 的 HCl 溶解。

（3）定容

将上述已完全溶解的各种激素溶液分别加蒸馏水定容至 100mL，即成浓缩至 1mg/mL 的激素类母液。

8.4.1.3　母液的保存

（1）装瓶

将配好的各种母液分别倒入广口瓶中，贴上标签，写明培养基名称、母液编号、浓缩倍数、配制时间以及配制 1L 培养基时应该移取的量。

（2）储藏

将各母液瓶放入 4℃冰箱内保藏。

8.4.2 MS 培养基的配制

8.4.2.1 培养基的配制与分装

（1）量取母液

配 1L MS 培养基，按照母液顺序和所需量，用量筒和专一对应的移液管依次量取下列各母液于烧杯中：大量元素母液 50mL；微量元素母液 10mL；铁盐母液 10mL；有机物质母液 10mL；激素类母液按照需要设置不同浓度激素处理。

（2）熬制

另将预先称好的 6～10g 琼脂，加入约 700mL 水加热煮化。先用旺火烧开，再用文火煮溶，注意经常搅拌，防止糊底。琼脂熔化后将 30g 蔗糖加入锅中，然后将熔化后的琼脂倒入盛有培养基母液的烧杯中。加蒸馏水至刻度（1000mL），搅匀。

（3）调 pH 值

用 pH 试纸测试 pH 值，可用 0.1mol/L NaOH 或 0.1mol/L HCl 将其调到 5.8 左右。

（4）分装与扎口

将调好 pH 值的培养基分装到培养瓶内。100～150mL 的三角瓶，每瓶装 20～30mL 的培养基。分装后立即扎紧瓶口。

8.4.2.2 培养基的灭菌

培养基分装完成后，应在 24h 内灭菌。灭菌过程如下。

① 打开锅盖，加水至水位线。

② 把已分装好培养基的三角瓶、蒸馏水以及接种工具等放入锅筒内，装锅时不要过分倾斜三角瓶，以防弄到瓶口上或流出。然后盖上锅盖，对角旋紧螺丝，接通电源加热。

③ 灭菌，培养基灭菌通常使用高压湿热灭菌法。即把包扎好的培养瓶放入高压灭菌锅中，进行高温高压灭菌。灭菌需在 121～126℃高温、0.10MPa 高压下持续 20min，即可达到消毒灭菌的目的。

8.4.2.3 培养基保存

灭菌后的培养基从高压灭菌锅中取出，让其自然冷却凝固，根据需要可制成平面或斜面。制好的培养基最好在培养室中预培养 3d，观察有无污染。暂时不用的培养基最好放在 10℃左右的冰箱中保存。

8.4.3 外植体的灭菌

① 在接种的前三天，用甲醛与高锰酸钾混合来给接种室灭菌，同时打开紫外灯照射 30min。

② 正式接种前打开超净工作台上的紫外灯和风机，杀菌 20～30min 再进行接种。

③ 用肥皂水清洗双手，在缓冲间内换好灭过菌的衣服和鞋帽，再进入接种室。

④ 用 75％酒精溶液擦拭工作台面及双手。

⑤ 用 75％酒精浸湿的纱布擦拭装有培养基的培养器皿，放进工作台。

⑥ 将解剖刀、剪刀、镊子等工具浸泡在 95％酒精溶液中，在酒精灯的外焰上灭菌后放在器械架上待用。

⑦ 植物材料表面用消毒剂消毒。

a.预处理，在准备室将材料放在自来水下冲洗 20min。

b. 在无菌室把植物材料放进 75％酒精中浸泡约 30s 后倒掉。

c. 用 0.1％氯化汞消毒 5～10min，然后倒掉氯化汞。

d. 用无菌水冲洗 4～5 次。

e. 取出材料放在无菌纸上。

f. 将材料剪成需要大小接到培养基上。

⑧ 操作过程中应经常用 75％酒精擦试工作台和双手；接种工具应反复在 95％酒精中浸泡和在火焰上灼烧。

⑨ 接种完成后，清理和关闭超净工作台，打扫好灭菌室的卫生。

8.4.4　试管苗的转接与扩繁

（1）超净工作台灭菌

接通电源，打开紫外灯照射 20min。同时打开风机 20min。

（2）人员准备

洗净双手，穿上实验服进入接种室。在超净工作台内用酒精棉球擦试双手、台面、接种工具、种苗瓶表面。种苗瓶要选择生长好、高达 4cm 以上的芽丛苗。

（3）转接

将酒精灯放在距超净台边缘 30cm，正对身体正前方处。将种苗瓶放在酒精灯前偏左处，空白瓶放在灯前处，消毒瓶放在灯右侧，以方便操作；打开原种瓶，将瓶口过火一次，置于一定位置。剪刀和镊子灼烧灭菌后，用镊子将原种瓶内试管苗取出，放到无菌纸上，用剪子将其剪成 1cm 左右，带 1～2 个节及 1～2 个叶的小段，打开空白瓶，用冷却的镊子夹住小段迅速转接在空白瓶中，每瓶 5～6 个，接完后瓶口过火封口。

（4）注意事项

① 每接完 1 瓶原种瓶后，再用酒精棉球擦试双手一次，剪刀和镊子灼烧灭菌，以防交叉感染。

② 转接结束后，将材料放在培养室内培养。7d 后检查污染情况，及时清除。

8.5　生根培养与移栽

8.5.1　配制生根培养基（1/2MS 培养基）

① 按照各种母液顺序和规定量，用移液管吸或量筒取母液，放在烧杯中。

② 加入生长素，加入量视培养物而定。

③ 称琼脂 7g/L，加热熔化后加入白糖 20g。

④ 将加热熔化后的琼脂倒入烧杯中，定容。

⑤ 将溶液的 pH 值用 0.1mol/L 的 HCl 或 NaOH 调至 5.8。分装。

⑥ 灭菌锅灭菌 20min。灭菌后取出待用。

8.5.2　无菌操作

① 点燃酒精灯。用 75％酒精擦台面、手、接种工具等。

② 接种工具在酒精灯上反复灼烧。

③ 左手持培养瓶，右手持镊子将外植体送入瓶子。

④ 注意动作要快，不能说话，以防止污染。

⑤ 将接种后的生根培养瓶苗放入培养室。

8.5.3 试管苗驯化移栽

（1）炼苗

将生根的组培苗从培养室取出，放在自然条件下 1~2d，然后打开瓶口，再放置 1~2d。

（2）基质灭菌

将蛭石和珍珠岩分别用聚丙烯塑料袋装好，在高压灭菌锅中灭菌 20min，灭菌后冷却备用。

（3）育苗盘准备

取干净的育苗盘，将蛭石和珍珠岩按 1：1 混合，然后倒入育苗盘中，用木板刮平。将育苗盘放入 1~2cm 深的水槽中，使水分浸透基质，然后取出备用。

（4）试管苗脱瓶

用镊子将试管苗轻轻取出，放入清水盆中，小心洗去根部琼脂，然后捞出，放入干净的小盆中。

（5）移栽

用竹签在基质上打孔，将小苗栽入育苗穴盘中，轻轻覆盖、压实。待整个穴盘栽满后用喷雾器喷水浇平。最后将育苗盘摆入到驯化室中，正常管理。

8.6 作业

① 简述各种母液的配制方法，说一说注意事项。
② 简述 MS 培养基的配制程序，比较母液配制与培养基配制的难易程度。
③ 简述培养基灭菌的关键环节。
④ 接种 7d 后，观察接种材料的污染情况，并分析造成污染的原因。
⑤ 转接时如何才能减少污染？

实验 9 园林植物扦插技术

9.1 实验目的

掌握园林植物扦插的原理、技术过程以及影响扦插成活的主要因素；熟练掌握插穗的采集、剪切、储藏及扦插的方法；熟练掌握插穗的选择、切制、扦插及插后管理等技术。

9.2 实验原理

植物细胞具有全能性，因此植物营养器官具备再生能力，根能形成不定芽，茎能形成不定根，叶能形成不定根和不定芽。园林植物再生不定根或不定芽的能力与该植物在系统发育过程中形成的遗传特性有关。生产中常选用再生能力强的园林花卉，人为提供适合其生根或产生不定芽的生态环境。

9.3 材料与用具

（1）插穗材料

常见园林植物如银杏、蜡梅、金边枸骨、红叶石楠、胡颓子、大花六道木、珊瑚树等常绿树枝条，紫薇、月季等落叶枝条。

（2）药品及工具

生长调节剂（GGR 生根粉、2,4-D、NAA、IAA 等）、扦插基质、全光喷雾设备、修枝剪、手锯、墙纸刀、喷水壶、塑料薄膜、盆、钢卷尺、竹棒。

9.4　内容与操作步骤

9.4.1　硬枝扦插，以银杏为例

（1）基质的准备

适用于硬枝扦插的常用基质有河沙、沙土、砂壤土等。其中，砂壤土、沙土扦插生根率较低，多用于春季的大面积扦插；河沙扦插生根率较高，材料极易获得，广泛应用于扦插育苗中。

（2）插床的准备

插床长 10～20m，宽 1～1.2m，插床上铺一层厚度在 20cm 左右的细河沙，扦插前 7d 用 0.3% $KMnO_4$ 溶液消毒，用量为 5～10kg/m²，与 0.3% 的甲醛溶液交替使用效果更好。喷药后用塑料薄膜密封起来，2d 后用清水漫灌冲洗 2～3 次，即可扦插。

（3）采集穗条

若秋季采插条，时间安排在秋末冬初植物落叶后进行；若春季采插条，应于扦插前 7d 或结合修剪时进行。采集的插条要求无病虫害、芽饱满、健壮。一般选择幼树上的 1～3 年生枝条作穗条。据研究发现，一年生的实生枝条的生根率最高，可达 93%。枝龄越大插条的生根率就越低，实生树枝条的生根率高于嫁接树枝条的生根率。

（4）插条的处理

将枝条剪成 15～20cm 长，含 3 个以上饱满芽，插条上端切口为平口，下端切口为斜口。注意芽的方向不要颠倒，每 50 个枝条为一捆，下端对齐，浸泡在浓度为 100mg/L 的 NAA 溶液中 1h，要求下端浸入 5～7cm。秋冬季采的枝条，捆成捆进行沙藏越冬。

（5）扦插

一般以春季扦插为主，时间安排在 3 月中下旬进行，若在塑料大棚中春插可适当提前。扦插时先开沟，沟的深浅宽窄要一致，再插入插穗，插穗的地上部分要露出 1～2 个芽，覆土踩实，株行距为 10cm×30cm。插后喷洒清水，使插穗与沙土密切接触。空气湿度控制在 85%～90%。

（6）管理

① 遮阴　为避免插条过度失水，需要对插条进行遮阴处理。生产上一般用黑色遮阳网或人工搭棚来遮阴。有条件的可以在塑料大棚中进行，使插穗保持阴凉、湿润的小气候。

② 喷水　对于露地扦插，掌握好空气湿度和土壤湿度至关重要。除插后立即灌一次透水外，若连续晴天就要每天早晚各喷水一次，1 月后逐渐减少喷水次数和喷水量。

③ 追肥　5～6 月插条生根后，用 0.1% 的尿素和 0.2% 的 KH_2PO_4 液进行叶面喷肥，1～2 次/月。

④ 移栽　对于露地扦插的苗，落叶后至下一年萌芽前直接进行移栽；大棚扦插苗需要进行炼苗，结束后再移栽。

⑤ 防治病虫害　银杏扦插育苗的苗圃地常见的病虫害有地下害虫、食叶害虫和茎腐病。

对于地下害虫如地老虎等，可用 40％甲基异硫磷 1000 倍液于下午进行灌根，效果达 90％以上，还可杀灭蛴螬、金针虫等；也可用 0.2％的呋喃丹 2000 倍液或 2.5％的敌杀死 2000 倍液，均匀喷洒。对于食叶类害虫，可用 2.5％的敌杀死 3000 倍液或 40％氧化乐果乳油 500 倍液防治。对于茎腐病，每隔 20d 喷一次 5％的硫酸亚铁溶液，还可喷洒多菌灵、波尔多液等杀菌剂，效果达 90％以上。

9.4.2　嫩枝扦插

嫩枝扦插又称绿枝扦插或软枝扦插。插穗来源于半木质化的绿色枝条，因嫩枝中顶芽和叶片有合成生长素与生根素的作用，因此嫩枝插穗的生长素类激素含量高，组织较幼嫩，分生组织较活跃，可促进愈伤组织的形成，容易生根。嫩枝扦插一般是在夏季生长季进行，如金叶女贞、雪松、水杉、紫叶小檗、刺槐、黄杨、龙柏、桧柏、银杏等园林植物，都可以在夏季生长季进行嫩枝扦插。但夏季气温高，光照强，温度和湿度不容易掌握，需要技术过关，否则容易造成扦插育苗失败。因此，夏季嫩枝扦插育苗，要掌握好技术要点。

（1）苗床准备

苗床地宜选择地势平坦，排水良好的砂壤土。如果土壤黏重，可适当混合锯末或泥炭、细沙和蛭石，以改善土壤的通气性和保水性。扦插前土壤消毒可用 3％的黑矾水溶液进行处理，3～4kg/m² 喷洒，苗床要开好沟，沟的深浅宽窄要一致，床宽一般为 1～1.2m，高0.3m 为宜。

（2）采条

枝条采集一般从 4～6 年生母树上进行，扦插成活率较高。据研究表明，对于难生根的树种插条的年龄越小越好，如基部萌生枝、徒长枝比普通枝生根率高。采条时间以在快速生长停止前后，嫩枝达半木质化时为宜。采条不要在中午进行，宜在早晚进行，采后要立即将枝条基部浸入水中 2～3cm 以利于保水，并置于阴凉处剪截。

（3）插穗

嫩枝插穗的长短需要考虑树种特性和枝条节间的长短。生产上嫩枝插穗一般需要长度6～15cm，2～4 个节，需要保留芽眼和叶片，以利于进行光合作用，促进插条生根发芽。一般来说，阔叶树留 2～3 片叶，若叶片较大要将所保留的叶片剪去 2/3 或 1/3 以减少蒸腾。插穗上切口要在上芽 2cm 处平剪，插穗下切口在叶片或下芽之下剪成马耳形斜切口，注意不要撕裂表皮，插穗下端可用 250mg/L 的 NAA 液浸 5～10min，然后用湿润材料包好备用。

（4）扦插方法

夏季嫩枝扦插，宜在新梢生长处于缓慢时期到新梢停止生长之前进行。一般从 5 月底至9 月初，雨季扦插有利于插穗生根。穗条扦插的深度宜浅，一般为插穗长度的 1/3 左右。扦插后要使插穗直立，扦插密度一般掌握在：针叶树种为 3～10cm；阔叶树可适当稀些，以叶间不重叠为度。插后喷一次透水。

（5）插后管理

① 设置阴棚，及时喷水，控制好环境温度和湿度。从扦插完成到生根期间，防止脱水萎蔫是插穗成活的关键。具体做法是：扦插完成后立即喷一次水，使插穗与插壤基部紧密。再在苗床上设置阴棚，防止日灼，以后要经常检查和喷水，保持温度为 20～25℃，相对湿度为 80％～85％，遇到暴雨天气要及时清沟排涝。

② 及时除草和防治病虫害。扦插后每隔 30d 要结合喷水喷洒 1000 倍多菌灵 2～3 次，防止病害发生。

③ 及时炼苗。苗生根后可逐步揭去遮阳网来延长光照时间。

④ 要及时追肥。在苗木生根后每隔 7～10d，喷施 0.1%～0.2% 稀薄尿素液，促进扦插苗健康生长。

⑤ 及时移栽。苗根成熟后，可将幼苗移栽到苗圃地，以扩大营养面积培养合格苗木。

9.4.3　叶插

能从叶上发生不定芽和不定根的植物种类可以用叶插。能进行叶插的园林植物一般具有粗壮的叶柄、粗大的叶脉或肥厚的叶片。选取发育充实的叶片于设备良好的繁殖床内进行扦插，保持适宜的温度及湿度。根据选取插穗面积的大小，可分为全叶插和片叶插。

（1）全叶插

适合叶插的园林植物有四季秋海棠、常春藤、彩叶草、鹅掌柴、鸭跖草、豆瓣绿、虎尾兰等。以豆瓣绿为材料，以完整叶片为插穗。将叶柄插入沙中，叶片立于沙面上，叶柄基部就发生不定芽（直插法）。以四季秋海棠为材料，切去叶柄，按主脉分布，分切为数块，将叶片平铺沙面上，以铁针或竹针固定于沙面上，下面与沙面紧接，而自叶片基部或叶脉处产生植株（平置法）。

（2）片叶插

以虎尾兰为材料。将一个叶片分切为数块，分别扦插，使每块叶片上形成不定芽。将叶片横切成 5cm 左右小段，将下端插入沙中。注意上下不可颠倒。

9.4.4　注意事项

① 防止倒插。

② 插穗在采集、制作、扦插等过程中，要注意保护好插穗，防止失水过多风干。

③ 扦插时切忌不要用力从上部击打，也不要使插穗的下端蹬空。

④ 不能碰掉插穗上端第一个芽，也不能破坏插穗的下切口。

⑤ 插后覆土，随即灌水，使插穗与土壤紧密结合。

9.5　作业

① 统计园林植物扦插生根情况。将统计结果填入表 1-9-1 与表 1-9-2。

表 1-9-1　园林植物扦插生根统计表

植物名称	硬枝扦插	嫩枝扦插
	生根率/%	生根率/%
1		
2		
3		
…		
…		

表 1-9-2　不同植物扦插成活率的比较

项目	彩叶草	四季秋海棠	常春藤	鹅掌柴	鸭跖草	吊兰	八仙花
扦插株数							
成活株数							
成活率							

② 什么时候采条最好？应选择什么样的枝条作插穗？

③ 怎样确定插穗规格？如何截制插穗？

④ 提高插条成活率的关键是什么？

⑤ 促进插条生根有哪些方法？在生产中应注意哪些问题？

⑥ 怎样确定嫩枝扦插的最佳时间？

9.6　影响插穗生根的主要因素说明

不同树种其生物学特性不同，扦插成活的情况也不同，有难有易，即使同一树种不同品种扦插生根的情况也有差异。这除与树种本身的特性有关外，也与插条的选取以及温度、湿度、土壤等环境因素有关。

9.6.1　树种扦插成活的内在因素

（1）树种的生物学特性

树种不同，其生物学特性也不同，因而它们的枝条生根能力也不一样。根据插条生根的难易程度可分为如下 3 类。

① 极易生根的树种：水杉、柳树、小叶黄杨、连翘、迎春、月季、木槿、杨树、紫穗槐、红叶小檗、金银木、金银花、卫矛、葡萄、无花果、石榴等。

② 较易生根的树种：国槐、刺槐、悬铃木、白蜡、野蔷薇、珍珠梅、柑橘、猕猴桃等。

③ 较难生根的树种：黑松、金钱松、圆柏、马尾松、樟树、柿树、槭树等。

（2）枝条的年龄

① 母树的年龄　一般同一树种，年幼植株上的枝条扦插易生根。因为幼龄母树幼嫩枝条皮层分生组织的生命活动能力很强，所以扦插成活率高。

② 插条年龄　插条的年龄以 1 年生枝条的再生能力为最强。因为插条内源生长素含量高，细胞分生能力旺盛，能促进不定根的形成。

③ 枝条的部位及生长发育状况　当母树年龄相同、阶段发育状况相同时，发育充实、养分积贮较多的枝条发根容易。一般树木主轴上的枝条发育最好，形成层组织较充实，发根容易，反之虽能生根，但长势差。

（3）影响树木插条成活的因素

① 插条上的芽、叶对成活的影响　无论硬枝扦插或嫩枝扦插，凡是插条带芽和叶片的，其扦插成活率都比不带芽或叶的插条生根成活率高。但留叶过多亦不利于生根。因为叶片越多，蒸腾失水越大。插条长短因树种和扦插条件和方法而不同，插条基部下剪口位置必须靠节处，这样有利于上部叶片和芽所制造的生根物质流入基部，刺激下剪口末端的隐芽，使其进一步活化，有利于末端的愈合和生根。斜插比直插生根率高。

② 插条内源激素的种类和含量 营养物质虽然是保证插条生根的重要物质基础，但更为重要的是某些生长调节物质，特别是各种激素间的比例。当细胞分裂素/生长素比值高时，有利于诱导芽的形成；当二者的比例大致上相等时，愈伤组织生长而不分化；当生长素的浓度相对地大于细胞分裂素时，便有促进生根的趋势。激素和辅助因子的相互作用是控制生根的因子，必须综合、全面地分析插条生根的因素。

9.6.2 外部条件

① 插床土壤 为提高插条生根成活率，插条土壤必须疏松、通气、清洁、消毒、温度适中、酸碱度适宜。应创造一种通气保水性能好，排水通畅，含病虫少和兼有一定肥力的环境条件。

② 温度 温度对插条的生根有很大影响。一般生根的最适温度是 25℃ 左右。桂花、山茶、夹竹桃等扦插适温在 20～25℃，而茉莉、橡皮树、鸡蛋花、朱蕉等原产于热带的花木则需在 25～30℃ 的高温下扦插。在盛夏进行嫩枝扦插时，成活率较低，当气温超过 35℃ 时不要扦插。适宜的土温是保证扦插成活的关键，土壤的温度如能高出气温 2～4℃ 可促进生根。如果气温超过土温，插条的腋芽或顶芽在发根之前就会萌发，出现假活现象。

③ 土壤水分和空气相对湿度 基质含水量宜在最大持水量的 50%～60%。硬枝扦插由于插穗不带叶片且大都木质化，因此对空气湿度要求不严。而嫩枝扦插由于插穗很难从基质吸收水分且蒸腾作用旺盛，极易造成水分失去平衡，所以要求相当高的空气湿度。只有在空气较高的湿度下，才能最大限度地减少插穗的水分蒸腾，防止插条和叶片发生凋萎，并依靠绿色枝条制造一些养分供发根的需要。为此，常用喷雾或塑料薄膜覆盖的方法，保证扦插床湿度在 85%～90% 之间。

④ 光照 光照对于插条的生根是十分必要的，但直射光线往往造成土壤干燥和插条灼伤，而散射光线则是进行同化作用最好的条件，对于硬枝插或嫩枝插都是有利的。

⑤ 通气 土壤中的通气状况，对插条生根有重要作用，但在插床的土壤中维持通气与保存水分常是一对矛盾，一般自扦插后至插条切口基部形成愈伤组织时期，土壤宜紧实。当插条进入土壤发根阶段，土壤则宜疏松透气，在插条发根后期，宜进行翻床或轻微的松土，以增进土壤的透气。

实验 10 园林植物嫁接技术

10.1 实验目的

学会园林植物主要的枝接和芽接方法，熟练操作技术，掌握影响嫁接成活的因素。

10.2 材料与用具

（1）材料
园林植物供嫁接用的砧木和接穗（海棠、桂花、杜鹃、山茶、月季、水杉、银杏等），塑料薄膜条、石蜡等。

（2）用具
芽接刀、切接刀、修枝剪、手锯、磨石、熔蜡小筒或小锅。

10.3 内容与操作步骤

10.3.1 枝接

(1) 枝接时期

只要条件合适，一年四季均可以进行枝接，但以春季萌芽前后至展叶期进行较为常见。若接穗保存在冷凉环境中不萌芽，枝接时间还可以延长。

(2) 接穗的准备

所用接穗一般长 6~15cm，带有 2~4 个芽，接穗过长萌芽后常长势较弱，对于长时间储存的接穗或远距离运输来的接穗，嫁接前最好先在水中浸泡 24h。为提高嫁接效率，在嫁接前对接穗进行蘸蜡处理是大批量嫁接常用的方法。蜡的温度为 95~110℃，在蜡中加入少量的水有利于降低蜡温，有效地防止温度过高烫伤接穗。手捏接穗的一端，将接穗 2/3 部分在蜡溶液中速蘸（约 1min），再将另一端速蘸，两次蘸蜡应相互交接。完成蘸蜡处理的接穗表面蜡层光亮、薄而均匀，用手捏不会剥落。核果类果树如桃等蘸蜡温度应低一些，最好先做预备实验。对于少量嫁接，不必封蜡，接后用绑扎薄膜直接包扎接穗。绿枝嫁接多在接后直接用地膜或塑料小袋包扎接穗。

接穗活力鉴定：对于较长时间存放的接穗，在大规模嫁接前需要对接穗的活力进行鉴定。常用的鉴定方法如下。

① 外观观测法　通过观察与正常（有活力的接穗）的接穗进行比较鉴别。

② 电导率法　通过对接穗电导率的测定，可在一定程度上反映接穗的水分状况和细胞受害情况，以此来判断接穗的活力。此法可以对储藏的接穗进行病腐与死活的鉴定。

原理：植物组织细胞的水分状况以及细胞膜的受损状况与组织细胞的导电能力密切相关。干旱等逆境胁迫都会造成植物细胞膜的损伤，从而使细胞膜的透性增加，对水分子和各种离子交换控制能力降低，K^+ 等离子自由外渗，从而提高其外渗液的导电能力。

③ 生长活力法　在最适生长环境中进行接穗萌发试验。接穗在形态和生理生化上的各种变化都会表现出来，从而判断接穗的成活性和应用潜力，能准确评价接穗质量。

(3) 枝接方法

① 劈接法　砧木较粗时常用此法（图 1-10-1）。

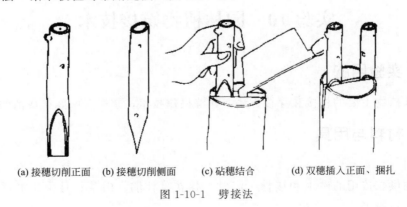

(a) 接穗切削正面　(b) 接穗切削侧面　(c) 砧穗结合　(d) 双穗插入正面、捆扎

图 1-10-1　劈接法

Ⅰ. 削接穗。用嫁接刀在接穗的基部削成两个等长的楔形切面，切面长 3cm 左右。切面要求平滑整齐，其中一侧的皮层应较厚。

Ⅱ.切砧木及嫁接。将砧木截去顶部，削平横截面，用嫁接刀在砧木断面中心处垂直劈下，深度略长于接穗切面的刀口。将砧木切口撬开，将接穗插入，较厚的一侧在外面，接穗削面上端应稍微露出，然后用塑料薄膜绑扎包严。粗的砧木可同时接上 2～4 个接穗。

② 腹接法　在接穗基部削一长约 3cm 的削面，再在其对面削一长 1.5cm 左右的短切面，长斜面厚而短斜面稍薄，砧木不必剪断。选平滑处向下斜削一刀，刀口与砧木约成 45°夹角。切口不超过砧木中心，将接穗插入，剪去砧木接口上端部分，剪口呈马蹄形，将接口连同砧木伤口包严绑紧（图 1-10-2）。

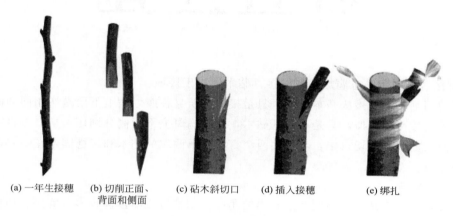

| (a) 一年生接穗 | (b) 切削正面、背面和侧面 | (c) 砧木斜切口 | (d) 插入接穗 | (e) 绑扎 |

图 1-10-2　腹接法

③ 切接法

Ⅰ.削接穗。将接穗的两侧削成一长一短的两个削面，先斜切深达 3cm 左右的长削面，再在其对侧斜削 1cm 左右的短削面，削面要平滑（图 1-10-3）。

Ⅱ.切砧木及嫁接。应在欲嫁接的部位选取平整的位置截去砧木的上端。削平截面，选取皮层平整光滑面用嫁接刀向下纵切，切口长度与接穗长削面相适应，然后插入接穗，紧靠一侧，使形成层对齐，立即用塑料条包严绑紧（图 1-10-3）。

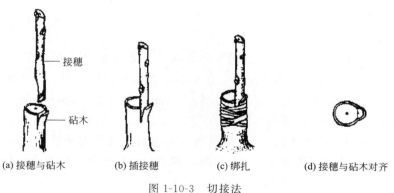

| (a) 接穗与砧木 | (b) 插接穗 | (c) 绑扎 | (d) 接穗与砧木对齐 |

图 1-10-3　切接法

④ 插皮接（皮下接）　此法适于砧木较粗、皮层厚且易于离皮时采用。

Ⅰ.削接穗。在接穗基部与顶端芽的同侧削成单面舌状削面，长 3cm 左右，在其对面下部削去 0.2～0.3cm 的皮层（图 1-10-4）。

Ⅱ．切砧木及嫁接。将砧木的上部截去，用嫁接刀在砧木上纵剖一刀，插入接穗，也可直接将接穗插入皮部与木质部之间。接穗削面应稍微露出，以利于愈合。用塑料薄膜将接口包严绑紧（图1-10-4）。

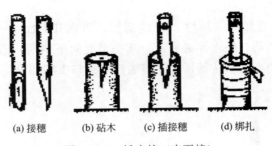

(a) 接穗　　　(b) 砧木　　　(c) 插接穗　　　(d) 绑扎

图 1-10-4　插皮接（皮下接）

⑤ 桥接　常用于易患腐烂病树嫁接，砧木远粗于接穗。

接穗的切割与插皮接法基本相同，只是接穗较长且在腐烂病上下两端切相同削面。砧木的切削与插皮接基本相似，只是不截断砧木，而在病斑上下两侧分别切一切口。将接穗上下两端分别插入上下两个切口中，分别用两个钉将上下两端的砧木和接穗固定在一起，用塑料条包严绑紧。

（4）接后管理

接后要及时去除砧木的不定芽上长出的萌蘖。如枝接成活接穗较多（劈接、切接、皮下接），应选生长健壮、愈合良好、位置合适的保留一枝，其余均剪除。如春季风大，应立支柱绑缚以防嫩梢折断。

10.3.2　芽接

（1）芽接时期

芽接可选择在春、夏、秋三个季节进行。只要皮层达到容易剥离、砧木达到所需粗度均可进行芽接，其中7～9月是芽接的最佳时期。带木质部的芽接也可选择在萌芽前进行，通常核果类果树要适当提早芽接，柿、枣和板栗在利用二年生枝基部的休眠芽嫁接时应在花期进行。

（2）芽接方法

① T字形芽接

Ⅰ．削芽片。选择健壮充实发育饱满芽作为接芽。先在芽的下方0.5～1cm处下一刀，略倾斜向上推削2～2.5cm，然后在芽的上方0.5cm左右处横切一刀，深达木质部，用手捏住芽的两侧，左右轻摇瓣下芽片。芽片长1.5～2.5cm，宽0.6～0.8cm，不带木质部。当不易离皮时，也可带木质部进行芽接（图1-10-5）。

Ⅱ．切砧木。在砧木距离地面3～5cm处选择光滑的位置作为芽接处，用刀切一T字形切口，深达木质部，横切口应略宽于芽片宽度，纵切口应短于芽片。当苹果和梨芽接时，纵切口只用刀划一下即可（图1-10-5）。

Ⅲ．接芽和绑缚。用刀轻撬纵切口，将芽片顺T字形切口插入，芽片的上边对剂砧木横切口，然后用塑料条从上向下绑紧，但叶芽要露出（图1-10-5）。

② 嵌芽接　也叫带木质芽接（图1-10-6）。即削取带木质部的芽片，嵌接于砧木切口。优点是操作简便，工效高，而且不受砧木离皮与否的限制，可延长嫁接时间，并可利用休眠

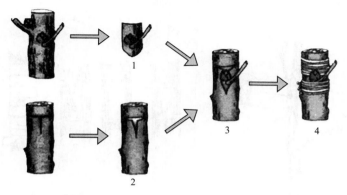

图 1-10-5　Ｔ字形芽接

1—削芽片；2—削砧木；3—插接穗；4—绑扎

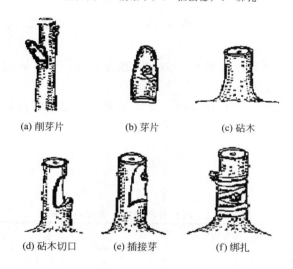

(a) 削芽片　　　　(b) 芽片　　　　(c) 砧木

(d) 砧木切口　　(e) 插接芽　　　(f) 绑扎

图 1-10-6　嵌芽接

期采集的接穗进行芽接。

　　削取接芽时，倒持接穗，先从芽的上方向下竖削一刀，深到木质部，长约 2cm；随后在芽的下方稍斜切入木质部，长约 0.6cm，取下芽片。砧木切口的方法与削接芽相似，但比接芽稍长。插入芽片后，应注意芽片上端必须露出一线宽窄的砧木皮层，最后以塑料条、带绑紧。

　　③ 方块芽接　见图 1-10-7。

　　Ⅰ.削芽片。在接穗上芽的上下各 0.6～1cm 处横切两个平行刀口，再在距芽左右各 0.3～0.5cm 处竖切两刀，切成长 1.8～2.5cm，宽 1～1.2cm 的方形芽片。暂先不取下。

　　Ⅱ.切砧木。按照接芽上下的距离，横割砧木皮层达木质部，偏向一方（左方或右方），竖割一刀，掀开皮层。

　　Ⅲ.接芽和绑缚。将接芽芽片取下，放入砧木切口中，先对齐竖切的一边，然后竖切另一方的砧木皮部，使左右上下切口都紧密对齐，立即用塑料条包紧。

　　（3）接后管理

　　① 检查成活情况，去除绑缚物及补接　多数果树芽接 10～15d 即可检查成活情况，解

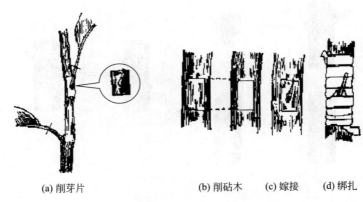

(a) 削芽片　　　　　　　(b) 削砧木　　(c) 嫁接　　(d) 绑扎

图 1-10-7　方块芽接

除绑缚物。凡接芽呈新鲜状态，叶柄一触即落者表示成活，而芽和叶柄干枯不易脱落者说明未活，可及时补接。

② 越冬防寒　在冬季严寒干旱地区，为防止接芽受冻，于结冻前培土保护，春季解冻后要及时扒开，以免影响接芽萌发。

③ 剪砧　春季萌芽以前，应将接芽以上砧木剪除，以集中营养供接芽生长，剪口应在接芽以上 0.5cm 处，呈马蹄形。

10.4　作业

① 填写表 1-10-1 与表 1-10-2。

表 1-10-1　园林植物嫁接成活率统计表

植物名称	枝接成活率/%				芽接成活率/%	
	切接法	劈接法	腹接法	插皮接	T字形芽接	嵌芽接
1						
2						
3						
…						
…						

表 1-10-2　不同植物嵌芽接成活率的比较

项目	海棠	桂花	杜鹃	山茶	月季	水杉	银杏
嫁接数							
成活数							
成活率							

② 学习掌握几种嫁接方法，统计嫁接成活率，总结影响枝接成活的关键。

③ 嫁接的技术要点及注意事项。

10.5　说明

（1）影响嫁接成活的内部因素

内部因素包括砧木和接穗的亲和力、砧木和接穗的年龄、嫁接的时期、嫁接的方法、嫁接技术的好坏、嫁接工具等。砧木和接穗的亲和力是指嫁接后的愈合能力，一般说砧木和接穗的年龄越大，嫁接成活率越低，夏天嫁接比其他时候成活率要高，T形芽接较其他方法成活率高。

（2）影响嫁接成活的外部因素

① 温度　早春嫁接，温度偏低，砧木与接穗形成层刚刚形成，愈伤组织增生较慢，嫁接后不易成活。常见花木的枝条在 0℃ 下，愈伤组织形成的能力非常微弱；4℃ 左右时愈伤组织形成较慢；在 5～32℃ 条件下，愈伤组织增生迅速，且随温度的升高而加快；32～39℃ 速度变慢，且会引起细胞的损伤；超过 40℃ 时，则愈伤组织死亡。因此，春季枝接时间一般在 3 月下旬至 5 月中上旬。花木生产上常用芽接方法，虽春、夏、秋三季均可进行，但最好避开高温或低温时段。

② 湿度　湿度包括嫁接湿度、空气湿度和土壤湿度。合适的湿度有利于花木嫁接成活。据研究，砧木和接穗自身含水量以 60% 左右为好。若砧木和接穗自身含水量较低，就应提前浇灌，以保持应有的湿度。嫁接时若空气湿度适宜，则在切层表面能保持一层水膜，对愈伤组织形成有促进作用。嫁接时若空气湿度过于干燥，就要人为创造条件，如提前喷水或用湿布包裹覆盖接穗，也可用塑料膜扎紧伤口，用湿润土对嫁接面进行培。

③ 光照和水分　光照较强时形成的愈伤组织少而硬，颜色呈浅绿色，不易愈合；在黑暗条件下，接穗削面形成的愈伤组织呈现乳白色，比较柔嫩，砧木和接穗的接面易愈合。因此，在接穗从离开母体到嫁接这段时间里，要保持接穗的无光保管。同时在嫁接包扎时，也必须注意嫁接口的无光条件。另外，在嫁接时应避开光照少的天气时段，如阴雨天、雾天等，因为嫁接完成后需要较强的光照，因接穗上带有叶片，能在光照条件下进行光合作用，生产同化物质，可以促进接穗萌发。强光会使接穗水分蒸发快，嫁接部位覆盖材料温度上升快，接穗易凋萎，一般在遮光条件下嫁接，成活率较高。嫁接后下雨对成活不利，阴雨天常会造成愈伤组织滋生霉菌或因长期阴雨天气不见阳光而影响嫁接成活。

④ 大风　嫁接时遇到大风，易使砧木和接穗创伤面水分过度散失，影响愈合，降低成活率。当新梢长到 30cm 左右时，要贴近砧木立 1～1.5m 高的支柱，将新梢绑在支柱上，防止大风吹折新梢。

实验 11　苗木出圃、包装、假植、栽植及草坪建植

11.1　实验目的

掌握起苗、分级、统计、假植和苗木包装等工作的实践意义及各工序的操作技术。掌握草坪的播种、苗期管理、铺装技术等。

11.2 材料与用具

（1）材料

针、播种苗、营养繁殖苗和移植苗。

（2）用具

锄头、手锹、钢卷尺、卡尺、秤、草绳、标签、木桶、铁锹、羊角锄、手锯、枝剪、斧头、刀、杉木梢、铁丝、老虎钳、人字梯、手推车、水管、肥料、吊绳等。

11.3 内容与操作步骤

11.3.1 起苗

（1）起苗时间

原则上在苗木处于休眠期内起苗，落叶树木在落叶后至翌春树汁液开始流动之前。起苗时间最好与造林时间吻合，假植时间过长可能造成苗木失水而影响造林成活。应随时起苗随时栽植，不宜长期假植。

（2）起苗要求

① 起苗时必须保证苗木的质量，特别保证有较完整的根系，并严防苗木干燥失水。

② 起苗必须达到一定深度，针叶树苗不小于 20cm，阔叶树苗应达到 25～30cm。

③ 在苗根尚未挖出之前，不能用手硬拔，以防折断苗茎、侧枝和顶芽。

④ 防止风吹日晒，将出土的苗用湿润物加以覆盖或临时假植。

⑤ 圃地如果干燥，应在起苗前进行灌溉，使土壤湿润。

（3）起苗方法

① 起裸根苗（小苗）　最好用手锹，由两人组成一组，一个在离播种行 10cm 处挖一条小沟，深 35～40cm，一侧沟壁垂直，另一侧沟壁倾斜，在垂直沟壁下部 25～30cm 处，用手锹挖一条较深的沟，并把过长的根切断，然后将锹插入第一行与第二行苗木之间，将苗木挖出交给另一人，再继续用手锹起下一株苗。另一人则将挖出的苗根上的泥土轻轻震落，并适当修剪受伤的主根和枝条，然后将苗木有次序地放在隐蔽之处，或用湿润的稻草临时盖上，或直接假植。

② 起带土球苗　绿化用苗或珍贵树种多用带土球苗，起苗时必须在离主干一定距离的四周挖沟，再用锹在地表 30cm 以下近于垂直主干的方向挖横沟，切断过长的主根，保持土团的完整，用稻草或草绳缚紧，然后提出坑外，以便运输。

Ⅰ.选苗，选好后做标记。

Ⅱ.捆拢。对于侧枝低矮的常绿树（如雪松、油松、桧柏等），为方便操作，应先用草绳捆拢起来，但应注意松紧适度，不要损伤枝条。捆拢侧枝也可与号苗结合进行。

Ⅲ.准备工具。准备锋利的掘苗工具，如铁锹、镐等，准备好合适的蒲包、草绳、编织布等包装材料。

Ⅳ.起苗。开始挖掘时，以树干为中心画一个圈，标明土球直径的尺寸，一般应较规格稍大一些，作为挖苗的根据。去表土，画好圆圈后，先将圈内表土挖去一层，深度以不伤地表的苗木根为度。挖去表土后，沿所画圆圈外边缘垂直挖沟，沟宽以便于操作为宜。挖的沟要上下一致，随挖随修整土球表面，操作时千万不可踩、撞击土球，一直挖到规定的土球高度（土球高度是土球直径的 4/5）。

Ⅴ.掏底。土球四周修整完好以后，再慢慢向内掏挖，称"掏底"。直径小于 50cm 的土球可以直接掏空，将土球抱到坑外"打包"；而大于 50cm 的土球，则应将土球中心保留一部分（土球直径 50～70cm，留底 20cm），支撑土球以便在坑内"打包"。

Ⅵ.打包。土球挖掘完毕以后，用蒲包等物包严，外面用草绳捆扎牢固，称为"打包"。打包之前应用水将蒲包、草绳浸泡潮湿，以增强它们的强力。土球规格要符合规定大小，保证土球完好，外表平整光滑，形似红星苹果，包装严密，草绳紧实不松脱，土球底部要封严，不能漏土。

11.3.2　分级、统计

起苗后，根据苗木品质指标对苗木进行全面分级，如根系的长度、根系发育状况、地径的粗细、苗高、机械损伤和病虫害等因子，将苗木分成若干等级。本次实习将苗木分成四级。具体树种分级标准见表 1-11-1。主要依据是地径和苗高，其他品质指标只作参考。

① 发育良好的苗木。

② 基本上可出圃的苗木。

③ 弱苗。适于留床或移植继续培育。

④ 废苗。不宜出苗圃，也无继续留植的意义。

分级之后即将各级苗木加以统计并算出总数，或以苗木调查所得数据为准（表 1-11-1）。

表 1-11-1　苗木出圃规格标准

苗木类别	代表树种	出圃苗木的最低标准	备注
大中型落叶乔木	国槐、元宝枫、合欢等	要求树形良好，干直立，胸径在 3cm 以上（行道树在 4cm 以上），分枝点在 2～2.2m 之间	干径每增加 0.5cm，提高一个规格级
有主干的果树，单干式灌木，小型乔木	苹果、榆叶梅、紫叶李等	要求主干上端树冠丰满，地径在 2.5cm 以上	地径每增加 0.5cm，提高一个规格级
多干式灌木	丁香、珍珠梅等	要求地径分枝处有 3 个以上的分布均匀的主枝，出圃高度 80cm 以上	高度每增加 30cm，提高一个规格级
	紫薇、玫瑰、木香等	出圃高度 50cm 以上	高度每增加 20cm，提高一个规格级
	月季、小檗等	出圃高度 30cm 以上	高度每增加 10cm，提高一个规格级
绿篱苗木	小叶黄杨、侧柏等	要求树势旺盛，全株成丛，基部丰满，灌丛直径 20cm 以上，高 50cm 以上	高度每增加 20cm，提高一个规格级
攀缘类苗木	地锦、凌霄、葡萄等	要求生长旺盛，腋芽饱满，根系发达	以苗龄为出圃标准，每增加一年，提高一个规格级
人工造型苗	黄杨球、龙柏球等	不统一，应按不同要求和不同使用目的而定	

11.3.3　假植

（1）短期假植

起苗后短时间即将出圃的苗木，为减少苗木失水，将根系暂时埋在土中、造林时当天栽不完的苗木也要用湿润的土壤掩埋根系。

（2）长期假植

冬季起苗翌年栽植的苗木，或其他与造林时间距离较长的情形都要进行长期假植。方法是先选择排水良好、背风、荫蔽的地方，用锄头挖深达 25～30cm 的宽沟，沟壁一面倾斜，然后将苗木按大小不同单株排放于沟壁上，将挖第二条沟的土壤培至苗茎长的 1/2。随挖随假植。

11.3.4　包装

苗木运往栽植地时，为了防止失水，提高造林成活率，一般要对苗木包装。

（1）裸根苗的包装

先将湿润物放在薄包上，然后将苗木根放在上面，而且要在根间放稻草，如此分层放苗，直到质量达 20kg 为止，再将苗木捆成捆，用绳子捆绑即可。若用木箱装运应加盖，并注意通气。常绿树木只包装根部，落叶树种可全包。

（2）带土球苗的包装

用稻草包扎土球，其方法繁简因运输的远近而定。

11.3.5　栽植技术

苗木的栽植，在园林生产上是一项重要的工程环节。所以栽植前应仔细研究施工图纸，在保证栽植成活的基础上，充分体现其景观效果。

① 苗木种植按具体情况应遵循"随到场、随入土"或者"先乔、后灌、再草"的原则，在乔木之间遵守"先列植、后群植、再孤植"的作业秩序。

② 挖穴要求其规格比根冠或土球大，应加宽 40～100cm、加深 20～40cm。一定避免"锅底坑"的穴形。下苗前，在坑底作土丘，以便根系舒展和土球的调整。

③ 栽植裸根树木时，在将树木放入坑内后，应使其根系舒展，不得窝根，树要立直并使它好的一面朝主要方向。对准栽植位置以后，先将表土回填到植穴的 1/2 处，要将树干轻提几下，使树穴内泥土与根系密接。随后，再填挖植穴时挖出的底土或稍次的土，并应随填土随用脚踏实，但不要踩坏树根。

④ 栽植带土球的树木时，应先量好土球高度，然后将与基肥混匀的土壤回填，并分层踩实，预留比土球高度稍高的高度。吊装时，主要受力部分应在土球。将树苗放入坑内摆好位置，按适当的深度放稳，固定深浅之后，将包装物取出。然后将挖穴时取出的表土、底土分层回填夯实。夯实填土时，应尽量夯土球外环，不要将土球夯散。

⑤ 雨天种植时，为了防止土壤结块，务必将树穴内雨水抽干且回填稍干泥土，再行种植。

⑥ 为了防止浇水后树木倾斜，应在栽后及时立支架或者拉纤固定。注意，与树干结合处应垫缓冲物以防损伤树皮。

⑦ 栽后及时（不要超过一昼夜）浇水。可分多次浇水，要求土球及土壤吸足水分，并适量喷洒树干及枝叶，一般隔 1d 浇第 2 次水，再隔 2d 浇第 3 次水。浇水时做好围堰，直径与植穴边长相等，其边厚 10～15cm，高 5～10cm，堰内地面应低于外围地面 3～5cm。浇水后平堰。夏季对苗木应进行强修剪（剪除部分侧枝，保留的侧枝也应疏剪或短截，并应保留原树冠的1/3）；相应地加大土球体积；搭棚遮阳；树冠喷雾给树干保湿，保持空气湿润。冬季应防风防寒，做堰后应及时浇透水，待水渗完覆土、封土，浇水 3 次水后可视泥土干燥情况及时补水。

⑧ 大树起苗要提前制定移植方案，分期完成，逐年"缩坨"断根、保证吸收根系回缩

更新。

　　⑨ 裸树苗木自起苗开始，暴露时间不宜超过 8h。当天不能种植的苗木，应进行假植。带土球的小型灌木运至施工现场后，应紧密排码整齐。当日不能种植时应喷水保持土球湿润。

11.3.6　草坪栽植

　　作为园林中主要的绿化材料，草坪的栽植远比维护简单，而且有些草坪不会经历移栽阶段也不存在起苗过程（如播种法建植草坪）。但是如果使用栽种和铺种的话，就需要进行起掘，方法也很简单，分为人工起掘和机械起掘。人工法效率很低，所以多用起草机械进行。原则也是"随起，随运，随栽植"。

11.3.6.1　播种法

　　凡结籽量大且种子容易采集的草种，如黑麦草、早熟禾等，均可使用播种法。

　　(1) 种子的质量

　　单种时，采用纯度在 97％以上、发芽率在 50％以上经过处理的种子；混种时种子的纯度也要在 90％以上。

　　(2) 播种量和播种时间

　　播种单一种，应根据草种分蘖情况和种子发芽率确定播种量，一般用量为 $10\sim20g/m^2$。混播则要求 2 种或 3 种草按合适比例混播，其总用量为 $10\sim20g/m^2$。暖季型草种可在春末夏初播种，冷季型草种宜在秋季播种。

　　(3) 播种方法

　　播前，做好草坪坡度（地表坡度控制在 0.1％～0.3％之间），以利于灌溉和排水。

　　播种的方式采用条播、撒播或机械喷播。

　　条播，是在整好的场地上开沟，深 5～10cm，沟距 15cm，用等量的细土或沙与种子拌匀撒入沟内。撒播不开沟，但应该细翻土壤。在无风天气，人工或者撒播机械均匀将草种撒播于土壤。播种后，应轻耙土镇压使种子入土 2～5mm。

　　机械喷播是用草坪草种加上泥炭（或纸浆）、肥料、高分子化合物和水混合均匀，然后借助高压力量进行喷散，这种方法适用于不易播种的陡坡。

　　(4) 播后管理

　　播种后根据天气情况，每天或隔天喷水，等幼苗长至 3～6cm 时可停止喷水，但应经常保持土壤湿润，并要及时清除杂草。

11.3.6.2　栽种

　　指草坪的移栽。一般匍匐性强的草种，如假俭草、大叶油草、澎蜞菊等，均可用栽种法。

　　(1) 栽种时间

　　由于草坪草不同于树木，地上部往往存在"岁岁枯荣"的现象，所以在生长季的任何时期均可进行栽种，但以生长季中期为最佳。

　　(2) 栽种方法

　　播前细翻土壤，并在土壤中掺入有机肥料。栽种方式采用条栽或穴栽。草源丰富时宜用条栽，在平整好的地面以 5～10cm 为行距，开 5cm 深沟，把撕开的草条排放入沟中，然后填土、踩实。穴栽，以 5mm×5mm 为株行距。铺砖嵌草时，依实际情况进行栽种。

（3）提高栽种效果的措施

为提高成活率，栽植的草应保留适量的护根土，并尽可能缩短掘草至栽草的时间，栽后要充分灌水，清除杂草。

11.3.6.3 铺种

需要在短期内形成草坪的可用草皮或种子布铺种。

（1）铺种规格

根据设计选用合适的草皮或种子布。草皮、种子布尺寸根据运输方法及操作而定，草皮一般有以下几种规格：45cm×45cm、60cm×30cm、30cm×12cm 等，也可呈毯状卷起成捆，草皮的厚度为 3～5cm。种子布一般宽度 1cm，长度依实际情况而定。

（2）铺种方法

为了保证底土与草皮原土尽早结合，应适当深翻土壤并掺入有机肥料。铺草的方式采用无缝铺种、有缝铺种或方格型花纹铺种。

① 无缝铺种　要求草皮或种子布紧连、不留缝隙，相互错缝。

② 有缝铺种　要求各块草皮或种子布相互间留有 1～2cm 宽的缝进行铺种。

③ 方格型花纹铺种　要求相邻草间留有与草皮面积相当的方格，从而形成花纹状草皮，铺种后必须淋透水，然后压平。种子布铺种后，要求其上面覆 1cm 厚的壤土或细沙，并淋透水。

11.4　注意事项

① 实验分小组进行，小组内同学相互配合协助。

② 注意工具的使用安全。

③ 配合必要的劳动保护，戴安全帽进入现场。

11.5　作业

① 起苗工作中要保证苗木质量应注意哪些问题？

② 分级的标准有哪些？

③ 假植、包装的目的是什么？应注意哪些问题？

④ 地上部修剪应该注意的事项、栽植坑的正确挖掘方法、埋土顺序和栽植后的管理、夏季移栽的注意事项。

实验 12　园林植物肥水管理

12.1　实验目的

熟练掌握园林植物肥水管理，准确判断植物的缺素症状。熟悉和掌握园林树木养护管理的技术和方法，以发挥树木和草坪的绿化效益。

12.2　材料与用具

各种肥料、铁锹、喷壶、水桶，常用农药等。

12.3　内容与操作步骤

12.3.1　园林植物的施肥管理

12.3.1.1　肥料的种类和施用方法

（1）肥料种类

① 有机肥　有机肥来源广泛、种类繁多，常用的有堆沤肥、粪尿肥、厩肥、饼肥、绿肥、泥炭和腐殖酸类等。有机肥料的优点是不仅可以提供养分还可以熟化土壤；缺点是虽然成分丰富，但有效成分含量低，施用量大而且肥效迟缓，还可能给环境带来污染。

② 无机肥　即通常所说的化肥。按其所含营养元素分为氮肥、磷肥、钾肥、钙肥、镁肥、微量元素肥料、复合肥料、混合肥料、草木灰和农用盐等。无机肥料的优点是所含特定营养元素充足，不仅量少而且肥效快；缺点是肥分单一，如果长期使用会破坏土壤结构。

③ 微生物肥　也叫作菌肥或接种剂。确切地说它不是肥，因为它自身并不能被植物吸收利用，但是通过向土壤施用菌肥会加速熟化土壤，使土壤中的有效成分利于植物吸收；还有一些菌肥例如根瘤菌肥料、固氮菌肥料可与植物建立共生关系，帮助植物吸收养分。

针对不同种类肥料的特点，人们已经总结出很多行之有效的使用方法和经验。

（2）常用施肥方法

① 基肥　基肥分为秋施和春施，草本植物一般在播种前一次施用，而木本植物还需要定期施用。方法是将混合好的肥料（以有机肥为主，但一定要腐熟，还可以掺入化肥和微生物肥料）深翻或者深埋进土壤中根系的下部或者周围，但不要与根直接接触，以防"烧根"。

② 追肥　在植物生长季施用，应配合植物的生理时期进行合理补肥。一般使用速效的化学肥料，要掌握适当浓度以免"烧根"。生产上常常使用"随施随灌溉"的方法。

③ 根外追肥　也叫叶面喷肥。一定要掌握施肥的浓度。根据叶片对肥料的吸收速度不同，一般配制时浓度较低，吸收越慢的浓度也越低。防止吸收过程中肥料浓缩产生肥害，一般下午施用。常用的叶肥有磷酸二氢钾、尿素、硫酸亚铁等。

12.3.1.2　草坪和树木的施肥

（1）草坪的施肥

首先草坪不同于树木，每次对草坪的操作都是对群体的作用。如果忽略群体内部的共生与竞争关系，破坏了群体稳定性，很可能为今后的工作增加难度。所以应当明确草坪的施肥一般情况下只是一种辅助手段，创造良好的群内结构才是草坪养护的关键。在实际工作中常会出现，那些看似管理粗放的草坪反而比精耕细作的要好。所以草坪施肥时机和施肥次数的确定是个很值得研究的问题。

最常用的方法介绍如下。

① 一般草坪　公路隔离带、公共绿地等一般一年集中施肥一次，也可以分两次施用。一般生长良好的条件下，速效氮用量不超过 $60kg/hm^2$，过量易产生损伤。修剪过低的草坪要少于正常草坪的肥料用量，速效氮一般不超过 $25kg/hm^2$，化肥施用在草坪上的浓度不超过 0.5%。

② 高档草坪　足球场、高尔夫球场的草坪一年要施肥 4～6 次。足球场等频繁使用的草

坪，每年最少施肥两次，速效氮总量不超过 120kg/hm^2。高尔夫球场的需肥量是球道和发球区的 1/2 或 1/3。

③ 冷季型草　如高羊茅、匍匐剪股颖、草地早熟禾和黑麦草等，施肥的最佳时期是夏末。如在早春到仲春大量施用速效氮肥，会加重其春季病害；初夏和仲夏施肥要尽量避免或者少施，以提高冷季型草的抗胁迫能力。冷季型草在高温时速效氮不可超过 30kg/hm^2，可用缓效肥料代替，但应该少于 180kg/hm^2。

④ 暖季型草　如爬根草、百慕大、地铺草、蜈蚣草和水牛草等，施肥的最佳时期是在春末，第二次最好安排在初夏和仲夏。如在晚夏和初秋施肥会降低草的抗冻能力，易造成冻害。

（2）树木的施肥

① 施肥对象　新栽树 5 年内、散生树或行道树、棕榈植物、灌木等。

② 施肥范围

Ⅰ.树穴。在原种树的树穴范围内松土、除草，松土深度为 20～35cm。如果树穴内被漏砖、草皮覆盖，应先揭开漏砖、草皮，进行松土，然后复原。如果树基完全被水泥、地砖等覆盖造成土壤管理困难，那么应进行改建，截开地面铺装，还原树穴。

Ⅱ.新建绿化带上的树木。如果留有很大比例的绿化空间，那么松土、除草的范围是以树干为中心、直径 1m 的圆圈以内。除草、松土深度为 20～35cm。松土后地面要整平并做成规整的圆盘状。如果是在草地上的树木，还要沿圆盘状边缘切边，将草皮切整齐。

③ 施肥时间　树木是多年生植物，长期从周围环境吸收矿质养分势必导致营养成分的缺失；另外，由于土壤条件的变化也可能给树木吸收肥料带来很大阻力，所以适当的施肥必不可少。

首先根据树木的生命规律确定合理的施肥时机。

由于根是最重要的吸收器官，所以根系活动的高峰也是树木吸收肥料的高峰。对于落叶树木而言，根系活动在一年中有三个明显的高峰期，即树液流动前后的春季，新梢停长的夏季或秋季，此时往往出现一年中的最高峰，还有树液回流、落叶前后的秋季。对常绿树木而言，由于冬季温度较低，所以根系活动最旺盛的时期也在春、夏、秋三季。由于树木种类繁多，难于确定具体的施肥时机，但是由于树木生长的更迭是有规律可循的，所以经常根据形态指标法确定各种树木的需肥时机。

Ⅰ.春季。树液开始流动。树木枝条开始变柔软，有水分，一些树木有伤流发生。在此之前的一个月内如果土壤解冻就可以施用基肥了。

Ⅱ.夏季。新梢停长，大量营养回流根部建立新根系。此时可以观察到节间不再伸长、顶芽停止生长。另外此时期也是花芽、果实发展的重要时期，应视树情追施氮肥和磷钾肥。

Ⅲ.秋季。最明显的标志是树木开始落叶，此时是秋季施用基肥的最佳时期。值得注意的是基肥要腐熟、深埋，在树冠投影附近采用条状沟、放射沟等方法，施后覆土。

④ 施肥量　树木的用肥量，要结合树势、气候条件和土壤肥力而定，在土壤肥料学的相关书籍上有科学的计算方法，但是园林上应用不太方便。所以一般按经验施肥：看树施肥，看土施肥；基肥量大于落叶、枯枝、产果总量；弱树追肥要少量多次。

Ⅰ.完全肥料（土杂肥）。一般（按胸径计）0.35～0.70kg/(cm·a)，胸径小于 15cm 时减半。如：胸径 20cm 的树木，应施 7～14kg/a，胸径 10cm 的树木则施 1.75～3.5kg/a。

Ⅱ.饼肥一般 0.25kg/(株·次)。化肥 0.1~0.2kg/(株·次),全年 2~3 次。

⑤ 施肥方法

Ⅰ.在园林树木栽植时必须施足基肥,使树木在栽后几年间有充足的肥料供其生长。

Ⅱ.新城区绿地面积较大,树木营养空间足够,每年可进行 2~3 次速效追肥。把肥料撒在栽植地或进行挖穴埋施,即在根系分布的范围内,以树干为中心,对称挖 4 个或 6 个穴浇施肥料,将肥料均匀撒施在穴内,覆土。

Ⅲ.对于旧城区由于铺装,撒施、穴施较困难,可采用钻孔机,沿根系分布范围钻孔,孔内放入化肥,再在孔内埋入土,用这种方法进行施肥非常有效。

12.3.2　园林植物的水分管理

12.3.2.1　草坪的水分管理

(1) 草坪植物的耗水特点

草坪土壤的水分,除了一部分用于植物的蒸腾作用以外,大多以地表的蒸发和土壤孔隙蒸发的形式消耗。所以草坪的耗水量往往都大于树木。有数据表明,草坪草每生产 1g 干物质消耗 500~700g 的水分。

(2) 灌水时间和灌水量

生长季灌水应该在早晨日出之前,一般不在炎热的中午和晚上灌水,中午灌水易引起草坪的灼烧,晚上灌水容易使草坪感病。最好不用地下水而用河水或者池塘里的水,防止地下水温度太低给草坪带来伤害。由于坪草的根系分布较浅,所以灌水量可以依据水分渗透的深度确定。在生产实际中,根据坪草根系深浅来确定用水的多少。在农业上 60%~80% 的田间持水量最适合作物生长,可以借鉴这一指标。需要注意的是,配合其他养护措施时一定要有先后顺序,即修剪之前灌水;施肥以后灌水。冬季灌水主要是为了防寒,由于蒸发量小,所以可以在土壤上冻前一次灌足冻水。另外为了缓解春旱春季要灌返青水。

(3) 灌水的方法

有大水漫灌、滴灌、微灌、喷灌和喷雾等。生长季常用的是喷灌,便于操作、灌水均匀且土壤吸收也好。漫灌的方法常用于冻水和返青水,水量充足但利用率不高。滴灌和微灌是最节水的方法,但是设备要求过高。

(4) 排水的方法

草坪的排水,通过采用坪床的坡度造型配合排水管道进行。

12.3.2.2　树木的水分管理

(1) 树木灌水量的确定

一般根据植物叶片内渗透压的大小或吸收水分的多少决定。灌溉时,如叶片的吸水能力很大,则证明水分不足,就应及时喷水。每次每株的最低灌水量,乔木 90kg,灌木 60kg。

(2) 灌水次数

树木定植以后,一般乔木需连续灌水 3~5a,灌木最少 5a,土质不好或树木因缺水而生长不良以及干旱年份,则应延长灌水年限。另外如遇大旱、在水源不足或者人力缺乏的情况下,必须考虑灌水次序,即新栽的树木、小苗、灌木、阔叶树要优先灌水,长期定植的树木、大树、针叶树可后灌。夏季正是树木生长的旺季,需水量很大,但阳光直射、天气炎热的中午最好不要浇水,中午时叶面灌水也不好。灌溉时要做到适量,最好采取少灌、勤灌、慢灌的原则。

灌溉常用的水源有自来水、井水、河水、湖水、池塘水、经化验可用的废水。

（3）灌水方法

① 在地下水位很低的城区，在盛夏酷暑天气，或干旱秋冬季要进行适当灌水，尤其是对根系浅的灌水或草本植物。灌水方法可以用洒水车，也可以在绿化带埋滴管或喷洒水管进行灌水。

② 地下水位高的地方，主要在特别干旱时对根系很浅的树种进行灌水。采用的方式主要有单堰灌溉、畦灌、喷灌、滴灌等。灌水时围堰应开在树冠投影的垂直线下，略大于投影范围，起土不要开得太深，以免伤根；水量应充足；水渗入后及时封堰或中耕，切断土壤的毛细管，防止水分蒸发。

12.3.2.3 常用的排涝方法

（1）地表径流

地表坡度控制在 0.1%～0.3%，不留坑洼死角。常用于绿篱和片林。

（2）明沟排水

适用于大雨后抢排积水，特别是忌水树种，例如黄杨、牡丹、玉兰等。

（3）暗沟排水

采用地下排水管线并与排水沟或市政排水相连，但造价较高。

园林植物是否进行水分的排灌，取决于土壤的含水量是否适合根系的吸收，即土壤水分和植物体内水分是否平衡。当这种平衡被打破时植物会表现出一些症状，依据这些特点，可对土壤及时排灌。所以，能准确地掌握这些症状会为生产提供有意义的经验支持，但是这些症状有时极易混淆，例如由于长期积水导致根系死亡后，植物表现的也是旱害。这时就需要对其他因子进行合理分析才能得出正确的解决方案。

12.4　作业

① 调查地区园林肥水管理的特点，将调整结果填入表 1-12-1。

表 1-12-1　地区园林肥水管理的特点调查结果

园林植物		施肥方式	施肥时间	肥料种类	灌水方式	灌水时间
树木	行道树					
草坪	冷季型草					

② 总结植物的缺素症状、肥害症状和旱、涝症状。

③ 按照坪草的生态类型总结其施肥和灌溉特点。

④ 总结树木的施肥和灌水特点。

⑤ 耐旱树种调查。

⑥ 以小组为单位交一份报告，可以是纸质版，也可以是电子版。纸质版要求用学校电子版实验报告纸。

12.5　说明

园林植物的培育不再是以增加产量和改善品质为目标，而是应该达到通过人为手段，使园林植物更适应多种多样的生长环境，从而实现自然衍生出相应的自然景观效果。众所周知，植物矿质元素是植物生命活动中不可或缺的营养，植物通过根系从周围环境吸收。人为因素对这些元素的补充就是施肥。

施肥要有针对性。在植物的生命活动过程中，除去 C、H、O 以外的其他化学元素也参与了其细胞的构建、组织的代谢、器官的功能，有的是植物必不可少的元素，目前已知的有 N、P、K、Ca、Mg、S、Fe、Cu、B、Zn、Mn、Mo、Cl 13 种元素。所以植物一旦缺少这些元素就会表现出相应的症候，即植物的缺素症（表 1-12-2）。

表 1-12-2　植物的缺素症状

元素	缺素症状
氮(N)	植物黄瘦、矮小；分蘖减少，花、果少而且易脱落。由于氮元素可以从老叶转移到新叶重复利用，所以会出现老叶发黄，植株则表现为由下向上变黄
磷(P)	细胞分裂受阻，幼芽、幼叶停止生长，根纤细，分蘖变少，植株矮小，花果脱落，成熟延缓；叶片呈现不正常的暗绿或紫红色。由于磷元素也可以移动，所以老叶最先出现受害状
钾(K)	茎柔弱，易倒伏；抗旱和抗寒能力降低；叶片边缘黄化、焦枯、碎裂；叶脉间出现坏死斑点，最先表现于老叶
钙(Ca)	幼叶呈淡绿色，继而叶尖出现典型的钩状，随后死亡
镁(Mg)	叶片失绿，叶肉变黄，叶脉仍绿，呈明显的绿色网状，与缺氮有区分
铁(Fe)	幼叶失绿发黄，甚至变为黄白色，下部老叶仍为绿色。土壤中铁元素丰富，可能由于土壤呈碱性，束缚铁离子
硫(S)	幼叶表现为缺绿，均匀失绿，呈黄色并脱落
硼(B)	受精不良，籽粒减少，根、茎尖分生组织受害死亡，例如苹果的缩果病
铜(Cu)	叶子生长缓慢，呈蓝绿色，幼叶失绿随即发生枯斑，气孔下形成空腔，使叶片蒸发而死
钼(Mo)	叶片较小，脉间失绿，有坏死斑点，叶缘焦枯向内卷曲
锌(Zn)	苹果、梨、桃易发生小叶病，且呈丛生状，叶片出现黄色斑点
锰(Mn)	叶绿素不能合成，叶脉呈绿色而脉间失绿，与缺铁症状有区分
氯(Cl)	叶片萎蔫失绿坏死，最后变为褐色，根粗短，根尖呈棒状

介绍一个小口诀：

老叶上面有斑点，先把镁锌钾来检；老叶不绿无斑点，缺氮缺磷有危险；

新生顶芽若枯死，钙卷硼缩有意思；新生顶芽不枯死，硫均锰斑铜叶蔫；

缺铁失绿淡黄白，少钼畸形散点斑；根粗叶褐是缺氯，病征都在叶上面。

在实际工作中，应多观察多分析，确认植物发生缺素症及时予以补充。但也应当注意，不是所有植物病害都源于缺素症，还存在植物生命活动中有机营养的供应不足的因素，所以在生产上要贯彻"以无机促有机"，说的就是这个道理。

实验 13　园林植物整形与修剪技术

13.1　实验目的

整形修剪是园林树木周年养护工作的基本内容。园林树木的生态效益和景观效果很大程度上取决于整修的质量、水平。通过实验要求学生明确园林树木整形修剪的一般程序，掌握基本的修剪方法，对园林行道树、庭荫树进行基本的修剪整形，并了解伤口保护的方法。

13.2　材料与用具

（1）材料

选择当地主栽的落叶乔木（大、中、小乔木）、灌木和藤本观赏树种各 2 种，如国槐、垂柳、碧桃、梅花、月季、法桐、栾树等作为供试植株。

（2）用具

修枝剪、高枝剪、修剪梯、修剪锯、绿篱剪、绿篱修剪机、手锯等。

13.3　内容

13.3.1　整形修剪的依据

根据应用树木的目的来对树木进行整形修剪。同一种树木在不同的园林应用中，其修剪方法也不同。不同的树种，因其生长、开花结果习性不尽相同，整形修剪的方法和轻重程度也不同；在不同的自然条件下，其修剪方法、修剪程度就不同。修剪后的反应是合理修剪的依据，也是检验修剪是否合适的重要标准。由于枝条生长势和生长状态不同，应用同一种剪法其反应也不同，所以要调查树木的修剪反应，明确修剪是否合理，在以后修剪中能做到心中有数，合理修剪。另外，修剪时还要考虑树龄、树势、结果枝量和花量等。因此修剪时要全面综合考虑，确定修剪方法和时期，以修剪成合理树形。

13.3.2　整形修剪的时期

（1）冬季修剪

又叫休眠期修剪（一般在 12 月至翌年 2 月）。耐寒力差的树种最好在早春进行，以免伤口受风寒之害。落叶树一般在冬季落叶到第二年春季芽萌发前进行。

（2）夏季修剪

又叫生长期修剪（一般在 4～10 月）。从芽萌动后至落叶前进行，具体修剪的日期还应根据当地气候条件及树种特性而定。如对花果树修剪，要剪除内膛枝、无用徒长枝、过密交叉枝、衰弱下垂枝及病虫枝等，使营养集中于骨干枝，有利于开花结果。绿篱夏季修剪主要保持整齐美观。其他园林树木则根据功能要求进行不同形状的整形修剪。

13.3.3　修剪整形形式

一般分为自然式修剪与整形式修剪两类。

（1）自然式修剪

即在保持其原有的自然树形的基础上适当修剪。在自然树形优美、树种的萌芽力或成枝力弱的情况下，或因造景需要等都应采取自然式修剪整形。修剪的对象只是枯枝、病弱枝和少量影响树形的枝条。常见的自然式树形有以下几种。

① 尖塔形 主要用于单轴分枝、顶端优势明显的树种，有明显的主干，如雪松、南洋杉等。

② 圆柱形 是单轴分枝树木的冠形之一。因上下主枝长度相差较小，故形成上下几乎一样宽的树冠，如龙柏、钻天杨等。

③ 圆锥形 介于尖塔形和圆柱形之间的一种树形。一般是由单轴分枝形成的树冠，如塔柏、美洲白蜡等。

④ 椭圆形 主干和顶端优势虽然明显，但由于基部的枝条生长较慢而形成椭圆形的树冠，如加拿大杨、大叶相思、扁桃等。

⑤ 垂枝形 这种植物有明显的主干，但枝条却向下垂悬，如垂柳、龙爪槐、垂枝桃等。

⑥ 伞形 单轴分枝形成的冠形，如合欢、鸡爪槭以及没有分枝的大王椰子、假槟榔等。

⑦ 匍匐形 枝条铺地而生，如铺地柏等。

⑧ 圆球形 由合轴分枝形成树冠，如樱花、馒头柳、蝴蝶果等。

（2）整形式修剪

根据观赏的需要将植物强行修剪成各种特定的形式。由于修剪不是按树冠的生长规律进行的，植物经过一定时期的自然生长后便会使造型受到破坏，所以需要经常进行修剪。

常见的整形式修剪造型有以下几种。

① 几何形式 树冠呈几何体，如正方体、长方体、杯状形、开心形、球体或不规则形等。

② 建筑物形式 如亭、楼、台等形式。

③ 动物形式 如鸡、牛、猪、象、鹿、大熊猫等。

④ 古树盆景式 如小叶椿、勒杜鹃等植物可修剪成这种形式。

13.3.4 不同园林植物及不同用途的修剪

（1）行道树的修剪与整形

① 树形 在道路两侧整齐排列栽植的树木称行道树。城市主干道种植树木起到美化城市外观，改善城区微气候，夏季加湿降温，滞尘和遮阴等作用。行道树需要分枝伸展，树冠开放，枝叶茂密。冠形根据当地位置的架空线和交通状况来确定。主干道路和一般道路，使用规则形状的树冠，修剪成杯形、三角形等立体几何图形。在没有车辆通行的道路上或狭窄的胡同内，可采用自然式树冠。

② 干高 行道树一般采用高大乔木，主干高要求在 2～2.5m 之间。郊区道路和街道、巷道的行道树，主干高可达 4～6m 或以上。树木种植后每年要修剪以扩大树冠，调整枝条的伸展方向以增加遮阳保温的效果，但也应该考虑建筑物的使用和采光的效果。枯枝、过密枝、病虫害枝和影响交通的下垂枝是需要修剪的重点。除了常规的修剪，还要在生长季节提前剪去树干上萌发的枝条，以免影响交通和观赏。

此外，行道树的修剪还要考虑装饰的需要，一般要求它们的高度和分枝点基本一致，树冠端正，生长健壮。

（2）花灌木的修剪与整形

① 因树势修剪与整形 对于生长旺盛的幼树来说以整形为主，要求轻剪。严格控制斜

生枝、直立枝的上位芽的数量，在冬剪时将该芽剥掉，防止长成直立枝。用疏剪方法剪去所有病虫枝、干枯枝、人为破坏枝、徒长枝等。对于丛生的花灌木枝条，选择生长健康的枝条，通过摘心方法以促进其早开花。壮年树应该充分利用立体空间，促进多开花。休眠期在秋梢以下适当部位进行短截，同时逐年选留一部分新枝，并疏掉一部分老枝，以保证枝条不断更新，保持株形丰满。老弱树木以更新复壮为主，进行重短截，使营养主要集中在少数腋芽，萌发出壮枝，及时疏剪病弱枝、枯死枝、虫害枝。

②根据树木生长习性和开花习性进行修剪与整形　春季开花，花芽（或混合芽）着生在二年生枝条上的花灌木，如连翘、榆叶梅、碧桃、迎春、牡丹等是在前一年的夏季高温时进行花芽分化的，经过冬季低温阶段于第二年春季开花。因此，应在花残后叶芽开始膨大尚未萌发时进行修剪。修剪的部位依植物种类及纯花芽或混合芽的不同而有所不同。连翘、榆叶梅、碧桃、迎春等可在开花枝条基部留2～4个饱满芽进行短截，牡丹则仅将残花剪除即可。

夏秋季开花，花芽（或混合芽）着生在当年生枝条上的花灌木，如紫薇、木槿、珍珠梅等是在当年萌发枝上形成花芽的，因此应在休眠期进行修剪。将二年生枝基部留2～3个饱满芽或一对对生的芽进行重剪，剪后可萌发一些苗壮的枝条，花枝会少些，但由于营养集中会产生较大的花朵。如希望一些果木当年开两次花，可在花后将残花及其下的2～3个芽剪除，刺激二次枝条的发生，适当增加肥水则可二次开花。

一年多次抽梢、多次开花的花灌木，如月季，可于休眠期对当年生枝条进行短剪或回缩强枝，同时剪除交叉枝、病虫枝、并生枝、弱枝及内膛过密枝。寒冷地区可进行重剪，必要时进行埋土防寒。生长期可多次修剪，可于花后在新梢饱满芽处短剪（通常在花梗下方第2芽到第3芽处）。剪口芽很快萌发抽梢，形成花蕾开花，花谢后再剪，如此重复。

（3）绿篱的修剪与整形

绿篱是发芽力强、分枝能力强、耐修剪树种，带状密集种植而成，起到保护、美化、疏导交通和分离功能区的作用。适用于绿篱的植物较多，如龙柏、侧柏、大叶黄杨、小叶黄杨、女贞、冬青、野蔷薇等。

根据其防范对象来决定绿篱的高度，例如160cm以上的为绿墙，120～160cm的为高篱，50～120cm的为中篱，50cm以下的为矮篱。对绿篱的修剪有助于整齐美观，增添园景，使篱体生长茂盛，长久不衰。因高度不同，整形方式也不同，一般有下列两种。

①绿墙、高篱和花篱　疏剪病虫枝、干枯枝、徒长枝，并适当控制其高度，使其枝叶紧密相接呈片状以提高阻隔效果。用于防范的蔷薇、玫瑰、木香等花篱，也以自然式修剪为主。开花后继续修剪使之反复开花，冬季修去病枯枝、老化枝。为使新枝粗壮，篱体高大美观，可以对蔷薇等萌发力强的树种，盛花后进行重剪。

②中篱和矮篱　这类绿篱常常低矮，常用于草地，花坛镶边，或组织人流行走方向。为了美化和丰富园林景观，使用几何图案来进行整形修剪，如矩形、梯形、倒梯形、波浪线形等。种植后剪去高度的1/3～1/2，修剪侧枝使平齐，高度均匀，从而形成分枝紧密、叶片茂盛的矮墙，显示出立体美。要求对绿篱每年修剪2～4次，以便使新的分枝继续发生，更新和替换老的分枝。整形绿篱修剪要兼顾顶部和侧面的平衡，不仅修剪顶部还要修剪侧面。如果只修顶面不修侧面，这样会造成顶部枝条旺长，侧枝斜出生长。从篱体横断面看，以矩形和基大上小的梯形较好，下面和侧面枝叶采光充足，通风良好，不能任枝条随意生长而破坏造型，应每年多次修剪。

（4）片林的修剪与整形

如果有竞争分枝（双头现象），只能选择留下一个；如果领导枝死亡，应扶立一侧枝来代替主干继续生长，将该侧枝培养成新的中央领导枝。及时修剪树干下部分枝，并逐渐增加分枝点的高度，具体要根据不同的树种、年龄来确定分枝点。对于一些树干很短，但是树长大了，不能栽培成独立干的树，也可以把分生的主枝当作主干培养，逐年提高分枝，呈多干式。

（5）藤本类的修剪与整形

在自然风景中，对藤本植物很少加以修剪管理。

① 棚架式　藤本植物如卷须类及缠绕类多用此种方式进行修剪与整形。一般采用近地面处重剪促使其发生数条强壮主蔓，然后将主蔓垂直诱引至棚架的顶部，同时使侧蔓均匀地分布在棚架上，则可短时间成为荫棚。除了将病虫枝、老化枝或过密枝疏剪外，一般不需要每年剪整。

② 凉廊式　常用于藤本植物如卷须类、缠绕类、吸附类植物的造型。为防止凉廊侧面空虚，要求主蔓不要过早诱引至廊顶。

③ 篱垣式　多用于藤本植物如卷须类及缠绕类。先将侧蔓进行水平引诱后，然后对侧枝施行短剪，使其形成整齐的篱垣形式，侧枝的修剪需要每年进行1次。长且低矮的篱垣通常称为"水平篱垣式"，根据其水平分段层次的多少又可分为二段式、三段式等；距离短且较高的篱垣则称为"垂直篱垣式"。

④ 附壁式　多用于吸附类植物如爬墙虎、凌霄、扶芳藤等来进行造型。这种造型方法简单，只需将藤蔓引诱至墙面即可，靠吸盘或吸附根的力量而逐渐布满墙面。为使壁面基部全部被植物覆盖，修剪时注意各蔓枝在壁面上的均匀分布，不要使相互重叠交错的枝条出现。基部空虚，不能维持基部枝条长期茂密是附壁式修剪与整形最易发生的毛病。可采用轻、重修剪配合以及曲柱诱引等综合措施，同时加强栽培管理工作。

⑤ 直立式　对于一些茎蔓粗壮的种类，如紫藤等，可以修剪整形成直立灌木式。此式如用于公园道路旁或草坪上则可以收到良好的效果。

13.4　操作步骤

① 选择当地具有代表性的落叶乔木（大、中、小乔木）、灌木和藤本观赏树种各2种作为实验对象。

② 教师根据不同观赏树木的观赏特性和整形修剪要求，集中讲解并示范所选观赏树木的整形修剪技术。

③ 在教师指导下，学生分组练习不同观赏树木的整形修剪技术，要求能按不同观赏树木的观赏特性、树形、树龄、树势、管理水平等合理整形修剪，各类枝条处理较好。

常见树木修剪操作要点见表1-13-1。

表 1-13-1　常见树木修剪操作要点

树种名称	修剪要点
国槐（*Sophora japonica L.*）	定干后,选留端直健壮、芽尖向上生长枝以培养侧枝,截去梢端弯曲细弱部分,抹去剪口下5～6枚芽,培养圆形树冠,同时要注意培养中央干,重剪竞争枝,除去徒长枝。当冠高比达到1∶2时,则可任其自然生长,保持自然树形

续表

树种名称	修剪要点
旱柳（*Salix matsudana* Koidz.）	定干后，以自然树形为主，冬季短截梢端较细的部分，春季保留剪口下方的1枚好芽，第二年剪去壮芽下方的二级枝条和芽，再将以下的侧枝剪去2/3，其下方的枝条全部剪除。继续3～5年修剪，干高可达4m以上，再整修树冠，控制大侧枝的生长，均衡树势
碧桃（*Prunus persica* (L.)Batsch）	多采用自然开心形，主枝3～5个，在主干上呈放射状斜生，利用摘心和短截的方法修剪主枝，培养各级侧枝，形成开花枝组，一般以发育中等的长枝开花最好，应尽量保留，使其多开花，但在花后一定要短截，长花枝留8～12个芽，中花枝留5～6个芽，短花枝留3～4个芽，注意剪口留叶芽，花束枝上无侧生叶芽的不要短截，过密的可以疏掉。树冠不宜过大，成年后要注意回缩修剪，控制均衡各级枝的长势。对于枯死枝、下垂衰老枝、病虫枝等要随时修剪
月季（*Rosa chinensis* Jacq.）	分冬剪和夏剪，冬剪在落叶后进行，要适当重剪，注意留取分布均匀的壮枝4～6个，离地高40～50cm。夏季修剪要注意，在第一批花后，将花枝于基部以上10～20cm或枝条充实处留一健壮腋芽剪断，使第二批花开好，第二批花后，仍要继续留壮去弱，促进继续开花
法桐（*Platanus orientalis* L.）	以自然树形为主，注意培养均匀树冠。行道树，要保留直立性领导干，使各枝条分布均匀，保证树冠周正；步行道内树枝不能影响行人步行时正常的视觉范围，非机动车道内也要注意枝叶距离地面的距离，要注意夏季修剪，及时除蘖
栾树（*Koelreuteria paniculata* Laxm）	冬季进行疏枝短截，使每个主枝上的侧枝分布均匀，方向合理，短截2～3个侧枝，其余全部剪掉，短截长度60cm左右，这样3年时间可以使形成球形树冠。每年冬季修剪掉干枯枝、病虫枝、交叉枝、细弱枝、密生枝。如果主枝过长要及时修剪，对于主枝背上的直立徒长枝要从基部剪掉，保留主枝两侧一些小枝
金银花（*Lonicera japonica* Thunb.）	栽植3～4年后，老枝条适当剪去枝梢，以利于第二年基部腋芽萌发和生长。为使枝条分布均匀、通风透光，在其休眠期间要进行1次修剪，将枯老枝、纤细枝、交叉枝从基部剪除。早春在金银花萌动前，疏剪过密枝、过长枝和衰老枝，促发新枝，以利于多开花。金银花一般一年开两次花。当第一批花谢后，对新枝梢进行适当摘心，以促进第二批花芽的萌发。如果作藤木栽培，可将茎部小枝适当修剪，待枝干长至需要高度时，修剪掉根部和下部萌蘖枝。如果作篱垣，只需将枝蔓牵引至架上，每年对侧枝进行短截，剪除互相缠绕枝条，让其均匀分布在篱架上即可
凌霄［*Campsis grandiflora* (Thunb.)Loisel.］	定植后修剪时，首先适当剪去顶部，促使萌发更多的新枝。选一健壮的枝条作主蔓培养，剪去先端未死但已老化的部分。疏剪掉一部分侧枝，保证主蔓的优势。然后进行牵引使其附着在支柱上。主干上生出的主枝只留2～3个，其余的全部剪掉。春季，新枝萌发前进行适当修剪，保留所需走向的枝条。夏季，对辅养枝进行摘心，抑制其生长，促使主枝生长。第二年冬季修剪时，可在中心主干的壮枝上方处进行短截。从主干两侧选2～3个枝条作主枝，同样短截留壮芽，留部分其他枝条作为辅养枝。冬春，萌芽前进行1次修剪，理顺主、侧蔓，剪除过密枝、枯枝，使枝叶分布均匀

13.5　注意事项

① 修剪时要注意安全，上树修剪要系安全带，树下人员要离开。

② 不得擅自对园林树木进行强修剪。

③ 注意使用工具的安全，减少不正确的操作导致工具的损坏。

④ 遵守修剪的操作规程，及时清理修剪残枝。

13.6　作业

① 总结出观赏树木整形修剪的时期、方法和内容。

② 行道树、庭荫树、绿篱、花灌木类等修剪要点分别有哪些？

实验 14　花卉花期调控技术

14.1　实验目的

花卉的花期调控技术为花卉的四季均衡生产和节日花卉的供应开拓了广阔的前景。通过本次花期调控实验，掌握花卉花期调控的基本方法和途径，为生产和科学研究服务。

14.2　实验原理

根据花卉生长发育的基本规律以及花芽分化、花芽发育以及花卉在花期对环境条件均有一定要求的特点，人为地创造或控制相应的环境、植物激素水平等来促进或延迟花期。

14.3　材料与用具

（1）材料

菊花（*Dendranthema morifolium*）。

（2）药品与用具

IAA、NAA、GA_3、乙烯剂、CCC、剪刀、喷雾器等。

14.4　内容与操作步骤

14.4.1　光照处理对花期的影响

（1）光照处理

① 光照时间依栽培类型和预计采花上市日期而定。若 11 月下旬至 12 月上旬采收，光照时间在 8 月中旬至 9 月下旬；若 12 月下旬采收，光照时间为 8 月中旬至 10 月上旬；若 1～2 月采收，光照时间在 8 月下旬至 10 月中旬；若 2～3 月采收，光照时间在 9 月上旬至 11 月上旬。

② 光照时间和光照强度以某一品种为例，可以用连续照明（太阳落山时即开始）和深夜 12 时开始两种，同时注意两种方式对开花的影响。

③ 光照处理的灯光设备。用 60W 的白炽灯作为光源（300lx），两灯相距 3m，在植株顶部 80～100cm 处进行安装。

④ 重复处理，光照时间分别为 10d、20d 和 30d 三组，比较花芽分化早晚及切花品质（如舌状花比例，有无畸变等）。

（2）遮光处理

① 遮光时期　遮光处理一般在 8 月上旬开始。不同花期的品种遮光的时间也不同，若 10 月上旬开花则在 8 月下旬遮光，若 10 月中旬开花则在 9 月 5 日遮光，若 10 月下旬至 11 月上旬开花则在 9 月 15 日前后终止遮光。根据实验地现有品种进行遮光试验，并比较不同品种、不同时期的催花效果。

② 遮光时间和日长比较　一般遮光时间设在傍晚或者早晨。试验分 4 种情况比较花期早晚：a. 11h 遮光处理（傍晚 7 点关闭遮光幕，早晨 6 点打开）；b. 12h 遮光处理（傍晚 6 点到早晨 6 点遮光）；c. 傍晚和早晨遮光，夜间打开处理；d. 下午 5 时到下午 9 时遮光，夜

间打开处理。

注意用银色遮光幕，在晴天的傍晚保持在 0.5～11lx 较好，最高照度不超过 21～31lx（即阅读报纸的照度）。

14.4.2　温度调节对花期的影响

菊花从花芽分化到现蕾期所需温度因品种不同、插穗冷藏的有无、土壤水分的含量和施肥量多少以及株龄不同而不同。一般以最低夜温为 14℃，昼温在 28℃ 以下较为安全。

在实验中将已经完成营养生长阶段而生殖生长还未完成的盆栽菊花分为两组：一组放在夜温 14℃、昼温 28℃ 的室内，光照状况控制和自然状态相近；另一组放在自然状态下，观察比较现蕾期的早晚。

14.4.3　栽培措施处理对花卉花期的影响

① 将盆栽菊花摘心，分留侧芽与去侧芽、留顶芽两组处理，观察二者现蕾期的早晚。

② 对现蕾的盆栽菊花进行剥副蕾留顶蕾与不剥蕾两组处理，观察蕾期的长短。

14.4.4　生长调节剂的处理对花期的影响

① 生长激素类设置 IAA 25mg/L、50mg/L、75mg/L、100mg/L，NAA 25mg/L、50mg/L、75mg/L、100mg/L 和 NAA 500mg/L+GA_3 50mg/L 以及对照共 10 个处理，每周喷一次，比较各处理现蕾期的早晚以及蕾期发育时间的长短。

② 设计乙烯利 100mg/L、200mg/L、300mg/L、400mg/L 以及乙烯利 200mg/L+GA_3 50mg/L 及对照共 6 个处理，每周喷一次，比较各处理现蕾期的早晚和蕾期发育时间的长短以及植株的形态，尤其是基部枝条发育上的变化。

③ 设计 CCC 1000mg/L、2000mg/L、3000mg/L 以及对照 4 个处理，每周喷两次，比较用 CCC 处理过的植株矮化效果、现蕾期的早晚和蕾期的长短。

14.5　作业

① 观察并记录各实验处理结果。

② 比较不同品系菊花生长发育特性及其花期调控特点。

③ 影响电照或遮光时间和强度的因素有哪些？举例说明。

④ 秋菊是短日照植物，还是长日照植物？要使菊花在元旦开花，应采取哪些具体措施？

实验 15　温室内温度、水分、光照的调控技术

15.1　实验目的

通过实验使学生掌握常见温室内的温度、水分、光照的调控技术；根据温室内植物的不同情况采取相应的调控措施。

15.2　材料与用具

各类温室、温度计、湿度计、地热线、遮阳网、反光膜、荧光灯、电动喷雾加湿器等。

15.3　内容与操作步骤

15.3.1　温度的调控

15.3.1.1　提高温室温度

（1）增加温室透光率

包括采用合理方法、合理采光角和棚型，使用无滴膜，保持透光面积的洁净，可增加透光率，使土壤积蓄更多热量。

冬季晴朗天气，温室白天温度上升很快。就冬季较寒冷的 1 月来观察，白天温度可以达到 25℃ 以上，与室外温度相差 15～20℃ 之多。为使温室尽可能地吸收太阳光，因此，在设计温室时，一定要考虑采光的坡度。又应根据生产地区的纬度、太阳高度角以及冬季最低温度时间而设计。如根据有关气象资料论述，以冬至这一天为准，以正中午 12 时计算，天津地区是北纬 39°36′，太阳高度角为 27°54′，太阳光的入射角与温室坡面成直角，说明太阳光无反射损失，完全被吸收。除直角外，其余角度均因入射角度不同而有不同的反射损失。此外，温室坡向与太阳光照时间也有密切关系，因为每向东偏 1°，太阳提早照射 4min；偏东 5°～10° 可延长整个上午的日照时间，此外，早揭草帘也可以充分利用上午的光照时间。为提高夜间温度，温室的方向应偏西 5°～10°。偏东、偏西要依据地区来设计，早晨或上午多阴时，或者在多云多雾地区，不宜偏东，以偏西为好。如偏西 5°，应延长午后日照 20min，以提高冬季温室的夜间温度。

近年来市场又推出了乙烯、乙酸乙烯多功能复合膜（简称 EVC 膜），是一种综合效果好、适于在温室上应用的无滴透明、高效的新型多功能膜。市场新推出的多种有色膜，对改进温室中的光线波长、促进植物光合作用、提高产量和质量有良好作用。其中紫色、蓝色膜效果不错，应依据当地具体情况考虑使用。

（2）采取多层覆盖，减少热量散失

这是最经济、最有效的保温技术，如在温室大棚外覆盖保温被，内架中、小棚，中、小棚上覆盖草帘。

（3）炉火加温

冬季常遇到强寒流侵袭和连续阴雨雪低温天气，可采用临时加温措施，每 8～10m 放一个炉子临时加温。用炉火加温一定要架烟道，并防止烟道漏烟、漏气，以避免发生一氧化碳中毒和二氧化硫中毒。

（4）土壤加温

主要用电热线加温，在育苗和高档园林植物冬季栽培中应用。

（5）加温温室常用的方式

常用方式为热风加温空气或是暖气管道，或是在土层下铺设送热管道给土壤加温，或是蒸汽采暖，以及热水（蒸汽）热交换热风采暖，蒸汽热交换热水采暖，电热采暖，辐射采暖，太阳能蓄热采暖等。

目前，较常用的有热空气加热和热水加热两种方式，均以燃料（柴油和重油）锅炉为热源。热风加热系统是吸入温室空气，加热后由主风道和设置在垄间的支风道送回温室，出风口温度低于 30℃，风速 1～3m/s。热水加热系统将水加热至约 65℃，用水泵和管道通到地面，即可加热土壤。如果温室面积大，用热水管加热，运行成本较低，可以更好地保证室内作物生长所需的温度。如果温室面积小，用热风加热可以更灵活地运行，一次性投资较管道加热系统成本低。

目前，使用烟道加热和热水及蒸汽加热更为常见。但每种加热方式都有其优缺点。例如烟道加热价格便宜，但温度不容易调节；热水加热和蒸汽加热是理想的加热方法，室内温度没有急剧变化，但燃料消耗更多，不经济；电加热和暖风加热更加科学有效，但成本太高，暂时不能普遍应用。

15. 3. 1. 2　降低温度的方法

（1）自然通风降温

在控制温室温度时，应尽可能利用自然通风，打开温室天窗和侧窗可完成自然通风。另外，还可以在温室屋顶安装垂直卷帘窗来完成自然通风。实验测定：在开放天窗和室内温度不超过 25℃ 的春秋季，室内温度在 5min 内可以降低 2~5℃，这样可以在春秋季节省一些能源。

（2）湿帘风机降温及外遮阳的选用

湿帘风扇冷却系统是由湿帘、风扇、水循环系统及配件组成的，利用水蒸发时空气中的湿热转化成潜热的原理来进行降温处理，水蒸发量与空气饱和蒸汽压成正比关系。空气越干燥，温度越高，湿帘幕空气冷却速度越快。多年来的生产实践证明，该系统不仅在中国北方的冷却效果极为显着，而且在长江流域和东南海地区炎热的季节也适用。夏季炎热的天气，空气通过湿帘后一般可以降低 4~7℃。它是目前中国大型温室生产设施最具效益、成本最低的冷却方法。

温室覆盖材料一般是透明的，其内部温度受到阳光的影响极大。现有的温室一般采用内部遮阳系统，从使用的情况来看，效果差。这是由于阳光穿透覆盖材料后，在温室上部聚集了大量的热量，使温室顶部的温度过高。虽然打开天窗、侧窗并内部遮阳，但是有很多热量不能散发出去。使用外遮阳，在温室外增加了遮阳层，阻挡大部分阳光进入温室。使用外遮阳的效果比内遮阳的效果更好。在 7~8 月的夏季，温室内的温度可控制在 30~32℃，充分满足夏季温室生产的要求，提高温室生产的效率。

红掌的生产一般在温室内进行。红掌生长最适宜温度为 22~28℃，最低不低于 14℃，最高不超过 31℃。在高温季节，可以通过开启湿帘及通风设备来降低温室内温度，遮阳可以避免因高温而造成花芽败育或畸变。

15. 3. 2　水分的调控技术

水分调控，包括对温室内的环境水分状况和土壤水分状况进行合理而有效的调节和控制。它们的表征指标分别是空气相对湿度和土壤湿度。因此，调控设施内的水分状况就是调控空气湿度和土壤湿度，这是保证温室高产高效优质的重要基础。

空气相对湿度由土壤蒸发和作物蒸腾产生。空气相对湿度因天气状况及加温、通风和灌水等措施而异。晴天时，一般白天空气的相对湿度为 50%~60%，夜间达到 90% 以上；阴天时，白天可达 70%~80%，夜间达到饱和状态。白天气温高，加上适当的通风，空气的相对湿度较低。

土壤湿度由灌溉产生，并不断地向外蒸发或被植物吸收而蒸腾。土壤蒸发和植物蒸腾的水分一部分随空气流动而散失，一部分在薄膜表面凝结。

植物在不同生长发育阶段对空气湿度和土壤水分的要求不同。当土壤中水分过多时，蒸发量加大，因而造成空气湿度过大，为病害的侵染创造了有利条件，导致植株发病。反之，湿度过低，同样也会造成危害。因此，必须对湿度适时进行调节，使之满足植株生长发育的要求。

15.3.2.1　降低湿度的方法

地面覆盖，抑制土壤水分的蒸发；控制灌水，提高室内温度，使饱和差上升；利用晴天加大通风量，减少棚内水汽量。具体的方法如下。

① 通风换气　通过调节通风口大小、时间和位置，以自然通风换气法达到降低湿度的目的。

② 地面覆盖　减少土壤蒸发量，降低空气湿度，并采用无滴膜覆盖。

③ 采用微灌技术　采用滴灌、微喷、渗灌、膜下滴灌等灌溉技术。此外，还可采用中耕降湿、人工放置吸水剂（如生石灰、草木灰降湿）等方法。

15.3.2.2　增加湿度的方法

现代温室加湿的主要措施是使用自动喷雾加湿器。随着科学技术的进步，各式各样的加湿器不断地被开发出来，大大减少了人力、物力和水资源的浪费，并且还降低了成本，提高了效率。在此之前，最常用的加湿方法是人工喷雾，在夏季中午进行温室地面喷水，以降温增湿。但这些都要较多的人力，并且浪费了水资源。近年来水帘的广泛应用，不仅在夏季降低温度方面起到很大的作用，而且在增加湿度方面的效果也很显著。另外，遮阳降温也是一个保湿的好办法，减少夏季太阳光的入射量，降低温室温度。遮阳方法分为外遮阳、内遮阳和内外双遮阳 3 种。使用遮阳网的效果十分明显，通过内外遮阳网的使用，或者选择不同种类的遮阳网，能把光强度和温度控制在计划范围内，湿度自然也可以得到保持。另外，还可考虑使用在遮阳网上喷水的方法。但要注意的是，不同厂家生产的遮阳网质量会有差别，所以一定要做好遮阳网的选择。

如红掌工厂化生产，关键是保持相对高的空气湿度，一定的湿度有利于红掌生长。当气温在 20～28℃时，湿度在 60%～70% 之间；当气温达到 28℃ 以上时，湿度在 70%～80% 之间。尤其在高温季节，可通过喷淋系统、雾化系统来增加温室内的空气相对湿度，以营造红掌高湿的生长环境。

15.3.3　光照的调控技术

冬季光照弱，且温室的薄膜或玻璃反射了一部分光照，加上薄膜的老化，附着尘埃、水滴等影响透光。因此，设施内光照强度仅为设施外的 50%～80%，光照成为喜光植物冬季生长发育的限制因子。其调控方法介绍如下。

① 用优质薄膜　冬季保护地应选用透光性好、防尘、抗老化、无滴透明膜作为覆盖材料，白天应尽量避免多层覆盖。

② 经常打扫、清洗薄膜，以增加透光率。

③ 增挂反光幕　将镀铝聚酯反光幕张挂在日光温室操作道南侧，以增强光照强度。

④ 人工补光　在连续阴雨雪天气时，用白炽灯、荧光灯、生物效应灯进行人工补光，补光以全天不超过 16h 为宜。

夏季光照时间过长，造成室温过高，光度过强，应有效控制光照强度。除了结构设计合理外，还可通过选择遮阳网的遮光率来控制，达到最适状态。目前，许多短日照类型的盆栽花卉，如菊花、一品红等，应用遮光的方法来缩短光照，以达到提前开花的目的。最常用的办法是采用不透明黑色塑料布或黑色棉布加工的遮光罩。覆盖时间一般根据盆栽花卉种类而定。阴雨天光照不足时，可以采用人工补光系统。

如荷花属长日照植物，需要充足的阳光。要求日照时数为 10～12h。而冬季日照时间短，因此可采用时控灯光照明。在室内每隔 4m² 设置一盏 200W 白炽灯。晚上 6～9 时开灯，阴天时白天开灯补光。

红掌花序是在每片叶的叶腋中形成的，花与叶数量的差别最重要的因素是光照。温室内，红掌光照的控制可通过活动遮光网来调控。在晴天时，遮掉 75% 的光照，温室最理想的光照是 20000lx 左右，最大光照强度不可长期超过 25000lx。早晨、傍晚或阴雨天，则不用遮光。红掌在不同生长阶段对光照要求各有差异。如营养生长阶段对光照要求较高，可适当增加光照，促使其生长；开花期间对光照要求低，可用活动遮光网调至 10000～15000lx，以防止花苞变色，影响观赏。

15.4 温室类型与设计说明

温室是园艺生产中最重要、应用最广泛的设施，对环境因子的调控能力最强，而且不受地区和季节的限制，可周年生产。其形式类型多样，往往与其他保护地设施配合使用。

15.4.1 类型

① 按屋面的形状 分为单屋面温室、双屋面温室、折面温室、拱圆形温室、屋脊形温室、连栋温室。

② 按建筑材料 分为土木结构温室、砖木结构温室、混合结构温室、钢结构温室、轻质铝合金结构温室。

③ 按热能来源 分为日光温室、加温温室。

④ 按屋面覆盖材料 分为塑料温室、玻璃温室。

⑤ 按用途分类 分为农业生产温室、观赏展览温室、科研温室、专用温室。

15.4.2 温室的结构特点及性能

温室结构根据建材、设备、规模大小、形式各有不同。

15.4.2.1 一面坡日光温室

这是鞍山、北京、天津等地最早应用的可充分采光、不进行人工加温的温室。

这种温室的进光面是一个平面，由北面向南倾斜接地（图 1-15-1）。

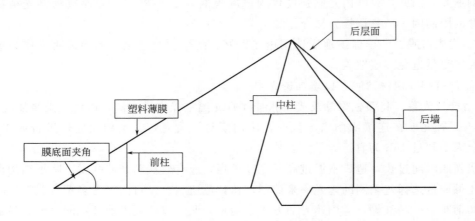

图 1-15-1 一面坡日光温室

一般长度为 30m，宽 6m，后墙高 1.6～2m，后屋面宽 1.9m 左右，中柱高 2.5m，前柱高 1.3m，后墙距中柱 1.6m，中柱距前柱 2.1m，前柱距南边 2.3m，塑料薄膜与地面的夹角在 30°左右。

这种温室的骨架多数用竹木结构，用料少，结构简单，建造容易，冬季日光入射角小，透光率大，室内温度高，加上夜间便于覆盖草毡，保温性能好，可用于喜温蔬菜的越冬栽培。其缺点是温室南侧太矮，空间小，不便于操作管理。

15.4.2.2 立窗式温室

又叫双坡面温室，前立窗有的垂直于地面，有的略向南倾斜，其结构规格各地差异很大。

这种温室跨度为 6.5～8m，中柱高 2～3m，前柱高 1.7～1.8m，前立窗高 0.6～0.8m，后墙高 1.6～1.7m，后墙用土打实，底宽 1.2m，上宽 1.2m，用砖砌时，一般为三砖空心墙。后坡长 1.6～1.7m，铺上草箔，并抹草泥共 30cm 厚（图 1-15-2）。

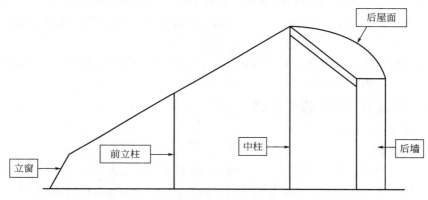

图 1-15-2 立窗式温室

这种温室的骨架主要是木材，是土木或砖木结构。透明覆盖物是塑料薄膜，保温覆盖物多用棉被。温室空间较大，采光性能良好，保温性能也强，可进行喜温作物的越冬栽培。

15.4.2.3 拱圆形温室

这种类型的日光温室，透光面为拱形或弧形。根据后层面的宽窄，又分为长后坡矮后墙式和短后坡高后墙式两种温室。

（1）长后坡矮后墙式日光温室

跨度 5～6m，中高 2.2～2.4m，后屋面宽 2～2.5m，后墙高 0.6～0.8m，厚 0.6～0.7m，后墙外培土。前层面为半拱形，由支柱、横梁、拱杆组成。拱杆上覆盖塑料薄膜，在薄膜上面两杆之间设压膜线，夜间覆盖草毡或棉被防寒。前层面外底脚处挖防寒沟，深 50～60cm，沟内填乱草，以减少室外冻土低温侵入温室内部（图 1-15-3）。

这种温室光照条件好，保温性强，当外界温度降至 -25℃时，室内可保持在 5℃以上，适宜较寒冷地区采用。但由于后坡较长，3 月后遮光现象明显，不适宜春早熟栽培利用。

（2）短后坡高后墙式日光温室

跨度 6～8m，后坡长 1～1.5m，中高 2.2～2.4m，其结构与前者相似。这种温室由于后墙高，后屋面短，冬春季节光照条件好，春秋光照也充足，保温性能也较好，室内作业也方便。适宜北方地区春提早或秋延后栽培，也可进行冬季育苗或耐旱作物的冬季生产。

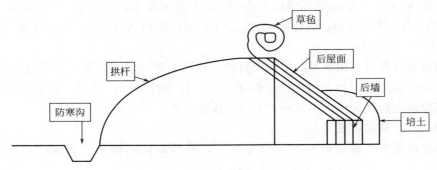

图 1-15-3　长后坡矮后墙日光温室

（3）无立柱钢结构日光温室

跨度 6～8m，前层面每隔三道钢筋或竹木拱杆架设一道钢梁（用直径 14～16mm 的钢筋作上弦，直径 10～12mm 的钢筋作下弦，直径 8～10mm 的钢筋作拉花），也可用镀锌钢管作拱杆。矢高 2.5～3m，后墙高 1.7～1.8m，用砖筑空心墙，内填稻草等隔热材料，后屋面长 1.8m 左右。

这种温室结构坚固，前部无立柱，空间大，作业方便，光照分布均匀，增温快，保温性能好，使用寿命长，但造价较高。

15.4.3　加温温室的结构与性能

以北京改良式温室为例。

15.4.3.1　结构

长 12～48m，宽 5～6m，中柱高 1.6～3m，前柱高 1～1.2m，3～3.3m 为一间，每间温室栽培床面积为 12～19m²，一般为 15m²，后墙高 1.3～1.7m，用砖砌成 35～37cm 厚的空心墙，中间填土或炉灰渣，后屋面长 1.7～2.2m，屋顶坡度为 10° 左右，其上有柁、檩（2～3 根）形成屋架，在层架上有秸秆，其上抹麦秸泥，或以水泥预制板作顶，其上抹麦秸泥或灰土。

前屋面为透明，用玻璃或塑料薄膜覆盖而成，具有地窗（长 1.2～1.6m），天窗长 2.3m 左右，地窗与地面角度成 35°～40° 角，其上覆盖蒲席、草帘、棉被防寒。

在北墙内侧设有烟道加温，每四间设一个炉灶（称为一房，每栋温室由 2～6 房组成），为一条龙式炉灶。炉灶用砖砌成，分为炉身、火道（散热管）及烟囱等，是以煤作为燃料的直接加温散热的加温设备，烟道与栽培床之间有一条作业道，宽 50～80cm（图 1-15-4）。

15.4.3.2　性能特点

a. 采光好；b. 补充加温；c. 严密防寒保温；d. 自然通风换气。

15.4.4　现代化温室

现代化温室主要指大型的（覆盖面积多为 1hm²）、环境基本不受自然气候的影响、可自动地调控、能全天候进行园艺作物生产的连接屋面，是目前园艺设施的最高级类型。

15.4.4.1　双屋面单栋温室

双屋面单栋温室的规格、形式较多，跨度小者 3～5m，大者 8～12m，长度有 20～50m 不等，一般 2.5～3m，需设一个人字梁和间柱，背高 3～6m，侧壁高 1.5～2.5m。

这类温室主要由钢筋混凝土基础、钢材骨架、透明覆盖材料、保温幕和遮光幕以及环境

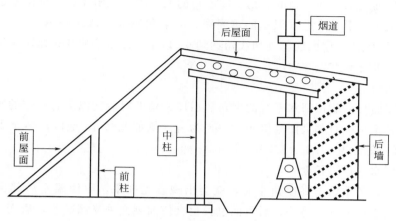

图 1-15-4　加温温室结构（北京改良式温室）

控制装置等构成。其中透明材料主要有钢化玻璃、普通玻璃、丙烯酸树脂、玻璃纤维加强板（FRA 板）、聚碳酸酯板（PC 板）、塑料薄膜等。保温幕多采用无纺布，遮光幕可采用无纺布或聚酯等材料。

这种温室的特点是两个采光层面相反，长度和角度相等，四周侧墙均由透明材料构成。

15.4.4.2　连栋温室

主要包括屋脊形连栋温室和拱圆形屋面连栋温室两种形式，覆盖面积多为 $1hm^2$，主要应用于蔬菜和花卉生产。屋脊形连栋温室主要以玻璃作为透明覆盖材料，其代表为荷兰型温室。拱圆形屋面连栋温室主要以塑料薄膜为透明覆盖材料。

15.4.5　日光温室的设计

15.4.5.1　场地的选择和规划

① 选择避风向阳的地方。

② 选择地势比较高、土质肥沃、排水良好、地下水位低、又有足够水源的地方，保证温室的用水和排水。

③ 选择交通方便、供电方便、离住宅区较近的地方，以便于运输和管理。

④ 最好避开城市污染地区，以免遭受有害气体、烟尘等危害。

⑤ 前后排温室之间的距离，应以冬至太阳高度角最小时，前栋温室不遮蔽后栋温室的太阳光为标准。纬度越高的地区，冬至时太阳高度角越小，前后排温室的间距越要加大。

若温室高 3.1m，北京地区建温室，间距应在 8.2m 以上，生产温室的性能方可得到保证。

15.4.5.2　温室结构参数的确定

（1）温室方位

指温室屋脊的走向，日光温室主要是秋、冬、春季进行生产。确定方位应以太阳光线最大限度地射入温室为原则，应坐北朝南，东西延伸。

从植物光合特点看，上午光和效率比下午强，而且上午的太阳光光质对光合作用更有利，所以温室方位可以向南稍微（5°～10°）偏东，称"抢阳"。但是冬季严寒（东北）地区，早晨温度比傍晚低得多，宜"抢阴"，即温室方位上向南偏西一些较好。

（2）前屋面角度

指温室前屋面底部与地平面的夹角。屋面角的大小决定太阳光线照到温室透光面的入射角，而入射角决定太阳光线进入温室的透光率，入射角越大，透光率越小。一般6m跨度、3m高的温室，可保证前屋面底脚处切线角达到65°以上，距前底脚1m处切线角达40°以上，距前底脚2m处切线角达25°左右。

（3）后屋面角

指温室后屋面与后墙顶部水平线的夹角。后屋面角度对后部温度有一定的影响。后屋面角以大于当地冬至正午时刻太阳高度角5°～8°为宜。例如北纬40°地区，冬至太阳高度角为26.5°，后屋面仰角应为31.5°～33.5°。

（4）后屋面水平投影长度

后屋面过长，冬季太阳高度角小时，就会出现遮光现象，而使温室后部出现大面积阴影，影响作物的生长发育。另外，后屋面过长也会使前屋面采光面减小，透光率降低，从而使白天温室内升温慢。根据计算认为，在北纬38°～43°地区，温室高度在3～3.5m内，后屋面水平投影长度以1～1.6m为好。

（5）跨度

指从温室北墙内侧到南向透明屋面前底脚间的距离。

在温室高度及后屋面长度不变的情况下，加大温室跨度，会导致温室前屋面角度和温室相对空间减小，从而不利于采光、保温、作物生长发育及人工作业。

一般以6～8m为宜，若生产喜温的园艺作物，北纬40°～41°以北地区以采用6～7m跨度最为适宜，北纬40°以南地区可适当加量。

（6）温室高度

又称为脊高，指温室屋脊到地面的垂直高度。温室的高度直接影响前屋面的角度和温室空间的大小。一般认为，6～7m跨度的日光温室在北纬40°以北地区，若生产喜温作物，高度以2.8～3m为宜，北纬40°以南地区高度以3～3.2m为宜，若跨度大于7m，高度也相应再增加。

（7）长度

面积333.3～666.7m² 长度以50～60m为宜。过长，温室温度不宜控制一致，产品和生产资料运输也不方便。

（8）厚度

指墙体（山墙和后墙）的厚度和后屋面的厚度，厚度越大，保温性越好。北纬34°地区最低外界温度在−10℃左右，土筑墙厚度达到80cm才能取得较好的保温效果，北纬40°地区，墙体厚度达到1.5m，才能有同等效果。另外考虑后屋面厚度时，还要考虑其不能过重。

15.4.5.3　温室的建造

① 平整地面、放线，先确定好温室的方位，然后平整地面，钉桩放线，确定出后墙和山墙的位置。

② 砌墙，分砖墙和土墙两种。

③ 立屋架。

④ 覆盖薄膜。

⑤ 挖防寒沟。

⑥ 建作业间。

实验 16 园林植物盆栽上盆、换盆及肥水管理技术

16.1 实验目的

通过实验实习熟练掌握盆花管理中上盆与换盆的基本操作技术。掌握盆栽花卉的肥水管理技术。

16.2 实验原理

上盆是盆花栽培与欣赏的第一步，是将已育好的种苗植入花盆的操作过程，是盆花养护管理中的基本环节。种类不同、规格各异的花卉幼苗植株需要相应的营养空间和合适的培养土；植物生长一定阶段后，盆土物理性质变劣，养分丧失或被老根所充满，故必须换盆以维持正常的生长发育。

16.3 材料与用具

（1）材料

三色堇（*Viola tricolor*）、孔雀草（*Tagetes patula*）、一串红（*Salvia splendens*）等草木花卉的播种苗或扦插苗；白兰（*Michelia alba*）、山茶（*Camellia japonica*）、桂花（*Osmanthus fragrans Lour.*）等盆栽花卉（或任选）。

（2）用具

枝剪、铁锹、花铲、各种规格的花盆、喷水壶等。

16.4 内容与操作步骤

16.4.1 上盆

（1）上盆时间

上盆时间选在 11 月至翌年 3 月叶落未萌芽时期。常绿花木多选在 10～11 月或 3～4 月，花木需水量少的时期。

（2）花盆处理

选择与幼苗规格相应的花盆，用一块碎片盖于盆底的排水孔上，将凹面朝下，盆底可用粗粒或碎盆片、碎砖块，然后加入 1～2cm 厚的河沙（或是粪煤屑、木屑）以利于排水，上面再填入一层培养土，以待植苗。新盆要用水浸泡 2d 才能使用，旧盆必须洗净。

（3）花木修剪

苗木上盆前，要剪断过长的根和受伤的根，如果损伤的根太多，还需剪掉一些叶子以减少蒸腾，使之成活率增高。

（4）栽植

用左手拿苗放于盆口中央深浅适当位置，加入培养土到半盆，把花木稍上提，使根系伸展并用手轻轻压紧，最后加培养土到距盆边 3～5cm，并边加土边把土压实。栽植完毕，喷足水，暂置阴处数日缓苗。待苗恢复生长后逐渐移于光照充足处。

（5）浇水和施肥

上盆结束后，要立即浇水，一次浇透，直到盆底有渗出。当时不要施肥，最好等苗木已发根，开始恢复生长后（一般15d），再补充肥力，使其更好生长。

16.4.2　换盆

（1）换盆次数与时间

① 温室一、二年生花卉　一般到开花前要换盆2～4次，换盆次数较多，能使植株强健充实，但会使开花期推迟。

② 宿根花卉　1年换盆1次。一般于春季换盆，常绿种类也可在雨季中进行。不在花芽形成及花朵盛开时进行。

③ 木本花卉　多2年或3年换盆1次。换盆时间为春季或秋季。

（2）换盆的方法

① 一、二年生花卉　换盆时土球可以直接栽植，尽量不要使土球破裂，盆底排水层可以不要或减量，等幼苗长大时再在盆底填些培养土，将土球放置盆中央填土压实。

② 球根花卉　换盆时将土球肩部和四周外部陈旧土刮去一部分，剪除靠近盆边的老根、枯根和卷曲根，同时结合分株进行换盆。

③ 木本花卉　依植物种类的不同，将土球切除量也不同。当盆花不适合换盆时，可将盆面及肩部陈旧土铲去换上新土，也可达到换盆效果。

（3）具体操作步骤

① 选2～3种常见的盆栽花卉如春兰、红掌、白鹤芋等。

② 分开左手手指，将手指按置于盆面植株的基部，将花盆提起倒置，然后再用右手轻敲击盆边，土球即可取出。不容易取出时，将花盆向其他物体轻扣。

③ 土球取出后，修剪部分老根、枯根、卷曲根。若是宿根花卉换盆时可结合分株，并刮去部分陈旧的土壤；若是木本花卉可依据种类不同将土球适当切除一部分；若是一、二年生花卉可将原土球直接栽植。

④ 换盆后需要浇水。第1次应充分灌水，使根系与土壤紧密接触，以后保持土壤湿润为佳，但水分不宜过多。由于换盆后根系受到伤害，吸水能力下降，水分过多根部伤处腐烂。换盆后最初数日宜置于阴处缓苗。

16.4.3　施肥

在上盆及换盆时，常施以基肥，生长期间施以追肥。

16.4.3.1　施肥的种类和方法

（1）有机肥

① 饼肥　常用作追肥，也可碾碎混入培养土中用作基肥。

② 人粪尿　粪干为盆栽常用肥料。粪干可作基肥，也可作追肥。

③ 牛粪　牛粪加水腐熟后，取其清液用作盆花追肥。

④ 油渣　一般用作追肥，可混入盆面表土中，特别适用于木本花卉。因其无碱性，茉莉、栀子等常用。

⑤ 米糠　含磷肥较多，应混入堆肥发酵后施用。用作基肥。

⑥ 鸡粪　含磷丰富，为浓厚的有机肥料，适用于各类花卉尤其适于切花栽培。可用作基肥。

⑦ 蹄片和羊角　是迟效肥。可作基肥，常置于盆底或盆边；也可追肥，可加水发酵，

制成液肥。

（2）无机肥

① 硫酸铵　仅适于促进幼苗生长，切花施用过多易降低花卉品质，使茎叶柔软。

② 过磷酸钙　常作基肥施用。温室切花栽培施用较多。由于磷肥易被土壤固定，可以采用2％的水溶液进行叶面施肥。

③ 硫酸钾　切花及球根花卉需要较多。可用作基肥和追肥。

16.4.3.2　施肥的次数及施肥量

① 基肥用量不要超过盆土的20％，放于花盆的底部和四周。

② 追肥以薄肥勤施的原则，以饼肥和油渣为主。

③ 叶面喷肥，有机液肥的浓度不超过5％，化肥不超过0.3％，微量元素不超过0.05％。

16.4.3.3　追肥原则

① 一般观叶植物以氮肥为主。

② 观花观果类以磷钾肥为主。

③ 球根类花卉宜多施钾肥。

④ 一年多次开花的宿根及木本花卉（香石竹、月季）开花前后应施重肥。

⑤ 喜肥的花卉（如大岩桐）应薄肥勤施。

⑥ 盆花生长旺期1～2周施一次。

⑦ 休眠或半休眠期少施或不施。

⑧ 幼苗期应氮肥为主，孕蕾期应多施磷肥。

⑨ 追肥应于生长期和开花前后进行。

16.4.3.4　施肥禁忌

（1）盆花施肥忌浓肥

一般应按照薄肥勤施的原则进行施肥，以七分水三分肥为标准进行。

（2）盆花施肥忌热肥

盆花夏季施肥，不要在中午或中午前后进行，因为这时盆土温度过高，追肥后容易伤根。一般可选择在傍晚进行，并注意施肥后浇水。

（3）盆花施肥忌生肥

盆花施肥时要注意肥料的腐熟，若施用不经腐熟的肥料，盆土容易生蛆虫、散发臭气、影响卫生、污染环境，而且肥料遇水发酵产生高温，容易伤害根系。

（4）盆花施肥忌坐肥

盆花换盆时，可以施一定量的基肥。但基肥的上面要加一层营养土，或把肥料埋入盆底边土中。不要将植物的根系直接坐于肥上，否则根系容易被烧死。

（5）盆花施肥忌单一

盆花施肥时要求多种肥料配合使用，以防发生缺素症。

（6）无机肥料的使用

要求适宜的pH值和EC值。

16.4.3.5　叶面施肥注意事项

① 尿素、NH_4NO_3、K_2SO_4、KH_2PO_4、过磷酸钙和腐熟后的人粪尿液等溶解度较大

的肥料可以进行叶面施肥。

② 化学肥料施用时要进行稀释，一般加水 200～500 倍稀释。

③ 施肥时应在空气温度较低、空气湿度较大时使用，最好是选择在早晨喷施。肥液在叶面应保留 1h 以上。一般幼嫩的叶片比成熟的叶片吸收快，叶背面比叶正面吸收快。喷时上下左右都要周到。

④ 所用肥料应用水泡好，让其充分溶解，过滤出去不溶物质。同时也可与杀菌剂杀虫剂一起混合使用，能收到较好效果。

16.4.4　灌水

16.4.4.1　浇水量和浇水次数

（1）依据花卉种类

兰科植物、蕨类植物、秋海棠类植物生长期要求丰富的水分。蕨类植物中铁线蕨需水较多，常将花盆放置于水盘中或栽植于小型喷泉之上；肾蕨需水少些，在光线不强的室内，保持土壤湿润即可。仙人掌及多浆植物需水量较少。

（2）依据花卉的不同生长时期

休眠期浇水少或不浇水；从休眠期进入生长季节，浇水逐渐增多；旺盛生长期，充分浇水；开花前浇水量应适当控制，盛花期适当增加，结实期要适当减少。

（3）依据花盆的大小和栽植大小

盆小或植株大者，盆土干燥较快，浇水次数应多些；反之宜少。

（4）依据不同的生长季节

春天浇水多于冬天，草花每隔 1～2d 浇水一次；花木类每隔 3～4d 浇水一次。夏季温室花卉每天早晚各灌一次。放在室外的盆花每天浇水一次。在夏天雨季时，应注意盆内勿积雨水，可在雨前将花盆向一侧倾斜，雨后再及时扶正。秋天露地盆栽植物，水可以减少到每 2～3d 浇水一次。冬季低温温室盆花每 4～5d 浇水一次。

16.4.4.2　浇水方式

① 浇水　浇透。不窝水，不能浇半水（拦腰水）。

② 找水　个别缺水，特别对待。

③ 勒水　过量造成危害，停水松土，干透再浇。

④ 放水　旺季，浇大水，过量无虑。

⑤ 喷水　对长势慢，下层盆土仍含水的植株，用水喷洒其叶面而不浇根系。

⑥ 扣水　换盆伤根易烂的种类，用 60% 含水量的盆土敦实，不浇水。

16.4.4.3　浇水原则

① 宁湿勿干　有些阴湿植物、秋海棠植物，不能缺水，有的生于喷泉处。

② 间干间湿　大部分植物，保持土壤湿润，干湿相间。

③ 干透浇透　浇透一次后，干透再浇，如木本植物，入冬盆花。

④ 宁干勿湿　如仙人掌、肉质类。

16.4.4.4　怎样判断盆花是否缺水

① 敲击法　用手指关节轻轻叩击花盆上中部的盆壁，听发出的声音，若发出比较清脆的声音，表明盆土已干，需要立即浇水；若发出沉闷的浊音，表明盆土还湿润，可不用浇水。

② 目测法　用眼睛观察盆土表面颜色的变化，若颜色变浅或呈现浅灰白色时，表明盆土已干，需要浇水；若颜色变深或呈现深褐色时，表明盆土是湿润的，可不用浇水。

③ 指测法　将手指轻轻插入盆土约 2cm 处摸一下盆土，感觉干燥或粗糙而坚硬时，表明盆土已干，需要立即浇水；若略感细腻松软，还湿润，表明盆土湿润，可不用浇水。

④ 捏捻法　用手指捻捻盆土，若土壤成粉末状，表明盆土已干，应该立即浇水；若土壤成片状或团粒状，表明盆土潮湿，可不用浇水。

16.5　作业与思考

① 加强上盆与换盆后的植株管理，观察其生长表现。

② 什么叫上盆与换盆？操作中应注意哪些关键环节？

实验 17　花卉的无土栽培

17.1　实验目的

了解无土栽培的基本方法、营养液的配制、适合无土栽培的花卉以及无土栽培所需的基本设施。

17.2　实验原理

凡是利用其他物质代替土壤为根系提供另一种环境条件来栽培花卉的方法，就是花卉的无土栽培。在无土栽培环境中，人工配制营养液，用特定的设备（如栽培床）或基质固定植株，花卉不仅可以得到与常规土壤中同样的水分、无机营养和空气，得以正常地生长发育且可人工调控环境，还有利于栽培技术现代化，并节省劳力、降低成本。

17.3　材料与用具

（1）植物材料

盆栽一串红、绿萝、红掌等。

（2）药品及用具

硝酸钾、硝酸钙、过磷酸钙、硫酸镁、硫酸亚铁、硼酸、硫酸锰、硫酸锌、钼酸铵、浓盐酸（0.1mol/L）、氢氧化钠（0.1mol/L）、塑料盆、天平、容量瓶、蒸馏水、蛭石基质等。

17.4　内容与操作步骤

17.4.1　营养液的配制（汉普营养液配制）

（1）大量元素 10 倍母液的配制

称取硝酸钾 7g、硝酸钙 7g、过磷酸钙 8g、硫酸镁 2.8g、硫酸亚铁 1.2g、顺次溶解至 1L。

（2）微元量 100 倍母液的配制

称取硼酸 0.06g、硫酸锰 0.06g、硫酸锌 0.06g、硫酸铜 0.06g、钼酸铵 0.06g、依次溶解后定容至 1L。

（3）母液稀释

将大量元素母液稀释 5 倍，微量元素母液稀释 50 倍后等量混合，用 0.1mol/L HCl 或 0.1mol/L NaOH 调 pH 值至 6～6.5（注意初植时营养浓度应减半，恢复生长后正常浇灌）。

17.4.2 基质的准备

将蛭石放在高压灭菌锅中按灭菌操作程序灭菌后，自然冷却备用。

17.4.3 基质栽培

① 脱盆洗根　将花盆倒扣，用拇指顶住排水孔，将植株连同培养土一起从盆中倒出，然后放入水池中浸泡，使培养土从根际周围自然散开，洗干净根系。

② 浸根吸养　将清洗干净的根系放入稀释好的无土栽培营养液中，进行缓冲吸养培养。

③ 基质填充　将已经消毒的蛭石填入塑料盆后，将植株种植于其中（注意尽量不要窝根），蛭石最后的填充高度至离盆面 2～3cm 处。

④ 营养液灌注蛭石　充分压实后将营养液均匀地浇透基质。

⑤ 固定根系　在基质表面放入石粒或其他材料固定植株。

⑥ 日常养护管理　定期地向盆中浇灌营养液。

17.5　作业

① 观察并记录无土栽培实验结果。

② 什么叫无土栽培？有哪些花卉适于无土栽培？其发展前景如何？

③ 无土栽培中营养液为什么要调节 pH 值？

④ 与常规栽培相比无土栽培有什么优缺点？

实验 18　花坛花境设计

18.1　实验目的

要求通过实习，了解花坛花境在园林中的应用，以及掌握花坛花境设计的基本原理和方法，并达到能实际应用的能力。

18.2　设计原则

原则以园林美学为指导，充分表现植物本身的自然美以及花卉植物组成的图案美、色彩美或群体美。

18.3　设计要求

18.3.1　花坛设计

在环境中花坛可以作为主景，也可以作为配景。形式和颜色的多样性决定了花坛在设计上还具有广泛的选择性。花坛设计应先考虑风格特点、体量大小、形状等各方面与周边环境协调；其次是花坛自身的特点。花坛的体量、大小应与花坛设计处的广场、入口和出口以及周围建筑物的高度成比例，一般不超过广场面积的 1/3，不应小于 1/5。花坛的外轮廓应与建筑物边缘、相邻的路边和广场的形状协调一致；颜色应该与环境不同，既起到引人注目的装饰作用，又与环境协调，融入环境，整体美观。

18.3.2 花境设计

（1）种植床设计

种植床形状一般是线形或弧形的。大小的选择取决于环境空间的大小，一般的长轴不受限制，较大的可以分段（每个<20m 都适当），短轴有一定的要求，根据实际情况而定。种植床有 2%~4%的排水坡度。

（2）背景设计

单面观花境需要背景，根据设置场地的不同，理想的是绿色树篱，墙或棚也可以是背景。在背景和花境之间可以留一定距离，也可以不留。

（3）边缘设计

高床边缘可用自然的石块、砖块、碎瓦、木条等垒砌，平床多用低矮植物镶边，以 15~20cm 高为宜。若花境前面有路，边缘用草坪带镶边，宽度≥30cm。

（4）种植设计

① 植物的选择　全面了解园林植物的形态特征和生态习性，综合考虑园林植物的株形、花期、花色、株高、质感等主要观赏特点。露地宿根花卉可以在当地露地越冬，不需特殊养护且有较长的花期和较高的观赏价值，最好选择露地宿根花卉。

② 色彩设计　色彩设计上要灵活地利用各种花色来创造空间或景观效果。基本的配色方法有相似色（强调季节的色彩特征）、补色（多用于局部配色）、对比色（具有鲜艳热烈的气氛）。色彩设计上要注意与环境、季节相协调一致。

③ 立面设计　选择的植物要有较好的立面观赏效果，能充分体现植物群落的整体美。根据设计原理要求植株高低错落有致，花色层次分明。充分利用园林植物的株形、株高、花序以及质地等观赏特性来创造出丰富美观的立面景观。

④ 平面设计　平面种植采用自然块状混植方式，每块为一组花丛，各花丛大小有变化，将主花材植物分为数丛种在花境不同位置。

18.4 实习方法

① 分小组分区调查当地主要街道和绿地花坛花境类型或形式，并选取 2~3 个较好的花坛或花境实测与评价。主要以国庆节、"五一"为主要时期集中调查。

② 在某处设计一国庆花坛，花材自选。说明定植方式、株行距、用花量及养护管理措施。

18.5 作业

① 比较花坛与花境异同点。

② 完成花坛花境调查报告（每小组一份）。

③ 每人完成一套花坛、花境设计图，包括总平面图 [1：（500~1000）]、施工图 [1：（20~50）]、立面图（比例尺与平面图同），复杂的花境或花坛画出断面图 [1：（20~30）] 及其设计说明书。

实验 19 园林树木秋冬季养护技术

19.1 实验目的

园林树木秋冬季养护工作是园林绿化养护的主要内容之一。通过教学，要求学生了解树木秋冬季养护的意义及主要工作内容；掌握树干涂白原料的配制及使用技术，以及防寒措施、抹芽除蘖、树干修补（根据情况选做）。

19.2 材料与用具

毛刷、塑料桶、枝剪、石灰、硫黄等。

19.3 内容与操作步骤

19.3.1 树干涂白

（1）石灰硫黄涂白剂

配方比例为生石灰 100kg、硫黄 1kg、食盐 2kg、动（植）物油 2kg、热水 400kg。配料中要求生石灰色白、质轻、无杂质，如采用不纯熟石灰作原料时，要先用少量水泡数小时，使其变成膏状无颗粒最好。把消化不完全的颗粒石灰刷到树干上，会在树干上继续消化吸收水分放热而烧伤树皮，对光皮或薄皮的树木更应该引起注意。硫黄粉越细越好，最好再加一些中性洗衣粉，约占水重的 0.2%～0.3%。调制方法：先用 40～50℃ 的热水将硫黄粉与食盐分别泡溶化，并在硫黄粉液里加入洗衣粉。将生石灰慢慢放入 80～90℃ 的开水慢慢搅动，充分溶化。石灰乳和硫黄加水充分混合，加入盐和油脂充分搅匀即成。涂白液要随配随用，不要存放时间过长。

（2）涂白操作

用毛刷蘸取适量涂白液均匀涂刷树干。涂白要均匀，高度要统一，浓度要适当。涂刷树皮缝隙、洞孔、树杈等处要重复进行，以防涂刷流失、刷花刷漏或干后脱落等。

（3）树干涂白的作用

灭菌，防止细菌感染，加速伤口愈合。杀虫，防虫，杀死树上的越冬虫卵和蛀虫。因为害虫一般都喜欢黑色且肮脏的地方，不喜欢白色、干净的地方。树干涂上白色的石灰水，土壤中的害虫不敢沿着树木爬树，也防止树皮被动物咬伤。防冻害和日灼。在冬天，温度低；在白天，由于太阳光的照射，温度升高，并且树干是深棕色，容易吸收热量，树干温度也迅速上升。这样的一冷一热，使树干容易破裂。特别是大树，树干粗，颜色深，组织韧性差，更容易分裂。涂层石灰水，石灰是白色的，可以使 40%～70% 的太阳光被反射掉，所以树干在白天和夜晚的温差不大，不容易开裂。延迟果期和开花期，防止早期霜冻损害。方便夜间行走，树木刷成白色，会反光，夜晚的行人，可以更清晰地看到道路，并发挥景观美化的作用，给人非常整洁的感觉。

19.3.2 防寒

根据树木的耐寒状况，用稻草、土工布等材料对树木的树干进行包扎。要求根茎部分要完全包扎，树干部分包扎要紧实、美观。

（1）覆盖法

入冬前用稻草或草绳将不耐寒的树木或新栽的树木的主干包起。卷干高度在 1.5m 或至分枝点处，包草时半截草身留在地面，从干基折上包起，用绳索扎紧，既可保护树干，平铺地面的草又可使土壤增温。对于不耐寒的树木（尤其是新栽树），要用草绳道道紧接地卷干或用稻草包裹主干和部分主枝来防寒。每隔 10~15cm 横捆一道，逐层向上至分枝点。必要时可再包部分主枝。

（2）培土法

苗木整个冬季埋在土壤中，使苗木及苗床土壤保持一定温度，不受气温急剧变化和其他外界不良因子影响。同时，又可以减少苗木水分的蒸腾和土壤水分的蒸发，保持一定的土壤水分，有利于保持幼苗体内的水分平衡。培土应在苗木已停止生长，土壤冻结前 3~5d（立冬前后），气温稳定在 0℃左右进行。培土应选用细碎的土壤，使枝条和土壤表面接触，保证枝条不外漏、土壤不透风，不能出现空腔和裂缝现象；取土需从作业道上选用持水量高的土壤，不能使用畦面土，即定植穴内的土，避免损伤根系使苗梢向一边倒，不要从苗上头向下盖土。覆土要均匀，埋严实，以免土壤透风引起冻害，一般床面南侧迎风面适当加厚覆土。

（3）熏烟法

一般在晴天的夜里进行，点燃草堆，利用烟雾减少土壤热量散失，温度过低时使用此法效果不明显，而且会对环境造成一定的污染，所以此种防寒措施在靠近市区的地方尽量避免使用。

（4）灌水法

在土壤封冻前浇一次透水，土壤含有较多水分后，严冬表层地温不至于下降过低、过快，开春表层地温升温也缓慢。浇返青水一般在早春进行，由于早春昼夜温差大，及时浇返青水，可使地表昼夜温差相对减小，避免春寒危害植物根系。

（5）施肥法

减少氮肥，增施磷、钾肥，增加抗寒力等。

19.3.3　除蘖

从根基部剪除根蘖，并抹除树干的嫩枝。

19.4　注意事项

① 注意对眼睛的保护，严防涂白液时溅入眼睛。

② 穿戴好保护服和手套。

③ 及时清洗工具。

19.5　作业

① 树干涂白的作用是什么？

② 树干涂白液如何配制？

③ 记录实验全过程。

实验 20　园林植物有性杂交技术

20.1　实验目的

通过实验，学习并掌握去雄、套袋、授粉等有性杂交技术，为开展园林植物杂交育种工作打下初步基础。

20.2 实验原理

遗传性不同的个体之间有性杂交是基因重组的过程。通过杂交技术可以把不同亲本控制的有利基因综合到杂种个体中，使杂种个体既具有双亲的优良性状，又在生长势、抗逆性、生产力等方面有优势，甚至超越其亲本，从而获得新性状，更符合人类需要和育种目标的实现。

20.3 材料与用具

（1）材料
百合、矮牵牛、金鱼草、月季、菊花等植物的不同品种。
（2）用具
镊子、毛笔、花粉瓶、标牌、隔离纸袋、回形针、酒精、记录本等。

20.4 内容与操作步骤

（1）亲本的选择与选配
依据育种目标和选择、选配亲本的原则来选择和选配亲本。
（2）亲本植株和花朵的选择
杂交亲本植株要求发育正常、生长健壮、无病虫害且具有该品种典型特征。母本植株应选开花结实性强的优良单株，若母株数量较多时，尽量不要在路旁或人流来往较多的位置上选择，以保证杂交工作的安全。选择健壮花枝中上部即将开放的花蕾作为杂交的花朵，每株（或每枝）保留 3～5 朵花，种子和果实小的可适当多留一些，多余的花蕾、已开放的花朵、果实全部摘去，以保证杂交果实的顺利生长与成熟。
（3）花期调整
杂交时，若两个亲本存在花期不遇的情况，则需要对其开花期进行调整或收集父本花粉进行贮藏。在调整花期前，掌握影响该植物花期的主导因子，然后再采用相应的技术措施进行调整。一般可用调整播种期、摘心整枝等栽培措施或调节环境因子如温度、光照或采用 NAA、IBA 等植物生长调节剂等手段对植物进行喷洒，使开花时期能满足杂交要求。
（4）去雄、套袋
对于自花授粉植物，为防止两性花的品种自花授粉，杂交前需将花蕾中未成熟的雄蕊去除。去雄方法：用镊子剥开花瓣夹住花丝，将雄蕊全部去除，同时注意尽量不要碰伤雌蕊。去雄时，若工具被花粉污染，必须要用 70% 的酒精给镊子消毒，去雄后马上套袋隔离以免其他花粉授粉。虫媒花可用细纱布袋，风媒花用纸袋。袋子可以两端开口，套上后上端口向下卷折，用曲别针夹住，下端口扎在花枝上，扎口周围垫上棉花，以防夹伤花枝。有些不需要去雄的母本花朵，也需要套袋，以防外来花粉授粉。套袋后挂上标牌，注明母本名称、去雄人名字和去雄日期。
（5）花粉采集贮藏
对于父本来说保证父本花粉的纯度是杂交授粉的关键。在取花粉前应对将要开放且发育良好的花蕾或花序进行套袋隔离（将已开放的花朵摘除），防止掺杂其他花粉。待花药成熟散粉时，可直接采集父本花粉或父本花朵，给母本授粉；对于高大的乔木，直接采集花粉比较困难，可以把花序剪下，于室内阴干后，收集花粉备用。对于父母本花期不能相遇或亲缘关系较远的植物种类，如果父本开花早于母本，可先将父本花粉收集后低温储藏，待母本开花时再进行授粉，这样可以打破杂交育种中父母本在时间上和空间上的隔离，扩大杂交育种的范围。

（6）授粉

观察母本柱头，若发现母本柱头分泌黏液或发亮时，即可授粉。可用毛笔、棉球等作为授粉工具，也可用镊子夹住父本花丝（已开裂花药）轻轻碰触母本柱头；对于花粉多而且干燥的风媒花，可用喷粉器授粉。为保证授粉成功，可重复授粉 2～3 次。授粉工具每授完一种花粉后，必须用 75％酒精消毒，再授另一品种花粉。授粉完成后立即套袋，并在挂牌上写清父本名称、授粉日期、授粉次数等。几天后若发现柱头出现萎蔫、子房出现膨大现象，便可将套袋除去，以免影响果实生长。

（7）杂交后的养护管理

杂交后要细心管理，施肥、灌水、病虫害防治要及时。尽可能创造良好的、有利于杂种种子发育的环境条件。对于花灌木要随时摘心、去蘖，以增加营养，提高杂交种子的饱满度。同时要注意观察做好记录，及时防止人为伤害。

（8）杂种种子的采收

由于植物种类不同、品种不同，种子的成熟期有一定差异，必须注意适时采种。对于种子细小而又易飞落的植物，或幼果易被鸟兽危害的植物，在种子成熟前应用纱布袋套袋隔离。杂种成熟后，采收时连同挂牌放入牛皮纸袋中，注明收获时期，分别脱粒储藏。

20.5　结果分析

① 将杂交结果填入表 1-20-1。

表 1-20-1　杂交结果记载表

杂交组合	去雄日期	花粉采集日期	授粉日期	授粉花数	采种日期	结果数	种子数	备注

② 根据杂交过程中遇到的问题，你认为影响杂交结果的因素有哪些？

实验 21　盆景的制作

21.1　实验目的

通过本实验的学习，了解野外采掘树桩常识，掌握野外采掘树桩的方法和步骤。掌握盆景制作的过程和综合运用造型技法。掌握山水盆景制作的步骤和方法。

21.2   材料与用具

（1）材料

适合制作盆景的榔榆、福建茶、红枫、小叶黄杨、紫藤、九里香、雀梅等树桩。

（2）用具

12～22号的铅丝（表1-21-1）、电工胶带、小块纱窗、花盆、栽培介质、铅丝钳、枝剪、普通剪刀、花铲、喷水壶、洒水壶、涂料刷、畚箕、盆、锯、钢丝钳、绳子等。

表1-21-1   铅丝型号与枝干直径对照表

铅丝型号	12	14	16	18	20	22
枝干直径/cm	1.5	1.0	0.6	0.4	0.3	0.2

21.3   实验内容

21.3.1   盆景理论基础

包括盆景美学、盆景科学理论基础、盆景材料与工具等内容。

21.3.2   树木盆景的制作

包括树桩采掘与培育、树桩造型、上盆技艺和养护管理等内容。

21.3.3   山水盆景的制作

包括山石的选择、加工、布局、胶合、种植点缀、养护管理等内容。

21.4   操作步骤

21.4.1   树木盆景的制作

21.4.1.1   树木盆景的制作步骤

① 根据要求或野外采掘的植物材料进行立意，设计树形，并画出草图。

② 根据造型要求，综合运用剪、扎、雕或提等造型方法进行造型。

③ 根据立意和设计图，选择适宜的植株进行配植、上盆点缀并给予命名。

④ 最后进行养护管理，主要包括施肥、灌水、病虫害防治等。

21.4.1.2   榔榆曲干式盆景制作步骤

（1）蟠扎和修剪

造型前先仔细揣摩树形，可以做成曲干式盆景，初步修剪后开始蟠扎。蟠扎顺序一般从下到上，从粗到细，把铅丝固定在主干与第一主枝的分叉处，铅丝延着枝干逆时针方向缠绕，注意要求避开叶片，铅丝与枝干缠绕呈45°，间隔一致。松紧适宜，若太松不利于造型，也会由于铅丝滑动而损伤枝干；若太紧对植株生长不利，甚至会缠死枝条。铅丝缠好后再弯曲枝条，两手配合，顺着铅丝缠绕的方向，向下按压并向左扭转，找准着力点，缓慢多次，使其木质部和韧皮部都得到一定程度的松动，否则不易造型且容易伤害枝条。

完成一根主枝造型后，如果需要对其他主枝进行造型也可按照上面的方法进行。先固定好铅丝的起点，顺着枝干顺时针缠绕铅丝，向右扭转枝条并向下按压定型。仔细审视树姿，如果左边的主枝生长太平行，需要向下弯曲，将铅丝的起点固定好，沿着枝干将铅丝顺时针缠绕，向右扭转并向下用力按压。如果后侧生长的主枝造型不好，也需要弯曲调整，以便符合整个造型的需要，选取长度和粗细合适的铅丝，太细会弯力不够，太粗则容易折断枝条，将铅丝固定好，沿枝干顺时针缠绕，向右用力扭转，并向下按压枝条，确保扭转后的铅丝能充分受力收紧，保护枝干安全，不断弯曲调整枝条，力求枝条能处理得自然天成。

完成蟠扎后，需要对枝叶进行修剪，应剪去生长过快的徒长枝叶，有病虫害的枝叶也要剪去，另外一些影响美观的平行枝、交叉枝、对生枝和轮生枝等，要经过仔细考虑，剪去一部分。修剪顺序是由下而上，先用枝剪进行粗剪，再用普通剪刀进行细剪。枝叶的生长方向可通过预留芽口来调节，预留的芽，需离开芽 1cm 处剪断上部枝条，以防剪口受伤，影响新芽萌发。经过修剪后，枝叶造型层次分明，枝干曲折有致，并能调节养分和水分的供应，改善通风透光条件，减少病虫害发生。仔细检查，对个别小侧枝进行适当蟠扎处理，进一步完善造型。

蟠扎 1 年左右，可解除铅丝，否则铅丝易嵌入皮层造成枯枝。

（2）选盆和上盆

① 选盆 在树木盆景中，树木和钵体的大小、形状、色泽要协调一致。紫砂盆配曲干式盆景，刚柔相济，曲直和谐。选择合适盆体，用塑料纱窗垫盆底，将大块的煤渣敲碎，在盆底先铺垫一层排水层，方便排水，增加透气性。

② 上盆 用手拍打盆体，使土壤疏松，用手指顶住花盆底部的排水孔，将榔榆老桩用力脱出原盆，用铁钎拍打松动土球，保留主干基部的土壤，切断下面的老根，用剪刀去除边缘的一些老根。在盆中先添加已经配制好的培养土，将榔榆放在盆面一侧，再加营养土，树干基部土面略高，四周略低，使地势稍有起伏变化，压实盆土，剪去露出盆土的须根，用洒水壶浇透水，直到水从盆底出水孔流出。

（3）铺苔和点石

在盆面点缀一些青苔和点石可表现出大自然的趣味。紧贴土面分块铺设青苔，过一段时间青苔会连成一片。在树根基部放上石头，既能体现以小见大、平衡重心的作用，又能体现树石的雅趣。再搭配上体量合适的长方形几架则更符合盆景艺术的"一景、二盆、三几架"。由于树干扭曲似游龙，枝干层次分明，"屈作回蟠势，蜿蜒蛟龙形"，故命名为"若飞若舞"，这也是此盆景的生动写照。蟠扎或上盆后 7～14d 内要浇透水，叶面经常喷水，放在阴凉处精心养护。缓苗后放在阳光下生长，注意保持盆土潮润，定期修剪，保持树形优美。

（4）注意事项

① 开始动手前一定要仔细观察原有的盆景造型或认真审枝定势。

② 修剪不要一次性完成，要注意多次进行。修剪要留有一定的余地，要能事先控制好生长的方向。

③ 铅丝起点要固定牢，扭转方向要与缠绕方向一致，注意尽可能不要弄伤树皮。

④ 铅丝蟠扎要绕开一些枝叶，以免压伤。

21.4.1.3 岭南（大树型）盆景的制作

（1）树桩的挑选

① 选择容易造型的树种。

② 挑选具有造型因素的树仔头。

（2）树桩的改造

一般采用因树造型的方法，即根据树坯的特点，最大限度地利用树坯的有利因素进行改造。

树坯的改造包括树根、干枝的全面修改。

树根：一般选留顺畅的与树体连成一体的根系，根据树势保留适宜的长度，盘根、太长的根应剪短剪薄，以便今后能够方便地种入浅盆内。

干枝：根据树势，选留适宜的主干，主干要求一节一节地缩小，这样才能达到以小见大的效果。充分利用树坯上有用的枝托，一般选留1～2段。

（3）树桩的种植

经过改造的树坯应立即进行种植，可以地栽也可以盆栽。地栽具有生长快，枝托容易形成，可缩短成型时间等优点。盆栽具有管理细致，枝托控制得好，树身显得老，更具艺术价值等优点。

（4）培育

包括促进桩头快速生长、用截干蓄枝法造型。

① 稳定桩头的生长势　在恢复期，要尽量保持每一枝每一叶，并任其自由生长，一般在第二年春桩头萌芽前进行选枝定托。

② 培育主干　又称以侧代干，将桩头截干后，用树干上长出的新侧枝培育成主干的工艺称为以侧代干。

③ 蓄育侧枝　桩头经过精心养护管理，选枝定托后再进行培育枝条的技艺称为蓄枝。蓄枝时必须密切关注每一枝条的长势与伸展方向，当它的大小达到比例要求时，再进行剪截。

④ 日常管理　枝条剪截后经过一段时间就开始萌动，待芽头苗壮后，要及时将多余的芽苞抹掉。清理徒长枝、病枯枝等有利于集中枝条的生长优势。雀梅等盆景树种清理修剪伤口能够克服干枯坏死等现象。

⑤ 带枝　枝条有弯曲才能表现出苍劲老辣。为使枝条的枝脉流畅，要求枝条每段的弯曲的夹角在30°～40°。方法是用铁线等将枝条蟠扎带弯。

⑥ 上盆栽植　一般等到主要枝托已有2～3段时上盆栽植。

（5）日常修剪

① 盆景的形式　分析盆景艺术形式，观察其主干、侧枝、根等的造型，根据其造型继续修剪。

② 构思与绘图　若之前已有构思的草图，那么仔细分析原图，按其构思进行蓄枝截干修剪。若原来没有草图，那么按树头的形态、气势，先打腹稿并将腹稿绘成图，再按构图来截干蓄枝。

③ 主干的修剪　主干形成树形，要求树干形体自然流畅。一般截干后要经过5～8刀才能结顶。自第一刀开始一般要求一节比一节短，一节比一节小。一般相邻节间大小相差一半左右，会使树看起来更具有艺术美。当树尾的大小达到以上比例时应立即截短。

④ 枝托的修剪　为使造型显得生动又合比例，每个枝托的各节间的比例做成一节比一节长。整个枝托从上往下看应呈三角形，从正面看应平向外伸展。由枝托构成的树体呈三角形的树冠，适当将其中的一枝托变形，做成飘枝、垂枝等形态则更显活泼。树尾的枝修剪成平顶，才显得老熟老练。

21.4.2　山水盆景的制作步骤

① 根据要求立意选用石料，或者在现有的石料基础上立意，并画出草图。

② 然后根据构图要求，对石料进行锯截、雕琢，将山石组合好后进行布局、胶合并上盆。

③ 最后在山石上配植植物或点缀其他配件并命名。

21.5 盆景材料与风格说明

21.5.1 盆景材料

21.5.1.1 常用适宜制作盆景的植物材料

（1）松柏类

日本五针松、黄山松、锦松、罗汉松、水杉、桧柏、铺地柏、绒柏、柏木、红豆杉等。

（2）观叶类

三角枫、红枫、黄杨、雀梅、朴树、九里香、福建茶、银杏、冬青、凤尾竹、佛肚竹、紫竹、榕树、柽柳、小叶女贞、黄荆、棕竹、苏铁等。

（3）花果类

山茶、金雀、贴梗海棠、梅、碧桃、紫薇、西府海棠、迎春、桂花、杜鹃、石榴、六月雪、火棘、南天竹、金桂、枸骨、金弹子、胡颓子等。

（4）藤本类

凌霄、常春藤、紫藤、忍冬等。

21.5.1.2 制作山水盆景的石料

盆景石料可分为软质与硬质两大类。软质石料包括砂积石、芦管石、浮石、海母石等。硬石石料有英石、斧劈石、木化石、钟乳石、龟纹石、汤泉石等。

21.5.2 盆景的流派及风格

21.5.2.1 树桩盆景的流派及风格

盆景风格各异，流派众多。目前，我国盆景的主要流派有岭南派、扬派、苏派、川派、海派、浙派、徽派、通派。

（1）岭南派

广东、广西、福建一带的盆景。代表人物有孔泰初、陆学明等。常用树种有榕树、椰榆、九里香、福建茶等。技法上采取蓄枝截干，艺术风格是苍劲自然，飘逸豪放。

（2）扬派

江苏扬州、泰州等地的盆景。代表人物是万觐棠、王寿山。常用树种是松、柏、榆、黄杨等。造型特点是云片、寸枝三弯。采用棕丝蟠扎，精扎细剪。具有严整壮观的艺术风格。

（3）苏派

苏州、无锡、常熟等地的盆景。代表人物是周瘦鹃、朱子安。常用树种有雀梅、椰榆、梅花、石榴等。造型特点是圆片，采用棕丝蟠扎，粗扎细剪。艺术风格是清秀古雅。

（4）川派

成都、重庆、灌县等地的盆景。代表人物是李宗玉、冯灌父、陈思莆等。常用树种有金弹子、六月雪、贴梗海棠、银杏等。以规则型为主，讲究身法（树干造型），也采用棕丝蟠扎。艺术风格是虬曲多姿、典雅清秀。

（5）海派

上海一带的盆景。代表人物有殷子敏、胡运骅。常以松柏类为主，造型特点是自然型和微型，采用金属丝蟠扎。艺术风格为明快流畅、精巧玲珑。

（6）浙派

杭州、温州等地的盆景。代表人物是潘仲连、胡乐国等。以五针松为主。造型特点是高干型合栽式，技法上针叶树以扎为主，阔叶树以剪为主。艺术风格是刚劲自然。

（7）徽派

安徽绩溪、休宁等地的盆景。代表人物是宋钟玲。多以梅为特色，以黄山松、桧柏为代表。造型特点是用棕皮树、筋等材料蟠扎，粗扎粗剪。代表树型有"游龙式""Z字形弯曲"等。造型雄厚、苍劲。

（8）通派

江苏南通一带的盆景。代表人物为朱宝祥。常以罗汉松、桧柏等树种为主要材料。采用棕丝蟠扎，精扎细剪，枝叶扎成片状。造型特点是"两弯半式"。艺术风格庄严雄伟、层次分明。

除了上述主要流派以外，目前尚有许多地区的盆景已经形成或正在形成独特的艺术风格。

（9）湖北风格

以武汉市为中心，包括荆州、黄石、沙市等地的盆景。常用树种有白蜡、三角枫、榆树、水曲柳等。造型特点是制成"风吹式"，具有洒脱清新、飞扬的动势。

（10）河南风格

以郑州为中心，包括开封、洛阳等地的盆景。常用柽柳、黄荆、石榴等树种为素材。其造型有"垂枝式""朵云式"等多种。具有古朴、潇洒、刚柔相济的艺术特点和风格，以及对比的艺术效果。

（11）福建风格

包括福州、泉州、厦门等地的盆景在内。福建盆景受岭南派的影响比较大，同时也吸收了扬派和苏派盆景精华。常以榕树、福建茶、九里香为素材。在造型技法上以修剪为主，粗扎细剪而成。有悬崖式、悬根式和附石式等造型，具有朴拙自然、奇特豪放的艺术特点。

（12）北京风格

北京的盆景有了长足的发展。代表树种有鹅耳枥、元宝枫等。荆条盆景古朴，小菊盆景最富北京特色，讲究色、香、姿、韵，自然流畅。

（13）贵州风格

贵州盆景发展比较晚，但近年发展势头大。贵州树木盆景以本地产的火棘、枸子最有特色。其造型朴实自然，富于野味。

21.5.2.2　山水盆景的风格

中国山水盆景由于各地山川地貌、自然环境、山石资源、民俗风情、文化修养、艺术基础及欣赏水平的不同，各地山水盆景的意境构思、造型手法就各有异同。总的来说，南、北方山水盆景形成鲜明的风格特点。南方山水盆景表现秀丽的江南风光、名山胜景，以秀丽精巧取胜；而北方山水盆景则表现辽阔壮丽的北国山河、奇峰峭壁，以雄伟、浑厚见长。

（1）上海风格

以江南风光、皖浙名山为题材，常用斧劈石、英石、砂积石、海母石等为材料。其布局为平远式、高远式，以小叶常绿树、五针松、虎刺点缀，具有气势磅礴、精巧玲珑等艺术风格。

（2）江苏风格

题材广泛，以表现山水、园林风光。石料除本地产的斧劈石外，还采用浙江、山东产的砂积石、芦管石、石笋石，以及广东、四川产的英石、砂片石等。布局多为偏重式、开合式，点缀植物有瓜子黄杨、六月雪、金雀等，具有气势磅礴、动感强烈的艺术风格。

（3）四川风格

题材以表现巴蜀秀丽的山水为主。石料多选用当地产的砂片石、龟纹石、芦管石和砂积石。布局以高远式与平远式最多，注重铺苔、布树，具有幽、秀、险、雄等艺术风格。

（4）湖北风格

以长江两岸及其他自然景观为题材。石料多选用芦管石和黄石等。布局为重叠式等，具有景色秀丽、雄浑壮观的艺术特点。

（5）广西风格

广西山水盆景受当地的自然山水风光影响比较大，以南宁、桂林山水为主。石料多采用钟乳石、石笋石等。布局多模仿真山真水，姿态自然，具有清、通、险、阔的艺术风格。

（6）广东风格

题材多临摹南国风光、自然景色。石料以英石、海母石为主，常借鉴假山堆叠的艺术手法，其间点缀"山公仔"配件，具有姿态多样、气势宏大等艺术风格。

（7）福建风格

题材多表现武夷山水。石料以海母石为主。讲究雕凿和透、漏、瘦、皱，具有清秀淡雅、气势雄伟的艺术风格。

（8）沈阳风格

多表现气势宏伟的北国风光。石料为木化石、江浮石等。布局多用偏重式、开合式等，常栽植松柏类植物，具有气势宏伟、颇具画意的艺术风格。

（9）山东风格

题材多表现北国山河的风光。以崂山绿石、斧劈石为石料。布局不拘一格，具有雄伟奇特的艺术风格。

21.6　盆景的修剪与蟠扎说明

21.6.1　修剪时期与方法

21.6.1.1　修剪时期

修剪应适时适树，一般落叶树，四季均可以修剪，但最好在树叶落叶后萌芽前修剪；当年生新枝条上开花的树种，如海棠等，最好在萌发前修剪；一年生枝条上开花的树种最好在开花后修剪；生长快速发芽能力强的树种一年四季均可以修剪；松柏类树种，为防止剪后流松脂选择在冬天修剪。

21.6.1.2　修剪方法及其反应

摘、截、缩、疏、雕和伤是盆景修剪常用的方法。在修剪方法上应修剪与蟠扎相结合，在修剪时期上应夏剪与冬剪相结合，各种具体剪法综合应用。

（1）摘心与摘叶

摘心是指生长期将新梢顶端幼嫩部分去除。摘心有助于腋芽萌动多长分枝，扩大树冠。新枝生长期摘心有利于养分积累和花芽分化。摘叶有助于枝叶疏朗，提高观赏效果。

（2）截

短截是指将一年生枝条剪去一部分的方法。根据剪去部分的量的多少可分为短截、中短截和重短截。

（3）回缩

将多年生枝条截去一段称为回缩。

（4）疏

将一年生或多年生枝条从基部剪去称为疏。

（5）雕

为使老桩形成枯峰或舍利干，显得苍老奇特，需要对树干实行雕刻。依造型要求用凿子或雕刀将木质部雕成自然老化的形态，也可以用饴糖引导蚂蚁啃食木质部达到雕刻的目的。

（6）伤

凡用各种方法破伤树干或枝条的皮部或木质部，均称为伤。

总之，修剪原则是因材修剪，因枝造型，弱则扶之，强则抑之，枝疏则截，枝密则疏，扎剪并用，剪截并用，以达到造型、复壮的目的。

21.6.1.3 造型注意事项

① 如果悬崖式造型中背上枝生长势过强或留之过大，那么就要及时调整树势，减少背上枝的养分和水分，使悬崖造型不至于遭到抑制和破坏。

② 有轮生习性的树种要求按最佳角度选留 1～2 个分枝，其余全部剪去。

③ 根部重缩的大苗，初栽时要以养为主，不适合重剪，待复壮后再进行造型也不迟。着生于主干两肩等高的扁担枝，要去一留一。如果分枝过少不能疏去时，要以一抑一扬或转换伸展方位等手法扭变角度，以免呆板，使其生动活泼。

④ 主干正面的顶心枝尽可能剪除，并防止将分枝完全反向倒扭穿过主干，形成门闩枝。上下分枝与主干之间在结构上要防止出现三角交叉。当采用棕法蟠扎片子时，其着力点应禁止上片吊挂下片。枝片伸展方向和角度不要相同，要按上伸、中平、下垂的原则处理。

21.6.2 盆景造型

21.6.2.1 金属丝蟠扎

（1）退火

使用铁丝蟠扎时，使用前先在火上烧一烧，让其自然冷却再使用。

（2）蟠扎时期

蟠扎时期非常重要，否则枝条容易折断，树势变弱甚至枯死。一般来说，在 9 月至翌年萌芽前蟠扎是针叶树种的最佳时期。在休眠期过后或秋季落叶后蟠扎是落叶树种的较好时期。一年四季均可蟠扎适用于一些枝条韧性大的树种。

（3）蟠扎技巧

主要是主干、侧枝的蟠扎技巧。

① 主干蟠扎

Ⅰ.依据树干的粗细选择适度粗细的金属丝。金属丝的长度要适宜，一般所截金属丝的长度为主干高度的 1.5 倍。

Ⅱ.缠麻皮或尼龙捆带。蟠扎时为防金属丝伤害树皮可以蟠扎前先用麻皮或尼龙捆带缠于树干上。

Ⅲ.金属丝固定。将金属丝的一端缠在根颈与粗根的交叉处来固定，也可把截好的金属丝一端插入靠近主干的土壤根团里来固定。

Ⅳ.缠绕方向、角度与松紧度。若使树干向左扭旋拿弯，金属丝则逆时针方向缠绕，反之，则按顺时针方向缠绕。金属丝与树干成 45°。

Ⅴ.拿弯。拿弯时要双手配合，用拇指、食指与中指用力慢慢扭动，重复多次。

② 主枝蟠扎 找准金属丝的着力点是关键。主枝枝片方向，一般第一层枝片弯成下垂姿态，下垂幅度可以大些，越向上越小，直到平展、斜伸。第一层枝片弯成下垂姿态时，如果拉伸强度不够，可用细金属丝或绳子往下拉垂或在枝上悬挂一重物。

③ 蟠扎后的管理 蟠扎后 2～4d 要浇透水分，置于庇荫处，避免阳光直射，每天往叶面上喷水，伤口 14d 内不要吹风，以利于愈合。蟠扎后，一般粗干 4～5 年才能定型，小枝 2～3 年定型。定型期间及时检查，根据生长情况及时松绑（老桩 1～2 年松绑，小枝 1 年松绑），解除金属丝时按照从上到下、从外到内进行。

21.6.2.2 棕丝蟠扎

棕丝与枝干颜色比较协调，蟠扎后不会影响观赏效果，而且也不易碰伤树皮，拆除工作也方便，但蟠扎技术学起来有难度。首先，把棕丝捻成不同粗度的棕绳，将棕绳的中段绑在需要拿弯的枝干下端，将两头相互绞几下，放在需要拿弯枝干的上端，打一个活结；其次，将枝干慢慢弯曲至所需弧度，收紧棕绳打成死结。掌握好着力点是棕丝蟠扎的关键。要根据造型的需要，找准下棕与打结的位置。棕丝蟠扎的顺序，一般遵循的原则是：先扎主干，再扎主枝、侧枝；先扎顶部再扎下部；每扎一个部分时，先大枝再小枝，先基部再端部。

21.6.2.3 铁丝非缠绕造型法

将金属丝紧贴主干，再用尼龙捆带将它们从下往上缠绕在一起，然后拿弯造型。

21.6.2.4 木棍扭曲法

借助木棍机械力来扭曲树干以达到造型的目的。

21.7 盆景养护管理说明

21.7.1 生境管理

生境即生态环境。

① 放置盆景的地势要求通风、干燥，有较为凉爽的小气候。尽量不要有积水，如果出现低洼积水的现象需要人工改造。

② 放置盆景的场所，要求水源充足，能满足桩景对水分的最低要求，而且要求水质纯净、没有污染，水温与盆土温度要相差不大。

③ 要求空气流通好，但盆景要避风，不能放在风口上，周围环境没有空气污染现象。

④ 放置盆景的场地要阳光充足，能满足盆景植物对光照的基本要求。

⑤ 夏季尽可能创造一个凉爽的小气候，有些树种需要放进荫棚内，加强养护管理；冬

季北方地区要有防寒措施。

⑥ 盆景当中的盆土不仅要无病无虫，还要理化性质好，含有丰富的腐殖质，不板结。

⑦ 放置盆景的环境要优美，周围无严重的病虫害，使盆景为环境锦上添花。

21.7.2 盆土管理

21.7.2.1 盆土配制

不同的树种对盆土的要求不尽相同，但通常的标准是土壤团粒结构较好，有一定的保肥、保水能力，不板结。

21.7.2.2 翻盆

（1）翻盆年限

① 树种　生长旺盛且喜肥的树种，翻盆的次数要多些，间隔的年限要短些；观花观果类树种，需要每年翻一次或隔一年翻一次。生长较为缓慢者，需肥较少，翻盆次数也可少些，间隔时间可长些，如松柏类，3～4年翻盆1次，松柏类老桩不宜多翻。

② 树龄　不同树龄翻土次数不同，一般老龄树4～5年翻1次，成年树2～3年翻1次，幼树1～2年翻1次。

③ 规格　不同规格的盆景翻盆次数不同，一般大型盆景3～5年翻1次，中型盆景2～3年翻1次，小型盆景1～2年翻1次。

（2）翻盆时间

翻盆时间一般都在早春的2～3月或晚秋的10～11月进行。

（3）翻盆方法

翻盆时盆土的干湿度要适宜，一般选择在盆土不干不湿时进行。具体方法：先用花铲剔除盆内四周部分盆土，再将盆倒扣过来，用手敲击盆底，或将盆沿轻轻磕碰一下，使树木连根带土全部倾倒出来。

翻盆时最好结合修根，可根据以下情况考虑。

如果树木的新根发育不良，根系尚未布满土团和底面，此时翻盆时仍用原盆，不用修根，仅加些新土即可。如果树木的须根密布土团于盘底上，则需更换稍大一号的盆，疏剪密集的根系，去掉大部分的老根，一般去掉原盆土2/3左右，保留少数新根进行翻盆。另外，一些老桩盆景，为增强其观赏效果，在翻盆时可适当提根，剪去部分老根和根端部分，再培以疏松新土来促发新根。对于松柏类树种，伸长的细根较多，可酌量剪去根端1/5～1/4的量，而竹类、黄杨因其须根发达应剪去根端全部，以控制须根过密。无论哪种树种，一旦发现腐根、病根都应剪去。根系发育不良，底土结构松散者，要防止土团散落。

21.8 作业

① 桩景创作的基本技艺有哪些？

② 山水盆景制作技艺有哪些？

③ 树桩盆景的养护管理措施有哪些？

④ 山水盆景养护管理要点是什么？

⑤ 制作树桩盆景的植物材料应具备哪些条件？主要有哪些？

⑥ 软质石料与硬质石料各有何特点？软质石料有哪些？硬质石料有哪些？

⑦ 盆景的五大流派是指的哪些盆景流派？它们的造型特点及艺术风格怎样？

实验 22 插花艺术

22.1 实验目的

通过该实验掌握东方插花、西方插花、现代插花的艺术形式的表现手法，掌握插花艺术的基本构图原理，通过实验训练能灵活利用插花设计的原理独立设计插花作品。

22.2 实验原理

东方式插花艺术的基本构图风格为不对称自然式构图形式。作品造型讲究变化有致，高低错落，俯仰得体，动势呼应，刚柔相济，主次分明，曲直虚实。除此，还要符合植物自然生长规律，注意线条的应用，借鉴参差不齐、虚实相生等艺术手法。

西方式插花艺术的基本构图风格为规则的几何图形。作品讲究用花量大，多以草本、球根花卉为主，花朵丰满硕大，给人以繁茂之感。构图多用对称均衡或规则几何形，追求块面和整体效果，极富装饰性和图案之美。色彩浓重艳丽，气氛热烈，有豪华富贵之气魄。还要注意西方式插花对花材、花型及色彩的要求，做到外形规整，轮廓分明；层次清楚，立体感强；焦点突出，主次分明。

22.3 材料与用具

（1）材料

鲜切花数种，如月季、菊花、百合、唐菖蒲、康乃馨、非洲菊、各种树枝等。

（2）用具

花泥、剑山、枝剪、铁丝、绿胶带、折叠刀、丝带等。

22.4 内容与操作步骤

22.4.1 东方式插花艺术

22.4.1.1 直立式

在三主枝的构图中，第一主枝近于垂直地插入容器中，第二主枝和第三主枝以一定的角度倾斜插入第一主枝的两侧。这种构图形式主要表现刚劲挺拔或亭亭玉立的姿态，给人以端庄稳重的艺术美。如果三主枝间夹角进一步缩小，则表现向上伸展的意图更加强烈（图 1-22-1）。

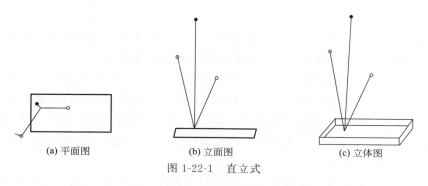

(a) 平面图   (b) 立面图   (c) 立体图

图 1-22-1 直立式

22.4.1.2 倾斜式

在三主枝构图中，第一主枝以倾斜 30°～70°插入花器的一侧，第二主枝可斜也可直立，可以插在第一主枝的（另一侧）反向，为平衡整个花型，可稍向后倾斜。第三主枝同第二主枝一样，可倾斜可直立，位置稍微偏向右边，插在第一主枝与第二主枝的中间。整个构图富有动感，看起来就像风雨过后那些被风雨吹压弯曲的枝条，再一次伸腰向上生长，蕴含着不屈不挠的顽强精神，又有花木临水"疏影横斜"的韵味，姿态清秀雅致，意境深远。第一主枝多选用造型优美的木本枝条，如梅、碧桃、榆叶梅、连翘、松柏、紫杉等（图 1-22-2）。

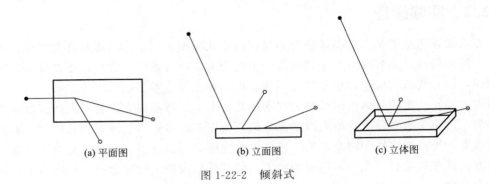

(a) 平面图　　　　(b) 立面图　　　　(c) 立体图

图 1-22-2 倾斜式

22.4.1.3 平展式

第一主枝以倾斜 70°～120°的角度插入花器，贴进花器水平伸展，插制的范围宽于倾斜式，均控制在水平线上，稍向前或向后。第二主枝插在第一主枝的另一侧，可以倾斜可以直立，以平衡第一枝。第三主枝与第二主枝相同，水平或横向插入前两个主枝之间，可与第一主枝在同一方向。两侧主枝可等长对称，也可以不等长对称。整体构图着重表现横向和斜向线条组合的造型美，给人恬静安适，平稳延伸，舒展流动的感受。平展式插花的平衡性很难掌握，应尽量注意花枝间的平衡关系（图 1-22-3）。

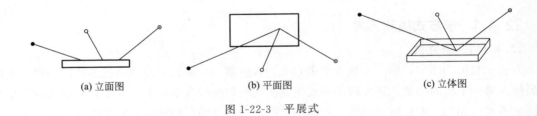

(a) 立面图　　　　(b) 平面图　　　　(c) 立体图

图 1-22-3 平展式

22.4.1.4 下垂式

第一主枝向下悬垂，第二、第三主枝斜插。主要表现主枝，尤其是第一主枝，飘逸流畅的线条美，形如高山流水，瀑布倾泻，又似悬崖上的葛藤垂挂。

第一主枝插入的位置是由上向下弯曲在平行线以下 30°～120°范围里。花枝可适当保持弯曲度，使作品充满曲线变化的美感。例如用常春藤，可疏去部分叶片，减轻枝的重量，让其自然下悬；也可用金属丝对常春藤作机械弯曲，同样能收效。如果使用的是花枝，花头的朝向应与视线一致。视角高的，花头朝下；视角低的，花头朝上。花的观赏面要对着人的视觉点，以保持最佳观赏角度。

第二、第三主枝的插入主要起到稳定重心和完善作品的作用。插入的位置可有所变化，但同样需要保持趋势一致性，不能各有所向（图 1-22-4）。

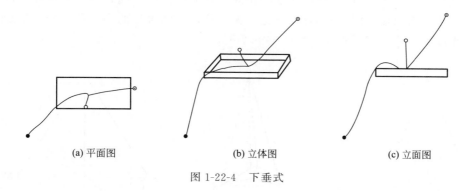

| (a) 平面图 | (b) 立体图 | (c) 立面图 |

图 1-22-4　下垂式

22.4.2　西方式插花形式的表现

22.4.2.1　三角形

单面观三角形端庄瑰丽，是西方插花中的基本形式之一。花型外形轮廓为对称的等边三角形或等腰三角形，下部最宽，越往上部越窄。不宜插成扁的或任意三角形。一般选线条花构成骨架，在焦点处插上朵大色艳的花，然后将其他花按一定位置插好，最后加填充花。

在等腰三角形插花作品中，常规的高度为 60cm 或 80cm，它的大小位置由 A、B、C 三个主枝决定，L_A 为要求的高度，一般由环境和作品用途决定，同时还要与空间协调起来，作品大小确定后再选花器（图 1-22-5）。

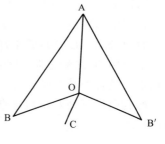

图 1-22-5　等腰三角形

22.4.2.2　倒 T 形

倒 T 形插花作品主要表现一种修长纤细的气质。它的大小和位置由三个主枝 A、B、C 决定，三者关系为：

$$L_B = （1/2 \sim 1/3） L_A$$
$$L_C = 1/2 L_B$$

式中　L_A——第一枝主要高度；

　　　L_B——第二枝主要高度；

　　　L_C——第三枝主要高度。

插制步骤如下。

第一主枝为花器高度加宽度 1.5～2 倍，垂直插于花泥正中偏后 2/3。

第二主枝、第三主枝为花长的一半（或 1/3～1/2），对称插于花泥左右两侧，水平或稍下垂。

第四花枝插在花器正面中央，确定造型的深度，使花型呈立体状。

以上四枝花基本构成倒"T"形轮廓，其余花枝长度不超出轮廓线范围。

焦点花，插于第一主枝与第四花枝连线下部 1/5 处，与第四花枝成 45°。

其余则视需要做补充（图 1-22-6）。

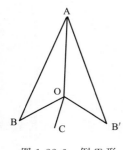

图 1-22-6　倒 T 形

22.4.2.3　塔形、圆锥形、金字塔形

常用规格 60～80cm，这三种形式基本相同，骨架的插法相同，只是其他花材的插入和多少有点变化，而肥瘦不同，塔形高/宽之比大一些，而圆锥形的小一些，金字塔形又较圆锥形表面弧度小一些，接近直线。如图 1-22-7 所示。

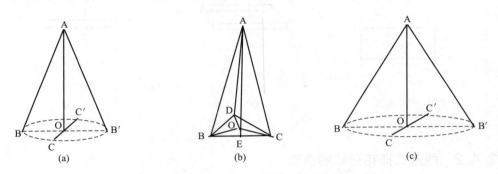

图 1-22-7　塔形（a）、金字塔形（b）和圆锥形（c）

塔形与圆锥形均由五枝花材决定骨架，而金字塔形也由五枝决定其骨架，其比例关系为：

塔形：$L_B = (1/3～1/2) L_A = L_{B'}$，$L_C = L_{C'} = L_B$

圆锥形：$L_B = (1/2～1) L_A$，$L_C = L_B$

金字塔形：$L_B = L_C = L_D = 1/3 L_A$，$L_E = 1/2 L_B$

22.4.2.4　L 形的插作方法

垂直轴 A 插在花器左侧后方，左边的前轴较短，主要是使花型有立体感，插成像两个互相垂直放置的长三角锥体。在这两短轴所形成的三角形内，花材较密集，也是焦点位置所在，然后向外延伸花材料逐渐减少。这个花型可作多样变化，纵横两轴线可稍做变化，表现轻松活泼些（图 1-22-8）。

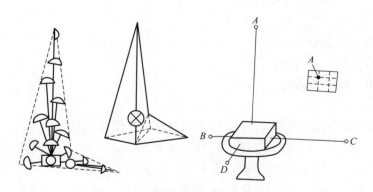

图 1-22-8　L 形插法要领

插制步骤如下。

第一主枝花长为花器尺寸 1.5～2 倍，垂直插于花泥左后方 2/3 处。

第二主枝花长为第一主枝花长的 1/2～3/4，插在花泥的右侧，稍倾向前向下的位置或与垂直轴垂直。

第三主枝花长为第一主枝花长的 1/4 长，在第一主枝前与第一主枝成 30°，插于花泥左

侧，稍向下。

第四主枝花长与第三主枝花长等长，插在第一主枝右侧，与第一主枝成30°，并向后倾斜30°。

22.4.2.5　弯月形

插花整体如一弯新月，所成的曲线从左上角向右下方延伸，以容器上沿中点稍上处为焦点，在焦点的左右各伸出一臂，左边的较长，占整条新月形曲线的2/3，右边占1/3，以焦点为支点，全条曲线可升降。一般先插弧线轮廓，在弧线连线花器中央向前倾斜插上焦点花。然后在中央轴线的两侧插内线侧与外侧线。在主焦点侧面插补焦点。最后在空处插小花和叶片。也可以先用叶子插出轮廓，再顺着弧线来插花（图1-22-9）。

插时，宜选择易弯曲的花材，使茎秆能顺着弧线走向，不破坏花型。

①　先选合适的花材，插出弧线形的轮廓。主焦点花插在花器中央，向前倾斜约60°。在焦点的左后方插出上弯线，右后方插下弯线，上下两线的长度比例约为2∶1，不要一样长。这三点连线就是一条上下前后都有弧度的中央线。沿着这条线的走势，可插上主花。

②　在中央轴线的两侧，插内侧线和外侧线。为使花型呈现景深，流露自然风韵，在主焦点的侧面，插补助焦点花，作为内侧线的焦点。

③　在空位处补插小花和叶片，即可成型。插花的顺序也可先用叶子插出轮廓，再顺着弧线来插花。但无论怎样插，都不能破坏弧线的轮廓形状。

22.4.2.6　S形的插作方法

插花的整体如字母S，上下反向对称。整个造型给人以曲线美。在容器上沿中央的上方是焦点，由此伸出方向相反的左上右下两段。上段占全曲线的2/3，下段则分布于容器上沿以下，所用枝条呈稍弯而悬垂状态。一般先插上下两段，再插焦点花，后再在主枝和焦点邻近布置花朵。从侧面观看，是一个窄的S形。如把S字平放在餐桌上，作餐桌插花，也十分华丽多姿，增加温馨气氛。S形还可以用于新娘捧花或作墙饰（图1-22-10）。

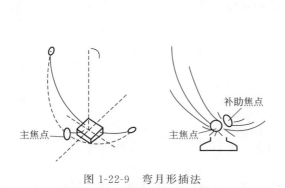

图1-22-9　弯月形插法

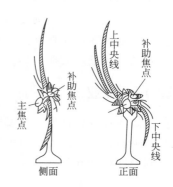

图1-22-10　S形插法

22.4.3　自由式插花制作

（1）立意

写出所要创作作品的立意是什么，以及如何表达。

（2）选材

根据立意，选取相应的花材，要求主花材、焦点花、配花明确，花材的色彩要求协调，同时要有对比。

（3）插作

插作过程要求干净利落，表现要到位。

（4）命名

对创作的作品要命名，同时写出赏花所需的环境。

22.4.4 花束制作

① 每组同学任选一个单面观赏、四面观赏或有骨架的花束制作。

② 首先处理花材，将花材茎下部的叶、刺全部去掉，将花材按种类排放在操作台上。花头易折断的花材可用绿铁丝作成假茎。

③ 按教材操作步骤，制作花束。

④ 清理现场，修改作品，评分。

22.4.5 新娘捧花制作

① 将花泥削成球状装在花托中。

② 将 8～10 支花插成下垂的瀑布形，中间 1 支高起，四边 4 支略低，其他花在此范围内均匀分布，叶片陪衬花朵，紫勿忘我、满天星或黄水晶丰满造型。

③ 可将上述的捧花拆掉，重新作成圆形即半球形的捧花。

④ 在捧花的背后衬一张剪成圆形的包装纸，使后围握把处清洁美观，完成制作。

⑤ 使用剑叶，可用来设计变化造型。

22.5 注意事项

① 花泥球要和花托正好匹配，不能太大或太小。

② 花枝看准位置，插入花泥，尽量不要插拔，以免花枝松动掉落。

③ 花朵和叶片要分布均匀或采用分群组的插法。

④ 圆形捧花表面要呈圆弧形，花朵在弧面内分布均匀。

⑤ 瀑布形捧花侧面弧度要柔顺。

⑥ 后围包装纸折皱要均匀。

22.6 作业

① 新娘捧花的设计要点有哪些？

② 常见新娘捧花的类型有哪些？制作特点是什么？

③ 画彩图设计几款新娘捧花，标明作品名、花材、辅料、作品欣赏等。

实验 23　园林植物主要病虫害识别与防治

23.1 实验目的

通过对常见园林植物病害的观察，能根据常见园林植物病害的病状和病征类型识别病害的类型，掌握观察对象的基本特征，初步掌握有病植物与无病植物的大体区别，为病害诊断奠定基础。通过对常见园林植物虫害的观察，能根据常见园林植物叶、花、果等部位的主要害虫的形态及危害特征来识别虫害类型。结合当地生产实际，通过对当地园林植物群体和局部发病情况的观察和诊断，逐步掌握各类植物病害的发生情况及诊断要点，熟悉病害诊断的一般程序，了解病害诊断的复杂性和必要性，为植物病害的调查研究与防治提供依据。

23.2　材料与用具

园林植物病害的各种症状类型标本、各种害虫的成虫与幼虫标本和被危害植物标本。放大镜、解剖镜、镊子、培养皿、解剖刀、蜡盘、手持扩大镜、记录本、标本夹、小手铲、小手锯、枝剪、图书、挂图等。

23.3　内容与操作步骤

23.3.1　园林植物病害主要症状类型观察

用肉眼或放大镜观察每种标本的症状，仔细观察各种病害的典型病状和病征，认识各类症状特点及其所属类型。

23.3.1.1　病状类型观察

（1）变色的主要类型

① 花叶与斑驳　症状表现在整个植株或局部叶片颜色深浅不均，黄绿和浓绿互相间杂，有时还会出现红、紫斑块。观察一串红的花叶病、大丽花的花叶病等。

② 褪绿与黄化　症状表现在整个植株或局部叶片均匀褪绿。观察栀子的黄化病、香樟的黄化病等。

（2）坏死的主要类型

① 炭疽　症状与斑点相似。病斑上常有轮状排列的小黑点，有时还产生粉红色黏液状物。观察兰花、荷花和玉兰的炭疽病等。

② 溃疡　枝干皮层、果实等部位局部组织坏死，病斑周围隆起，中央凹陷，后期开裂，并在坏死的皮层上出现黑色的小颗粒或小型的盘状物。观察槐树的溃疡病、樟树的溃疡病等。

③ 穿孔　病斑周围木栓化，中间的坏死组织脱落而形成空洞。观察桃树的细菌性穿孔病、樱花的穿孔病。

④ 疮痂　发生在叶片、果实和枝条上。局部细胞增生而稍微突起，形成木栓化的组织。观察大叶黄杨的疮痂病、柑橘的疮痂病等。

⑤ 斑点　症状多发生在叶片和果实上，其形状和颜色不一，可区分为角斑、圆斑、轮斑、不规则形斑或黑斑、褐斑、灰斑、漆斑等，病斑后期常有霉层或小黑点出现。观察桂花的褐斑病、杜鹃的角斑病、菊花的黑斑病等。

⑥ 猝倒与立枯　幼苗近土表的茎组织坏死。观察松、杉木苗立枯病和猝倒病。

（3）腐烂的主要类型

腐烂发生在根、干、花、果上，病部组织细胞被破坏并分解。枝干皮层腐烂与溃疡症状相似，但病斑范围较大，边缘隆起不显著，常带有酒糟味。

① 湿腐　观察柑橘的青霉病、杨树的腐烂病等。

② 干腐　观察桃的褐腐病。

③ 流胶　观察桃树的流胶病、柑橘的树脂病等。

④ 流脂　观察松脂。

（4）畸形的主要类型

① 丛枝　顶芽生长受抑制，侧芽、腋芽迅速生长，或不定芽大量发生，发育成小枝，由于小枝多次分支，叶片变小，节间变短，枝叶密集，形成扫帚状。如泡桐丛枝病、竹丛枝病等。

② 矮缩　植物各器官的生长成比例地受到抑制，植株比正常植株矮小得多。观察桑矮缩病。

③ 肿瘤　枝干和根上的局部细胞增生，形成各种不同形状和大小的瘤状物。如月季癌肿病、松瘤锈病等。

④ 变态　正常的组织和器官失去原有的形状，观察杜鹃叶肿病。

（5）萎蔫病的类型

萎蔫病株根部维管束被侵染，导致整株萎蔫枯死。

① 枯萎　病株萎蔫较慢，叶色不能保持绿色。观察鸡冠花枯萎病、百日草枯萎病。

② 青枯　病株迅速萎蔫，叶色尚青就失水凋萎。观察菊花青枯病。

23.3.1.2　病征类型观察

（1）粉状物

① 白粉　病部表面有一层白色的粉状物，后期在白粉层上散生许多针头大小的黑色颗粒状物。观察紫薇白粉病、凤仙花白粉病等。

② 锈粉　病部产生锈黄色粉状物，或内含黄粉的疱状物或毛状物。观察玫瑰锈病、萱草锈病等。

③ 煤污　病部覆盖一层煤烟状物。观察小叶女贞煤污病、山茶煤污病等。

（2）霉状物

病部产生各种颜色的霉状物。观察仙客来灰霉病。

（3）颗粒状物

病原真菌在植物病部产生的黑色、褐色小点或颗粒状结构。观察山茶灰斑病、大叶黄杨叶斑病等。

（4）伞状物

观察花木根朽病。

（5）脓状物

细菌性病害常从病部溢出灰白色、蜜黄色的液滴，干后结成菌膜或小块状物。观察女贞细菌性叶斑病、柑橘溃疡病等。

23.3.2　园林植物叶、花、果害虫的形态及危害观察

（1）枯叶蛾类

观察本地常见的枯叶蛾类生活史标本及被害状，注意不同种类松毛虫的形态特征。

（2）叶甲类

观察本地常见的叶甲类害虫的生活史标本及被害植物。成虫体常具金属光泽，触角丝状，不着生在额的突起上。幼虫肥壮，寡足型，下口式，体背常有瘤状突起。被害植物叶片叶缘呈缺刻状或造成叶面穿孔。

（3）斑蛾类

观察本地常见的斑蛾类害虫的生活史标本及被害植物。成体大多数灰褐色，雄性斑蛾触角呈栉齿状，翅膀为半透明。幼体头部较小，身体多数粗短，有毛瘤。被害植物叶片呈缺刻

状或孔洞形，或叶片被幼体吐出的丝黏合成饺子状，幼体在其间生活，啃噬叶肉组织。

（4）袋蛾类

观察本地常见的袋蛾类害虫的生活史标本及被害植物。成体雌雄异型，雄虫具翅，翅上有少量被毛和鳞片，触角呈羽毛状；雌虫无翅，触角、口器和足皆完全退化。幼虫比较肥胖，腹足5对，吐出的丝挂在枝叶上作为袋囊。被害植物叶片呈孔洞状或网状，严重时仅存留少量叶脉。

（5）刺蛾类

观察本地常见的刺蛾类害虫的生活史标本及被害植物。成虫身体粗壮并且多毛，多呈黄绿褐色，喙退化，翅膀宽大且覆盖较多厚鳞片。幼虫形似蛞蝓，头部内缩，胸足已经退化，腹足呈吸盘状，背部有绿色花纹，并有尖刺，触碰时有灼伤感。被害植物叶片被啃食叶肉或叶片被吃光。

（6）舟蛾类

观察本地常见的舟蛾类害虫的生活史标本及被害植物。成虫体表呈灰褐色，中大型，身体较粗壮，腹部较长且肥大。幼虫上唇颚为角状，臀足特化呈枝状用于攀爬，头尾翘起形状如小船。被害植物叶片呈菱形缺刻或被啃食光。

（7）毒蛾类

观察本地常见的毒蛾类害虫的生活史标本及被害植物。成体雌性与雄性形态差异较大，成体中至大型，体表颜色多样，翅膀圆钝，鳞片较薄，雌虫腹末常有毛簇。幼体背部有较多毒毛，常见毛瘤、毛丛或毛刷，腹部第6~7节各有一个翻缩腺。被害植物叶片呈菱形缺刻状或被啃食光。

（8）夜蛾类

观察本地常见的夜蛾类害虫的生活史标本及被害植物。成体中至大型，体翅多为黑褐色，常有斑纹，喙部发达，常在夜间活动。幼体粗壮，光滑少毛，颜色多为绿褐色，腹足3~5对，第1、2对常退化或消失，夜间进食，一般生活在土壤中。被害植物叶片被食呈菱形缺刻状或孔洞形。

（9）尺蛾类

观察本地常见的尺蛾类害虫的生活史标本及被害植物。成体较细长，翅膀宽大而薄，前后翅膀颜色相似并常有波纹相连。幼虫光滑无毛，身体细长，形似树枝，栖息于被害植物的叶片上，又名尺蠖，腹足2对，着生于第6和第10节，行走时身体弓起。被害植物叶片呈缺刻状或被食光。

（10）天蛾类

观察本地常见的天蛾类害虫的生活史标本及被害植物。成体大型，体较粗壮，腹末尖，触角末端弯曲呈钩状，喙发达，后翅较小。幼体较肥大，圆筒形，体表光滑或具颗粒，体侧有斜纹或眼状斑，第8腹节背面有一尾角。被害植物叶片呈缺刻状。

（11）灯蛾类

观察本地常见灯蛾类害虫的生活史标本及被害状。成体体色多艳丽，幼体具有毛瘤，毛瘤上生有长毛。被害植物叶片呈缺刻状，个别幼体有拉网幕习性，如美国白蛾。

（12）螟蛾类

观察本地常见的螟蛾类害虫的生活史标本及被害植物。成体小至中型，体较瘦长，触角呈丝状，前翅较狭长，腹部末端尖削。幼体体细长，光滑，无次生刚毛。被害植物叶片被卷叶或呈孔洞状。

（13）凤蝶类

观察本地常见的凤蝶类害虫的生活史标本及被害植物。成体体型较大，颜色艳丽，后翅外缘呈波状，后端常有尾状突。幼体体色深暗，光滑无毛，后胸隆起，前胸背中央有一臭腺。被害植物叶片呈缺刻状或被食光。

（14）叶蜂类

观察本地常见的叶蜂类害虫的生活史标本及被害植物。成体口器咀嚼式，触角呈丝状，没有细腰。幼体外形很像鳞翅目幼虫，但腹足 6～8 对且无趾钩，从第 2 腹节开始着生。被害植物叶片呈孔洞、缺刻状或被食光。

23.3.3　园林植物病害的田间诊断

23.3.3.1　非侵染性病害的田间诊断

在教师的指导下，对当地已发病的园林植物进行观察，注意病害的分布、植株的发病部位、病害是成片发生还是有发病中心、发病植物所处的小环境等，如果所观察到的植物病害症状是叶片变色、枯死、落花、落果、生长不良等现象，病部又找不到病原物，且病害在田间的分布比较均匀而成片，可判断为是非侵染性病害。诊断时还应结合地形、土质、施肥、耕作、灌溉和其他特殊环境条件，进行认真分析。

如果是营养缺乏，除了症状识别外，还应该进行施肥试验。

23.3.3.2　真菌性病害的田间诊断

对已发病的园林植物进行观察时，若发现其有以下病状，则考虑可能为真菌性病害，应继续观察。a. 坏死型：有猝倒、立枯、疮痂、溃疡、穿孔和叶斑病等。b. 腐烂型：有苗腐、根腐、茎腐、秆腐、花腐和果腐病等。c. 畸形型：有癌肿、根肿、缩叶病等。d. 萎蔫型：有枯萎和黄萎病等。除此之外，病害在发病部位多数具有霜霉、白锈、白粉、煤污、白绢、菌核、黑粉和锈粉等病征，则可诊断为真菌病害。对病部不容易产生病征的真菌性病害，可以采用保湿培养，以缩短诊断过程。即取下植物的受病部位，如叶片、茎秆、果实等，用清水洗净，置于保湿器皿内，在 20～23℃培养 1～2 昼夜，往往可以促使真菌孢子的产生，然后再做出鉴定。对还不能确诊的病害，可进行室内镜检，对照病原物确定病害的种类。

23.3.3.3　细菌性病害的田间诊断

田间诊断时若发现其是坏死、萎蔫、腐烂和畸形等不同病状，但其共同特点是在植物受病部位能产生大量的细菌，以致当气候潮湿时从病部气孔、水孔、伤口等处有大量黏稠状物——菌脓溢出，可以判断为细菌性病害，这是诊断细菌病害的主要依据。若菌脓不明显，可切取小块病健交界部分组织，放在载玻片的水滴中，盖上盖玻片，用手指压盖玻片，将病组织中的菌脓压出组织外。然后将载玻片对光检查，看病组织的切口处有无大量的细菌呈云雾状溢出，这是区别细菌性病害与其他病害的简单方法。如果云雾状不是太清楚，也可以带回室内镜检。

23.3.3.4　病毒性病害的田间诊断

植物病毒性病害没有病征，常具有花叶、黄化、条纹、坏死斑纹和环斑、畸形等特异性病状，田间比较容易识别。但有时常与一些非侵染性病害相混淆，因此，诊断时应注意病害在田间的分布，发病与地势、土壤、施肥等的关系；发病与传毒昆虫的关系；症状特征及其变化，是否有由点到面的传染现象等。

当不能确诊时，要进行传染性试验。如对一种病毒病的自然传染方式不清楚时，可采用汁液摩擦方法进行接种试验。如果不成功，可再用嫁接的方法来证明其传染性，注意嫁接必须以病株为接穗而以健株为砧木，嫁接后观察症状是否扩展到健康砧木的其他部位。

23.3.3.5 线虫病的田间诊断

线虫病主要诱发植物生长迟缓、植株矮小、色泽失常等现象，并常伴有茎叶扭曲、枯死斑点，以及虫瘿、叶瘿和根结瘿瘤等形成。一般讲，通过对有病组织的观察、解剖镜检或用漏斗分离等方法均能查到线虫，从而进行正确诊断。

23.3.4 综合防治方案的制订与实施

23.3.4.1 确定防治对象

根据调查资料，选当地园林植物上常见主要病害或虫害1～2种，作为靶标生物。

23.3.4.2 制订防治方案

根据"预防为主，综合治理"的植物保护工作方针，结合当地预测预报资料和具体情况，制订严格的防治方案，以便组织人力，准备药剂药械，单独或结合其他园林植物栽培措施，及时地防治，把病虫危害所造成的损失控制在最低的经济指标之下。

由于各地区的具体情况不同，防治计划的内容和形式也不一致，可按年度计划、季节计划和阶段计划等方式安排到生产计划中去，方案的基本内容应包括以下几点。

（1）确定防治对象，选择防治方法

根据病虫害调查和预测预报资料，以及历年来病虫发生情况和防治经验，确定有哪些主要的病虫害，在何时发生最多，何时最易防治，用什么办法防治，多长时间可以完成，摸清情况后，确定防治指标，采取最经济有效措施进行防治。

（2）准备药剂、药械及其他物资

遵循对症下药的原则，确定药剂种类、浓度、施药次数，准备相应施药药械；准确估计用药数量，购买药剂，检查和维修药械。

（3）作出预算，拟定经费计划。

23.3.4.3 实施病虫害防治

（1）化学防治

① 农药的稀释及使用　农药的稀释按通用公式进行稀释计算并配药：

$$原药剂浓度 \times 原药剂重量 = 稀释药剂浓度 \times 稀释药剂重量$$

$$稀释药剂重量 = 原药剂重量 \times 稀释倍数$$

② 农药的使用方法　喷雾用于防食叶害虫；涂抹用于枝干害虫；打孔注药用于柱干害虫；灌药用于地下害虫。

（2）物理机械防治法

人工捕杀用于成虫、卵、幼虫、蛹等；灯光诱杀用于趋光性害虫；毒饵诱杀用于地下害虫；黄色板诱杀用于蚜虫、斑潜蝇等。

（3）生物防治法

因地制宜采用各种生物防治方法：赤眼蜂的释放用于各种鳞翅目昆虫的卵；周氏小蜂的释放主要用于美国白蛾的防治；人工鸟巢的制作招引益鸟；人工助迁各种瓢虫防治蚜虫、粉虱、介壳虫等。培养、收集各种有益昆虫病原菌，用于防治相应害虫；采用各种有益微生物及其代谢产物防治病害等。

23.4 作业

① 观察各种病害症状类型之后，举例说明病状和病征有何区别？

② 任选 15 个以上的标本，将观察结果填入表 1-23-1 中。

表 1-23-1 园林植物病害调查

编号	病害名称	发病部位	病状类型	病征类型	备注
1					
2					
3					
...					
...					

③ 列表比较供试标本的形态特征，并指明其分类地位。

④ 植物病害诊断有哪些程序？诊断中应注意哪些问题？

⑤ 当地园林植物病害中，最常见的是真菌病害、细菌病害还是病毒病害？怎样才能准确地诊断出病害的病原？

中篇 园林工程篇

实训 1　普通水准测量

1.1　目的与要求

① 了解 DS$_3$ 型光学水准仪和数字水准仪的基本构造和功能，认识其主要构件的名称和作用。

② 练习水准仪的安置、瞄准和读数。

③ 初步掌握两点间高差测量的方法。

1.2　仪器与工具

DS$_3$ 型水准仪 1 套，索佳 SDL30 型数字水准仪 1 套。

1.3　实训内容

DS$_3$ 水准仪和数字水准仪的认识，每个小组由 4~5 人组成，每人独立完成仪器的认识、整平和读数。

1.4　实训方法与步骤

（1）认识水准仪和水准尺

① 了解 DS$_3$ 水准仪望远镜的构造及成像原理。

② 了解电子水准仪的基本构造和性能，熟悉各键的名称及主要功能并熟悉使用。

③ 认识水准尺的标注和分划方法。

（2）光学水准仪的使用

① 安置仪器　先将三脚架张开，使其高度适当，架头大致水平，并将架脚踩实；再开箱取出仪器，将其固定在三脚架上。

② 粗略整平　双手食指和拇指各拧一个脚螺旋，同时对向（或反向）转动，使圆水准器气泡向中间移动；再拧另一只脚螺旋，使气泡移至圆水准器居中位置。若一次不能居中，可反复进行（练习并体会脚螺旋转动方向与圆水准器移动方向的关系）。

③ 瞄准　转动目镜调焦螺旋（目镜套），使十字丝最清晰；放松制动螺旋，转动望远

镜，通过望远镜上的缺口和准星初步瞄准水准尺，旋紧制动螺旋；进行物镜调焦；旋转物镜调焦螺旋，消除视差使目标清晰（体会视差现象，练习消除视差的方法）。

④ 精平　转动微倾螺旋，使符合水准管气泡两端的半影像吻合（呈圆弧状），即符合气泡严格居中（体会螺旋转动方向与气泡移动方向的关系）。

⑤ 读数　从望远镜中观察十字丝横丝在水准尺上的分划位置，读取四位数字，即直读出米、分米、厘米的数值，估读毫米的数值。

⑥ 观测练习　在仪器两侧各立一根水准尺，分别进行观测（瞄准、精平、读数）、记录并计算高差。不动水准尺，改变仪器高度，同法观测，或不动仪器，改变两立尺点位置，同法观测，检查是否超限。

（3）电子水准仪的使用

① 架设仪器　架设三脚架、安置仪器、整平、瞄准均同光学水准仪。

② 开机　按 PWR，仪器处于状态模式下。检查电池电量是否充足，若电池电量不足则应更换电池。

③ 测量　照准标尺调焦后按"Measure"测量开始，测量中显示屏闪烁。测量完成后，显示屏显示出标尺读数（Rh）和水平距离（Hd）。

1.5　注意事项

① 严格按照测量时仪器使用的注意事项要求操作。

② 连接螺旋不宜拧得太紧，以防破损。水准仪上的各部螺旋操作要轻，使劲不得过猛。

③ 读数时，符合水泡要严格居中。一般要求读数完毕再检查气泡是否居中。

1.6　思考题

① 水准仪怎样粗平、精平和消除视差？

② 数字水准仪自动安平的原理是什么？

③ 水准仪的认识

日期 _____　　班组 _____　　姓名 _____

Ⅰ.标出下图所标仪器部件的名称。

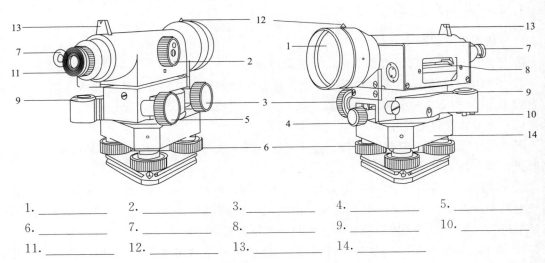

1. _____　　2. _____　　3. _____　　4. _____　　5. _____

6. _____　　7. _____　　8. _____　　9. _____　　10. _____

11. _____　　12. _____　　13. _____　　14. _____

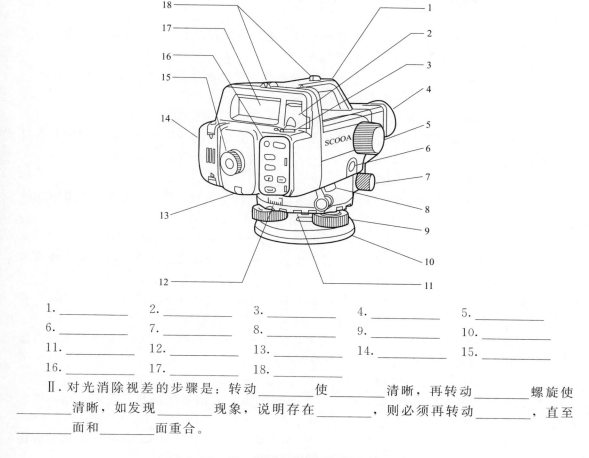

1. _____ 2. _____ 3. _____ 4. _____ 5. _____
6. _____ 7. _____ 8. _____ 9. _____ 10. _____
11. _____ 12. _____ 13. _____ 14. _____ 15. _____
16. _____ 17. _____ 18. _____

Ⅱ. 对光消除视差的步骤是：转动_____使_____清晰，再转动_____螺旋使_____清晰，如发现_____现象，说明存在_____，则必须再转动_____，直至_____面和_____面重合。

实训 2　测回法观测水平角

2.1　目的与要求

① 掌握普通水准测量的施测、记录、计算。
② 熟悉高差闭合差调整及高程计算的方法。
③ 理解转点的作用。

2.2　仪器与工具

光学水准仪，索佳 SDL30 型电子水准仪，配套水准尺，三脚架。

2.3　实训内容

用 SDL30 数字水准仪进行高差测量。每个小组由 4～5 人组成，轮流分工为：1 人操作仪器，1 人记录，2 人立尺。

2.4　实训方法与步骤

（1）光学水准仪的测量

① 选定一条闭合水准路线，其长度以安置 4～6 个测站为宜。确定起始点及水准路线的前进方向。

② 在起始点和第一个待定点分别立水准尺，在距这两点大致等距离处安置仪器，分别观测得后视读数 a_1' 和前视读数 b_1'，计算高差 h_1'。

③ 改变仪器高度（或换水准尺另一面），读取后、前视读数 a_1'' 和 b_1''，计算高差 h_1。

④ 检查互差是否超限。计算平均高差 h_1。

⑤ 将仪器搬至第一、第二点中间设站观测，测出 h_2。依次推进测出 h_3、h_4…。

⑥ 根据已知点高程及各测站的观测高差，计算水准路线的高差闭合差，并在限差内对闭合差进行配赋，推算各待定点的高程。

（2）索佳 SDL30 型电子水准仪的测量

① 选定一条闭合水准路线，其长度以安置 4～6 个测站为宜。确定起始点及水准路线的前进方向。

② 在起始点和第一个待定点分别立水准尺，在距该两点大致等距离处安置仪器。

③ 在菜单模式下选取 "Ht-diff" 后按回车键进入高差测量操作（选取时用 ↓ 和 ➡ 移动光标至所需菜单项）。

④ 照准后视标尺并调焦后按 "Measure"。仪器读取后视读数并显示标尺读数（Rd）和到标尺距离（Rh）。检查所显示的观测值。选取 "Yes" 后按回车键。

⑤ 照准前视标尺并调焦后按 "Measure"，仪器读取前视读数，计算并显示前视点的标尺读数（Rd）、到标尺距离（Rh）以及高差 ΔH。

⑥ 按回车键记录下前视读数。

⑦ 按 MENU 结束前视观测，显示屏上出现是否迁站的提问信息。若需迁站，选取 "Yes" 后按回车键。

⑧ 将仪器迁至下一站，重复步骤 4）后的各步骤。步骤 5）所显示高差即为新测站后视点的高差。

根据已知高程及各测站的观测高差，计算水准路线的高差闭合差，并检查是否超限。对闭合差进行平差，推算各待定点的高程。

2.5　注意事项

① 仪器的安置位置应保持前、后视距大致相等。每次观测读数前，应使水准仪符合水准管气泡居中，并消除望远镜视差。

② 水准尺要立直。已知水准点和待定水准点不放尺垫。仪器未搬迁前，后视点尺垫不能移动；仪器搬迁时，前视点尺垫不能移动。迁站时应防止摔碰仪器或丢失工具。

③ SDL30 为精密测量仪器，应避免强烈震动或冲击。

④ 不要用水准仪望远镜直接观察太阳光或经棱镜等反射物反射的太阳光，以免造成视力丧失。

⑤ 标尺是导体，在雷雨条件下不得使用标尺，以免雷击伤人。

⑥ 在高压线或变压器附近使用标尺时应特别小心，以免触电事故发生。

⑦ 仪器装箱时，务必先关闭电源并取下电池。

⑧ 限差要求为：同一测站两次仪器高所测高差之差应小于 6mm；路线高差闭合差应在限定范围内，超限应重测。

2.6 思考题

① 为什么 SDL30 数字水准仪不需进行精平？

② 普通水准测量记录

日期_____ 班 组_____ 天 气_____

仪器_____ 观测员_____ 记录员_____

测站	测点	后视 /m	前视 /m	实测高差 /m	改正值 /m	改正后高差 /m	高程 /m	距离/km	备注
I	A		—				500		
	1								
II	1		—						
	2								
III	2								
	3								
IV	3								
	A		—				500		
Σ							—		

实训 3 方向法观测水平角

3.1 目的与要求

① 掌握光学经纬仪测回法观测水平角的观测顺序、记录和计算方法。

② 理解归零、归零方向值、归零差、2C 变化值的概念以及各项限差的规定。

3.2 仪器与工具

DJ_6 光学经纬仪 1 套，标杆 4 根。

3.3 实训内容

方向法观测水平角。每个小组由 3～4 人组成，1 人观测，1 人立尺，1 人记录。

3.4 实训方法与步骤

① 在指定的地面点 O 安置仪器，在测站周围选取 A、B、C、D 四点，并分别在 4 点上竖立标杆。

② 按要求对中、整平。

③ 盘左。瞄准选定的左目标 A，配置水平度盘读数略大于 0°，读出读数 a_1 并记录。然后，顺时针方向转动照准部，依次瞄准目标 B、C、D 各方向，得读数 b_1、c_1、d_1，并记录。最后归零到 A，记录读数。检查归零差是否超限（≤18″）。

④ 盘右。逆时针旋转依次瞄准 A、D、C、B、A，各方向分别读数记录。检查归零差是否超限（$\leqslant 18''$）。

以上两步为一个测回。

⑤ 计算。同一方向 2 倍照准误差 $2C=$ 盘左读数－（盘右读数$\pm 180°$）；各方向的平均读数$=1/2$[盘左读数＋（盘右读数$\pm 180°$）]；归零后的方向值。

⑥ 以后各测回程序一样，测回开始时，要重新配置度盘，第 i 个测回的度盘位置为略大于（$i-1$）$\times 180°/n$。

⑦ 测完各测回后，计算各测回同一方向的平均值，并检查同一方向值各测回互差是否超限。

3.5　注意事项

① 应选择远近适中、便于瞄准的清晰目标作为起始方向。

② 各目标到测站之间的距离不宜相差太大，避免在测回中进行多次调焦。

③ 各次观测时应照准目标的相同部位。

④ 限差要求为：对中误差小于 3mm，半测回归零值为 $\pm 18''$，上、下半测回角值互差不超过 $\pm 40''$，同一方向值各测回互差为 $\pm 24''$，超限应重测。

3.6　水平角观测记录格式

日期＿＿＿＿＿＿　时间＿＿＿＿＿＿　观测者＿＿＿＿＿＿

天气＿＿＿＿＿＿　测站＿＿＿＿＿＿　记录者＿＿＿＿＿＿

仪器＿＿＿＿＿＿　班组＿＿＿＿＿＿

方向略图

测站	目标	水平度盘读数		2C	$\dfrac{左+（右\pm 180°）}{2}$	归零方向值	各测回归零方向平均值	水平角值
		盘左	盘右					
O (1)	A							
	B							
	C							
	D							
	A							
O (2)	A							
	B							
	C							
	D							
	A							
O (3)	A							
	B							
	C							
	D							
	A							

实训 4　经纬仪观测竖直角

4.1　目的与要求

① 了解竖盘的结构、注记方式及其相关部件。
② 掌握竖直角的观测、记录和计算方法。
③ 理解竖盘指标差的概念以及限差的规定。

4.2　仪器与工具

DJ6 型光学经纬仪 1 套、花杆 2 根、记录板 1 个。

4.3　实训内容

光学经纬仪观测竖直角。每个小组由 4～5 人组成。

4.4　实训方法与步骤

（1）确定竖直角计算公式

盘左位置将望远镜大致放平观察竖直度盘读数，然后将望远镜慢慢上仰，观察竖直度盘读数变化情况，观测竖盘读数是增加还是减少。

若读数减少，则：

$$\alpha = 视线水平时竖盘读数 - 瞄准目标时竖盘读数$$

若读数增加，则：

$$\alpha = 瞄准目标时竖盘读数 - 视线水平时竖盘读数$$

（2）观测竖直角

① 在测站上安置仪器，并进行对中、整平，量取仪器高 i。

② 盘左　瞄准目标，使十字丝中横丝的单丝精确切准目标的某一部位，此即为目标高，用 V 表示。竖盘指标水准管气泡居中（此时指标处于正确位置），读数 α_L。

③ 盘右　瞄准目标，用十字丝中丝切准盘左时的同一部位，竖盘指标水准管气泡居中，读数 α_R。

④ 计算竖盘指标差。

$$x = \frac{1}{2}(\alpha_R - \alpha_L)$$

⑤ 计算竖直角 α。

$$\alpha = \frac{1}{2}(\alpha_L + \alpha_R)$$

4.5　注意事项

① 对于具有竖盘指标水准管的经纬仪，每次读数前应使竖盘指标水准管气泡居中，计算竖直角和指标差时，应注意正、负号。

② 竖直角观测时，对同一目标应以中丝切准目标顶端（或同一部位）。

③ 指标差变化范围容许值为：±25″。

4.6 竖直角观测记录格式

仪器编号＿＿＿＿＿＿＿　　　　观测组＿＿＿＿＿＿＿　　　　天气情况＿＿＿＿＿＿＿
观测＿＿＿＿＿＿＿　　　　　　　记录＿＿＿＿＿＿＿　　　　　校核＿＿＿＿＿＿＿

| 测站 | 目标 | 竖盘盘位 | 竖盘读数 | 半测回角值 | 一测回竖直角 | 指标差 | 备注（盘左时竖盘注记） |
			° ′ ″	° ′ ″	° ′ ″	″	
		左					
		右					
		左					
		右					
		左					
		右					

实训 5　视距测量

5.1 目的和要求

① 掌握用视距测定水平距离和高差的方法。
② 学会用计算器进行视距计算。

5.2 仪器与工具

DJD2-PG 电子经纬仪 1 套（或光学经纬仪 1 套）、视距尺 1 把、计算器 1 个。

5.3 实训内容

每个小组由 3～4 人组成。每人至少进行 2 个点的视距测量，并进行水平距离、高差、高程的计算。

5.4 实训方法与步骤

① 在地面上任选一点 O 作为测站，在周围另选三点作测点（A、B、C）。
② 在测站点 O 安置仪器，对中，整平。量取仪器高 i（桩顶到仪器横轴的高度）。
③ 盘左。用经纬仪中横丝对准 A 点视距尺上的某一刻线，分别读取上、中、下三丝在尺上截取的分划值 a、b、v，计算视距间隔 $l=b-a$；读取竖盘读数，并算出竖直角 α。

水平距离：$$S=Kl\cos^2\alpha$$

高差：$$h=S\tan\alpha+i-v=1/2Kl\sin2\alpha+i-v$$

盘右。同法观测、记录与计算。精度要求不高时，可只用盘右进行观测。
④ 依次盘左、盘右瞄准 B、C 两点，读取上、中、下三丝读数及竖盘读数。

⑤ 将经纬仪搬到 A 点，对中、整平后量取仪器高，盘左、盘右瞄准 O 点视距尺上某一刻线，分别读取上、中、下三丝在尺上截取的分划值及竖直角。

⑥ 同法在 B、C 点安置仪器，在 O 点立尺进行测量。

⑦ 若各点间高差较小，则可使视线水平，即竖盘读数为 90°（或 270°），读取上、下丝读数 a'、b'、i，计算视距间隔 $l'=b'-a'$；读取中丝读数 v。计算水平距离 $S'=Kl'$，高差 $h'=i-v$。比较本法与步骤②～⑥所测结果的互差。

5.5 注意事项

① 视距测量观测前，应对竖盘指标差进行检验校正，使指标差在 60″ 以内。

② 观测时视距尺应竖直，并保持稳定。

③ 读取竖盘读数前，必须使竖盘指标水准管气泡居中。

④ 量取仪器高时，一定要注意量取仪器横轴距地面点的铅垂距离。

⑤ 仪器高、目标高、平距、高差均精确到厘米。

⑥ 计算高差时，要注意俯角的情况。

⑦ 严禁将照准头对准太阳光或其他强光，不能手摸仪器镜面及反光镜镜面。

5.6 视距测量记录

仪器编号＿＿＿＿＿＿＿＿＿ 班组＿＿＿＿＿＿＿＿＿ 观测者＿＿＿＿＿＿＿＿＿

$K=$＿＿＿＿＿＿＿＿＿ 日期＿＿＿＿＿＿＿＿＿ 记录者＿＿＿＿＿＿＿＿＿

测站 仪器高 i /m	目标	盘位	尺上读数 上丝 a	尺上读数 下丝 b	尺上读数 中丝 v	视距 间隔 $b-a$	竖盘读数	竖直角	高差 /m	水平 距离 /m
		左								
		右								
		左								
		右								
		左								
		右								
		左								
		右								
		左								
		右								
		左								
		右								

5.7 思考题

电子经纬仪与光学经纬仪在测距离和高差时操作异同点有哪些？

实训6 直线定线与距离测量

6.1 目的与要求

① 掌握钢尺量距的一般方法。
② 学会用罗盘仪测定直线的磁方位角。

6.2 仪器与工具

20m（30m、50m）钢尺1把、标杆2根、测钎3根、垂球1个、罗盘仪1台。

6.3 实训内容

每个小组由4~5人组成。
① 用钢尺对A、B之间的距离进行往返丈量。
② 用罗盘仪测定直线AB的正反磁方位角。

6.4 实训方法与步骤

6.4.1 钢尺量距

（1）准备工作

选择一段50~70m的地面作为实训场地，两端打下木桩，桩顶钉小钉或画十字（如地面坚硬，也可直接在地面画十字做标记），编号A、B，作为丈量的起始点。

（2）直线定线

在A、B两点立标杆，据此进行直线定线。

（3）钢尺丈量

① 往测　后尺手持尺零端点对准A，前尺手持尺盒并带花杆和测钎（或粉笔）沿直线AB方向前进，进行至一尺段停下，听后尺手指挥左右移动花杆插在AB线上，拉紧钢尺在注记处插下测钎。两尺手同时提尺前进，后尺手行至测钎处，前尺手同法插一根测钎，量距后后尺手将测钎收起。依次丈量其他各段，到最后一个不足整尺段的尺段时，前尺手将一整刻划对准B点，后尺手在尺的零端读出厘米和毫米数，两数相减即为余长，后尺手所收测钎数即为整尺数。整尺数乘尺长加余长即为AB的距离。

② 返测　由B点向A点同法量测。最后检验量距相对误差是否超限，计算距离平均值。

6.4.2 罗盘仪定向

在A点安置罗盘仪，对中整平后，旋松磁针固定螺丝放下磁针，用望远镜对准B点，读取磁针北端在刻度盘上的读数，即为AB边的正磁方位角。

同法在B点瞄准A点测出AB边的反磁方位角。最后检验正反磁方位角是否超限，计算方位角的平均值 $\alpha = [\alpha_{正} + (\alpha_{反} \pm 180°)]/2$。

6.5 注意事项

① 量距相对误差应小于1/2000。

② 定向误差应小于 1°，超限应重测。

③ 量距时不得握住尺盒拉紧钢尺。收尺时手柄要顺时针方向旋转。

④ 爱护钢尺，勿沿地面拖拉，严防打圈、受压，用完后擦净、涂油。

⑤ 侧钎要插直，若地面坚硬，可在地面上画记号。

⑥ 测磁方位角时，要认清磁针北端，应避免铁器干扰。

⑦ 测磁方位角时尽量瞄准点或标杆的最下部，用竖丝平分标杆。

⑧ 方位角读数要精确到 0.1°，定向的误差应小于 1°，超限应重测。

6.6 钢尺量距与罗盘仪定向记录表

仪器编号_____　　日　期_____　　天　气_____
班组_____　　观测者_____　　记录者_____

线段	观测次数	整尺段数 n	余段数 q/m	距离 $D=$ $nl+q$/m	平均距离 /m	相对精度	正、反磁 方位角	平均磁 方位角	备注
一	往								
	返								
一	往								
	返								
一	往								
	返								
一	往								
	返								
一	往								
	返								

6.7 思考题

① 罗盘仪定向的原理是什么？

② 罗盘仪定向的精度受到哪些因素影响。

实训 7　经纬仪导线测量

7.1 目的与要求

熟悉掌握经纬仪导线外业观测和内业计算方法。

7.2 仪器与工具

经纬仪 1 套，钢尺 1 幅，测钎 1 幅，花杆 2 根，木桩和小钉各 5 个、涂料若干种。

7.3 实训内容

光学经纬仪或电子经纬仪测量闭合导线。每个小组由 4～5 人组成。

7.4　实训方法与步骤

（1）经纬仪钢尺导线外业观测

① 选点　在测区内选定由 4～5 个导线点组成的闭合导线，在各导线点打下木桩，钉上小钉或用油漆标定点位（或在地面用粉笔作出标记）。绘出导线略图。

② 量距　用钢尺往、返丈量各导线边的边长，读至毫米。边长如果超过整尺长要进行直线定线。

③ 测角　采用测回法观测导线各转折角（内角），测 1 个测回。

④ 定向　用罗盘仪按照直线定向的方法，测定出起始边的方位角。

⑤ 检核　每条边的往返距离丈量相对误差应小于 1/2000；角度闭合差 $f_\beta = \sum\beta - (n-2)\times 180°$，应不大于 $\pm 40''\sqrt{n}$，其中 n 为测角数，外业成果合格后，内业计算各导线点坐标。

（2）内业计算

① 检查核对所有已知的外业的数据资料。

② 角度闭合差的计算及平差。

$$角度闭合差\ f_\beta = \sum\beta_测 - (n-2)\times 180°$$

$$f_{\beta容} = \pm 40''\sqrt{n}$$

如果 f_β 在容许误差以内，可将其反符号平均分配给各角，余数分给边长悬殊大的两边的夹角。

③ 坐标方位角的推算。

$$\alpha_前 = \alpha_后 + 180° \pm \beta_i$$

即，前一边的方位角 $\alpha_前$ 等于后一边的方位角 $\alpha_后$ 加上 180°，再加上转折角（顺时针转时减去转折角）。

④ 坐标增量计算。

$$\Delta x_i = D_i\cos\alpha_i$$

$$\Delta y_i = D_i\sin\alpha_i$$

式中　Δx_i、Δy_i——第 i 条边终点和始点坐标间的纵、横坐标增量；

　　　　D_i——第 i 条边的长度；

　　　　α_i——第 i 条边的坐标方位角。

⑤ 坐标增量闭合差的计算及平差。

$$f_x = \sum\Delta x - (x_终 - x_始)$$

$$f_y = \sum\Delta y - (y_终 - y_始)$$

$$f_D = \sqrt{f_x^2 + f_y^2}$$

$$K = \frac{f_D}{\sum D} = \frac{1}{\sum D / f_D}$$

$$v_{xi} = -\frac{f_x}{\sum D}D_i$$

$$v_{yi} = -\frac{f_y}{\sum D}D_i$$

检核条件：

$$\sum v_x = -f_x$$
$$\sum v_y = -f_y$$

式中 f_x，f_y——纵、横坐标增量闭合差；

f_D——导线全长绝对闭合差；K 为导线全长相对闭合差；

D_i——第 i 条边的长度；

v_{xi}、v_{yi}——第 i 边的纵、横方向的坐标增量改正数。

⑥ 计算改正后的坐标增量。

$$\Delta x_{i改} = \Delta x_i + v_{xi}$$
$$\Delta y_{i改} = \Delta y_i + v_{yi}$$
$$检核：\sum \Delta x_{i改} = 0$$
$$检核：\sum \Delta y_{i改} = 0$$

⑦ 计算各导线点的坐标。

$$x_i = x_{i-1} + \Delta x_{i改}$$
$$y_i = y_{i-1} + \Delta x_{i改}$$

7.5 注意事项

① 往返丈量导线边长，其相对误差不得超过 1/2000，角度闭合差不得超过 $\pm 40'' \sqrt{n}$。
② 导线点相互通视，应避免长短边的悬殊布置。
③ 当夹角接近 180°时，应特别注意分清左目标和右目标。
④ 导线内业计算，利用测得的数据，课后完成导线的坐标计算。

7.6 结果记录与计算

（1）距离丈量记录

日期 _____   钢尺整尺段长 _____   记录员 _____

测线	方向	整尺段	零尺段	总计	较差	精度	平均值	备注

（2）角度测量记录表

仪器型号＿＿＿＿＿＿＿＿＿　　天气＿＿＿＿＿＿＿＿＿　　观测员＿＿＿＿＿＿＿＿＿
日期＿＿＿＿＿＿＿＿＿　　班组＿＿＿＿＿＿＿＿＿　　记录员＿＿＿＿＿＿＿＿＿

测站	盘位	目标	水平度盘读数 ° ′ ″	半测回角值 ° ′ ″	一测回角值 ° ′ ″	备注
	左					
	右					
	左					
	右					
	左					
	右					
	左					
	右					

（3）导线坐标计算表

点号	观测角 ° ′ ″	改正后角度 ° ′ ″	坐标方位角 ° ′ ″	边长 /m	增量计算值 Δx/m	Δy/m	改正后坐标增量 Δx/m	Δy/m	坐标 x/m	y/m
A									500	500
B										
C										
D										
A										
B										
Σ										

辅助计算　$f_\beta=$　　　　$f_{\beta容}=$　　　　$f_x=$
　　　　　$f_y=$　　　　$f_D=$　　　　$K=$

实训 8 四等水准测量

8.1 目的与要求

① 掌握改变仪器高法进行四等水准测量的观测、记录、计算和校核计算方法。
② 熟悉四等水准测量的主要技术指标、观测方法，掌握测站及水准路线的检核方法。

8.2 仪器与工具

DS_3 型水准仪 1 台、双面水准尺 1 对、尺垫 2 个。

8.3 实训内容

光学水准仪或电子水准仪进行一条闭合水准路线测量，其路线安置 4~6 个测站。每个小组由 4~5 人组成。

8.4 实训方法与步骤

① 从一已知水准点 BM_1 开始，在地面上选定 2、3、4 三个点作为待定高程点，BM_1 为已知高程点。

② 在 BM_1 与 2 点之间，安置水准仪，目估前、后视的距离大致相等，进行粗略整平和目镜对光，按下列顺序观测：

后视立于 BM_1 上的水准尺，瞄准、精平、读后视读数，记入观测手簿；

前视立于 BM_1 上的水准尺，瞄准、精平、读前视读数，记入观测手簿；

③ 改变水准仪高度 10cm 以上，重新安置水准仪，粗略整平。

前视立于 BM_1 上的水准尺，瞄准、精平、读前视读数，记入观测手簿；

后视立于 BM_1 上的水准尺，瞄准、精平、读后视读数，记入观测手簿。

④ 当场计算高差，记入相应栏内。两次仪器高测得高差之差 Δh 不超过 ±5mm，取其平均值作为平均高差。

⑤ 用相同方法，沿选定的路线，依次设站，最后仍回到 BM_1。

⑥ 进行计算检核，即后视读数之和减前视读数之和应等于平均高差之和的 2 倍。

⑦ 计算高差闭合差，并对观测成果进行整理，推算出 2、3、4 点坐标。

8.5 注意事项

① 前后视距要在限差规定范围内。视线长度≤100m，前后视距差≤±3.0m，前后视距累计差≤±10.0m，每千米高差全中误差≤±10.0mm，闭合差≤±20$L^{1/2}$。

② 从后视转为前视时，望远镜不能调焦。

③ 水准尺应完全竖直，尺子的左右倾斜观测者在望远镜中根据纵丝可以发觉，而尺子的前后倾斜则不易发觉，立尺者应注意，最好用有水准器的水准尺。

④ 仪器迁站时应保护前视尺垫。在已知高程点和待定高程点上，不能放置尺垫。

⑤ 每站观测结束后应立即计算检核，如有超限则重测该测站。

⑥ 全路线施测计算完毕，各项检核已符合，路线闭合差也在限差之内，即可收测。

8.6　结果记录与计算

（1）四等水准测量记录、计算表（变更仪器高法）

测站	后尺	下丝	前尺	下丝	水准尺读数 /m		高差 /m		平均高差 /m	备注
		上丝		上丝						
	后视距/m		前视距/m		后视	前视	+	−		
	视距差 d/m		Σd/m							
A										
					−	−	−	−		
					−	−	−	−		
B										
					−	−	−	−		
					−	−	−	−		
C										
					−	−	−	−		
					−	−	−	−		
D										
					−	−	−	−		
					−	−	−	−		
—										
					−	−	−	−		
					−	−	−	−		
—										
					−	−	−	−		
					−	−	−	−		
—										
					−	−	−	−		
					−	−	−	−		

（2）四等水准测量高差误差配赋表

测站	测点	实测高差/m	改正值/m	改正后高差/m	高程/m	距离/km	备注
A	A				500		
	1						
B	1						
	2						
C	2						
	3						
D	3						
	A				500		
Σ	—					—	

实训 9 路线纵、横断面测量

9.1 目的与要求

掌握路线纵、横断面测量方法，初步学会纵、横断面的绘制方法。

9.2 仪器与工具

水准仪 1 台、水准尺 2 把、标杆 4 根、十字架 1 把、记录板 1 块。
铅笔、小刀、木桩、小钉、笔擦、计算器、记录表格、毫米方格纸等。

9.3 实训内容

每个小组由 4～5 人组成。
① 基平测量、中平测量、各桩号地面高程的计算。
② 标定横断面方向，抬杆法测量横断面。
③ 根据观测数据，绘制纵、横断面图。

9.4 实训方法与步骤

（1）纵断面测量

① 基平测量 沿线路方向且离中线 20m 以外的两侧，每隔大约 300m 选 1 个稳定的点（如固定的石块、屋角、树桩等）作为临时水准点，分别以 BM_1、BM_2…进行编号。

用水准测量的方法往返测量相邻两水准点之间的高差，高差闭合差小于等于 $10\sqrt{n}$（mm）（n 为测站数），取平均值作为最后结果。

假定起始水准点的高程为 100m，求出各水准点的高程。

② 中平测量 以相邻两水准点为一测段，用符合水准测量的方法测定各中桩的地面高程。

仪器置于适当位置，后视水准点 BM_1，前视转点 TP_1，记下读数（至毫米）。

观测 BM_1 与 TP_1 之间的中间点 $0+000$、$0+020$…等点的水准尺，读数（至厘米）并分别记入表 2-9-1 中水准尺读数"中间点"栏。

仪器搬站，在适当位置选好转点 TP_2，仪器后视转点 TP_1，前视转点 TP_2 和中间点各桩；同法继续进行观测至 BM_2，完成一个测段的观测工作。

若该测段的高差闭合差（即各转点间高差总和减去该测段两水准点的高差）在容许误差 $\pm L^{1/2}$（mm）范围内，可进行下一测段的观测工作，应返工重测。

计算中桩地面高程。先计算视线高程，然后计算各转点高程，再计算各中桩地面高程。每一测站的各项计算按下列公式进行，即：

$$视线高程＝后视点的高程－前视读数$$
$$转点高程＝视线高程－前视读数$$
$$中桩高程＝视线高程－中间点读数$$

③ 纵断面图的绘制　以水平距离为横坐标、高程为纵坐标，在毫米方格纸上绘出线路纵向方向的地面线。纵横比例尺为 1：200 和 1：2000 或 1：100 和 1：1000。

（2）横断面测量

① 用十字架测定中桩的横断面方向，并插标杆作标志。

② 用抬杆法测量中桩横断面方向一定范围内地面变坡点之间的水平距离和高差。即用两根标杆，一根标杆的一端置于高处的地面变坡点上，并水平横放在横断面方向上，另一标杆竖起立在低处的相邻变坡点上，两点间的高差和水平距离分别在竖杆和横杆上估读（至0.05m），仿此法依次测量其他各点。

③ 横断面图的绘制。按 1：200 或 1：100 的比例尺在毫米方格纸上绘出横断面图，绘图顺序为从下到上、从左到右。每组施测 5 个以上的横断面，每侧施测 10m 以上。

9.5　注意事项

① 水准测量的注意事项见实训 2。

② 因中间点的读数和计算无校核，所以要特别认真细致。另外，水准尺应立在中桩附近高程有代表性的地面上。

③ 横断面测量与绘图应注意分清左、右侧和高差的正、负，最好在现场边测边绘。

④ 所有记录表格中的计算应现场完成（边观测边计算），不许只记不算或实训后总算。

9.6　结果记录与计算

将测量结果记录于表 2-9-1 与表 2-9-2 中，并计算。

表 2-9-1　路线中平测量记录

班级_____　组别_____　观测_____　记录_____　日期_____

测点	读数/m			视线高程/m	高程/m	备注
	后视	中间点	前视			

续表

测点	读数/m			视线高程/m	高程/m	备注
	后视	中间点	前视			

表 2-9-2　横断面测量记录

班级 _____　组别 _____　观测 _____　记录 _____　日期 _____

左侧高差 左侧距离	桩号	右侧高差 右侧距离

实训 10　平面图测绘

10.1　目的与要求

① 初步学会根据测区实际情况，确定导线形式及选择数量合理的图根点。

② 掌握图根平面测量的外业和内业工作。

③ 掌握坐标格网的绘制和图根点的展绘及地形测量的方法，学会平面图的整饰和清绘。

10.2　仪器与工具

经纬仪、平板仪、罗盘仪各 1 套，30m 钢尺、3m 钢尺各 1 副，水准尺 1 根，标杆 2 根，测钎 1 组，三角板量角器 1 副，丁字尺、三棱尺各 1 把，斧子 1 把，测伞 1 把，油漆适量，木桩若干，记录表若干，记录板 1 块，地形图图式 1 本。

计算器、铅笔、小刀、橡皮、毛笔、大头针、小钉、透明胶带、绘图纸等。

10.3　实习内容

每个小组 4～5 人组成。每组完成实习指定测区范围内的 1∶500 比例尺平面图，包括图根平面控制测量的外业和内业、坐标格网的绘制、图根点的展绘、碎部测量、平面图的整饰和清绘等。

10.4　实习方法与步骤

（1）图根平面控制测量

根据实习基地的具体情况，确定经纬仪导线形式，本实习以闭合导线为例。具体步骤如下。

① 选点　在测区范围内，实地踏勘选定 4～6 个控制点，选点方法及注意事项见前面实训内容。控制点位置选定后，在各控制点打下木桩并编号，绘出略图。

② 量距　用经纬仪定线，钢尺往、返丈量各导线边的边长，读至毫米。往返丈量的相对误差不大于 1/3000，取平均值作为边长。

③ 测角　采用测回法观测导线各转折角（内角），测 1 个测回，上、下半测回角值之差不超过 ±40″，取平均值作为内角的观测值。

④ 联测　测区附近若有已知坐标的控制点，使导线与之联系起来，用经纬仪测连接角，钢尺测连接边长。若为独立测区，用罗盘仪按照直线定向的方法，测定出起始边方位角。误差不超过 ±1°，取平均方位角作为起算值。

⑤ 检查　检查核对所有已知外业的数据资料。

⑥ 角度闭合差的计算及平差。

$$角度闭合差 \ f_\beta = \sum \beta_测 - (n-2) \times 180°$$

$$f_{\beta 容} = \pm 40'' \sqrt{n}$$

如果 f_β 在容许误差以内，可将其反符号平均分配给各角，余数分给边长悬殊大的两边的夹角。

⑦ 坐标方位角的推算。

$$\alpha_前 = \alpha_后 + 180° \pm \beta_i$$

即，后一边的方位角等于前一边的方位角加上 180° 再加上转折角（顺时针转时减去转折角）。

⑧ 坐标增量计算。

$$\Delta x_i = D_i \cos\alpha_i$$
$$\Delta y_i = D_i \sin\alpha_i$$

⑨ 坐标增量闭合差的计算及平差。

$$f_x = \sum \Delta x - (x_终 - x_始)$$
$$f_y = \sum \Delta y - (y_终 - y_始)$$
$$f_D = \sqrt{f_x^2 + f_y^2}$$
$$K = \frac{f_D}{\sum D} = \frac{1}{\sum D / f_D}$$
$$v_{xi} = -\frac{f_x}{\sum D} D_i$$
$$v_{yi} = -\frac{f_y}{\sum D} D_i$$

检核条件：

$$\sum v_x = -f_x$$
$$\sum v_y = -f_y$$

⑩ 计算改正后的坐标增量。

$$\Delta x_{i改} = \Delta x_i + v_{xi}$$
$$\Delta y_{i改} = \Delta y_i + v_{yi}$$
$$检核： \sum \Delta x_{i改} = 0$$
$$\sum \Delta y_{i改} = 0$$

⑪ 计算各导线点的坐标。

$$x_i = x_{i-1} + \Delta x_{i改}$$
$$y_i = y_{i-1} + \Delta x_{i改}$$

（2）测图前的准备工作

首先将绘图纸用透明胶带固定到图板上，采用对角线法绘制坐标格网（50cm×50cm），格网边长为 10cm。绘制后应检查：各方格顶点及对角线方向的点是否在同一直线上，每一方格边长误差不应超过 0.2mm，对角线长度误差不能超过 0.3mm，方格网线与刺孔直径不超过 0.1mm。

（3）碎部测量

碎部测量方法一般采用经纬仪法，也可采用经纬仪与平板仪联合测图法或平板仪测图法。测量时，合理选择地物点。

若根据图根点无法施测局部地区时，可根据现在图根点采用支导线或测角交会法加密控制点。

（4）平面图的整饰与清绘

平面图必须经过整饰与清绘，使图面内容齐全、清晰美观，符合图式要求。

清绘和整饰的顺序是先图内后图外、先注记后符号。即先擦去多余线条，按照地形图图式和有关规定，重新描绘各种注记和符号。最后绘制图廓、图名、图号、比例尺、坐标系统、图例、测绘方法、测绘单位、测绘日期。

10.5　上交材料

（1）小组上交资料

① 控制测量外业记录手簿，碎部测量记录手簿。

② 1∶500 比例尺的平面图。

（2）个人上交资料

① 控制测量内业计算成果。

② 实习报告。

③ 实习成果和资料。

实训 11　园路测绘

11.1　目的与要求

① 初步学会根据园林总体规划设计的要求和现场实际情况进行定线。

② 掌握路线中线测量、纵断面和横断面测量的方法。

③ 学会纵、横断面图的绘制方法。

11.2　仪器与工具

经纬仪、水准仪各 1 套，皮尺 1 副，水准尺 2 根，标杆 4 根，测钎 1 组，十字架和求心方向架各 1 个，斧子 1 把，木桩若干，涂料适量，记录表若干，记录板 1 块。

计算器、铅笔、小刀、橡皮、毛笔、小钉、毫米方格纸等。

11.3 实习内容

每实习小组 4～5 人组成。每组完成路宽 3～5m、里程约 500m 的园路测量工作，包括选线、中线测量、纵横断面测量和纵横断面图的绘制。

11.4 实习方法与步骤

（1）选线

在实习指导教师指导下，充分考虑实地选线的原则，在现场定出园路中线的交点，如果相邻两个交点不通视，应在其间增设转点，并打入木桩，桩顶钉钉，侧面编号，字面朝路线起点方向。

（2）中线测量

中线测量的主要内容包括：转角测量、里程桩的设置和曲线的测设，具体方法参阅实训 9。

（3）园路纵横断面测量

① 纵断面测量　首先进行基平测量，在沿线方向距中线两侧 20～30m 选 2～3 个稳固的点，并标定作为临时水准点。然后再用水准测量的方法往返测量相邻两水准点之间的高差，若往返测量高差代数和不超过容许值 $\pm 40'' L^{1/2}$ mm 或 $\pm 10'' \sqrt{n}$ mm，则取平均值作为最后结果，符号同往测高差。根据起点高程（已知或假定）和两点间高差推算出其他水准点的高程。

最后进行中平测量。以相邻水准点为一测段，从一个水准点开始用视线高程法逐点测量中桩的地面高程，直至队伍到下一水准点上。

② 横断面测量　首先用十字架和求心方向架测定中桩的横断面方向，并插标杆作标志，然后用抬标法或水准仪法测量中桩横断面方向一定距离内地面变坡点之间的水平距离和高差。

（4）路线纵、横断面图的绘制

① 纵断面图的绘制　纵断面图是以里程为横坐标、高程为纵坐标，根据中平测量的中桩地面高程及里程绘制。一般绘制在毫米方格纸上。里程比例尺常用 1：2000 或 1：1000，高程比例尺为 1：200 或 1：100。

② 横断面图的绘制　横断面图一般采取在现场边测边绘，及时核对、减少差错，也可作为记录在室内绘制。绘制在毫米方格上，比例尺一般是 1：200 或 1：100。一般规定绘图顺序是从图纸左下方起，自下而上，由左向右，依次按桩号绘制。

11.5 上交资料

（1）小组上交资料

① 路线中线测量记录计算表。

② 路线纵、横断面测量记录计算表。

（2）个人上交的资料

① 路线的纵、横断面图。

② 实习报告。

③ 实习成果和资料。

实训 12　点位测设的基本工作

12.1　目的与要求

掌握水平角、水平距离和高程测设的基本方法。

12.2　仪器与工具

经纬仪 1 台、水准仪 1 台、钢尺 1 副、水准尺 1 把、测钎 1 束、记录板 1 块。

铅笔、小刀、木桩、小钉、笔擦、计算器等。

12.3　实训内容

每实习小组 4～5 人组成。练习水平角、水平距离和高程的测设方法，每人至少练习一次。

12.4　实训方法与步骤

由指导教师在现场布置 O、A 两点（距离 40～60m），并假定 O 点的高程为 50.500m。现欲测设 B 点，使 $\angle AOB = 45°$（或其他角度，由指导教师根据场地而定，下同），OB 的长度为 50m，B 点的高程为 51.000m。

（1）水平角的测设

① 将经纬仪安置于 O 点，用盘左后视 A 点，并使水平度盘读数为 0°00′00″。

② 顺时针转动照准部，水平度盘读数确定在 45°，在望远镜视准轴方向上标定一点 B'（OB' 长度约为 50m）。

③ 倒镜，用盘右后视 A 点，读取水平度盘读数为 α，顺时针转动照准部，使水平度盘读数确定在 $\alpha + 45°$，同样的方法在地面上标定 B'' 点，$OB'' = OB'$。

④ 取 $B'B''$ 边线的中点 B，则 $\angle AOB$ 即为欲测设的 45°角。

（2）水平距离的测设

① 根据现场已定的起点和方向线，先进行直线定线，然后分两段，使两段距离之和为 50m，定出直线另一端点 B'。

② 返测 $B'O$ 的距离，若往返测距离的相对误差≤1/3000，取往返丈量结果的平均值作为 OB' 的距离 D'_{OB}。

③ 求 $B'B = 50 - D'_{OB}$，调整端点位置 B' 至 B，当 $B'B > 0$ 时，B' 往前移动；反之，B' 往后移。

（3）高程的测设

① 安置水准仪于 O、B 之间约等距离处，整平仪器后，后视 O 点上的水准尺，得水准尺读数为 a。

② 在 B 点处钉一大木桩，转动水准仪的望远镜，前视 B 点上的水准尺，使尺缓缓上下移动，当尺读数恰为 b（$b = 50.500 + a - 51.000$），则尺底的高程即为 51.000，用笔沿尺底画线标出。

施测时，若前视读数大于为 b，说明尺底高程低于欲测设的设计高程，应将水准尺慢慢提高至符合要求；反之应降低尺底。

12.5 注意事项

本实训不要求上交实训报告等材料，但实训每完成一项，应请指导老师对测设的结果进行检核（或在教师指导下自检）；检核时，角度测设的限差不大于 $\pm 40''$，距离测设的相对误差不大于 1/3000，高程测设的限差不大于 $\pm 10\text{mm}$。

实训 13   大树位置的测设

13.1   目的与要求

① 熟悉点的测设方法。
② 能利用经纬仪（全站仪）和皮尺进行点的测设，确定大树的位置。

13.2   仪器与工具

经纬仪 1 台，测钎 2 只，记录板 1 块，伞 1 把，皮尺 1 把，全站仪 1 台，原始记录表 1 份。

13.3   实训内容

每实习小组 4～5 人组成，每组完成 2～3 棵大树的测设。包括角度的测设、距离的测设。

13.4   实训方法及步骤

① 在测站点 A 安置仪器，对中整平。
② B 点安置测钎或者棱镜（对中、整平）。
③ 从图纸中测量 A 点与大树连线与 AB 之间的角度和距离（图 2-13-1）。

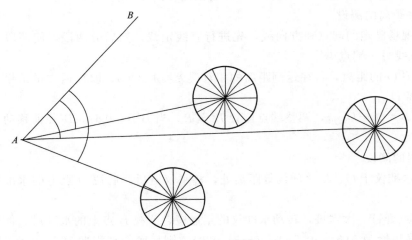

图 2-13-1   测设示意

④ 经纬仪（全站仪）后视 B 点，双击置零。

⑤ 将经纬仪（全站仪）调至量好的角度，旋紧水平制动螺旋，用测钎（对中杆）粗略对准经纬仪（全站仪），通过操作者指挥，精确对准经纬仪（全站仪）。则确定 A 点与大树连线的测设方向。

⑥ 用皮尺将测站点 A 与测钎连成直线，测量精确距离，找到大树的位置（利用对中杆精确放样找到大树位置），用木桩或白石灰做上标记。

13.5　注意事项

① 目标要瞄准，并尽量瞄准目标下端。

② 注意消除误差，随时观察精度是否满足要求。

③ 本实训不要求上交实训报告等材料，每完成一项，请指导老师对测设的结果进行检核（或在教师指导下自检），检核标准见实训 12。

实训 14　椭圆形花坛施工放线

14.1　目的与要求

① 了解最新测绘技术。

② 掌握园林施工中椭圆形花坛测设的基本方法。

14.2　仪器与工具

经纬仪、水准仪各 1 台，水准尺、尺垫各 2 件，钢尺、皮尺各 1 把，标杆 2 根，脚架 2 个，垂球 1 个，测钎一串，记录板、计算器各 1 个，木桩 10 个左右，小钉 10 个左右，榔头 1 把。

14.3　实习内容

椭圆形花坛施工放线。每实习小组 4～5 人组成。

14.4　实训方法与步骤

选择一处 50m×100m 便于放样的空场地，如已有国家或城建部门的控制点两三点则更为理想。

（1）方法一

已知椭圆形花坛的长轴 AB 和短轴 CD，放样示意如图 2-14-1 所示。

① 以 AB 和 CD 为直径作同心圆。

② 作若干直径，自直径与大圆的交点作垂线，自直径与小圆的交点作水平线与垂线相交，即得到椭圆的轨迹点。

③ 将各个轨迹点用圆滑的曲线相连即为所要求放样的椭圆形花坛的边缘。

④ 假定高程＋0.30m，以国家或城建部门给出的绝对高程控制点进行测量放样。

（2）方法二

① 长轴 AB 的 1/2 作为木桩的间距，在地面上钉 2 个十字木桩。

② 再取一根绳子两端结在一起构成闭环，绳子长度为木桩间距的 3 倍。

③ 将绳环套在两根木桩上，绳子上拴一根长钢钉在地面上画线。

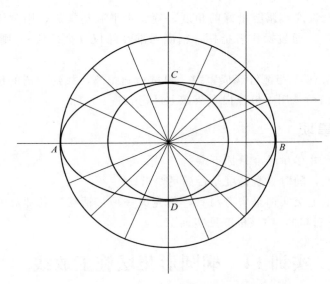

图 2-14-1　椭圆形花坛放样示意图

④ 牵动绳子转圈画线，椭圆的轨迹线就画成了。

⑤ 转圈画线时一定要注意，绳子要拉紧，先画一侧的弧线，再翻过去画另一侧的弧线。

⑥ 假定高程＋0.45m，以国家或城建部门给出的绝对高程控制点进行测量放样。

14.5　上交资料

① 放样数据计算表及放样简图。

② 内业计算书及成果整理资料。

③ 实训报告。

实训 15　园林挡土墙施工与调查

15.1　目的与要求

① 掌握园林挡土墙景观的设计施工方法。

② 了解园林挡土墙景观所用材料、铺装的设计施工要求。

15.2　材料

土壤 $0.7m^3$、水泥 75kg、沙子 405kg。

平台块石 84 块，每块 400mm×200mm×200mm（用于建造 1 个 6m 长、1.2m 高的挡土墙）。

平台块石 116 块，每块 400mm×200mm×200mm（用于建造 1 个 6m 长、0.8m 宽的台阶和种植地）。

15.3　实训内容

建造 1 个长 6m、高 1m 的挡土墙。建造 1 个长 6m、宽 0.8m 的台阶和种植地。每实习小组 4～5 人组成。

15. 4　实训方法与步骤

（1）熟悉块石园林挡土墙景观基本施工

建造以上块石园林挡土墙景观施工步骤如下。

① 准备工作　挡土墙地基整平与压实。从挡土墙的开始处，挖大约 600mm、宽 6m 长的沟。把土壤堆在一边。如果是渗水良好的黏土，可以重新填充于挡土墙后。否则，就得另外放入 1.2m³ 土壤或沙子。

开始放置块石之前，用水准仪或水平尺来检查地面是否平坦。

如果地面有坡度，就把沟做成台阶状，并在低的一面另放一层块石。

② 挡土墙施工　开始放置块石。在挖掘的坡度与块石层之间留出大约 200mm 宽的缝，并按角度放置，以便每个拐角能安插在一起。这样它们可以连接起来，使墙既具有强度，又有稳定性。最后，墙后用沙子或土壤回填后压实。如果有水渗流或黏土层的问题，最好在土壤下面砌一个碎石和河沙的排水层。

放完一层块石后，用肥沃的土壤填满它们之间的空隙及后边的空间。

把第二层放在第一层上面，但稍微靠后。这使得底层块石上的部分孔洞可见，完工后用于种植。

用水准仪确保水平面平坦，也可用建造线维持墙体笔直。

继续放置块石，直至需要的高度。

全部块石放好后，就往填土的块石上浇水，并压实。然后所有的缝隙均可再加土填满。

③ 台阶施工　按规定宽度砌筑台阶。注意，每块块石的空心部分均要等到块石放好后才能铲入砂浆。

压实每步台阶后面的土壤，并确保开始放置下层块石之前其表面绝对水平。

④ 种植容器　沿着台阶竖直摆放额外的块石长路，并让中空面朝上。必要时，还可把它们堆起来，使块石高于踏步。

用肥沃的土壤填满石孔，制作种植容器。

若台阶是弯曲的，则踏步的有些部分可能还有缝隙。这时要用砂浆填满或种上地被植物。

⑤ 结尾　在墙上和台阶的边缘种上抗逆性强的爬藤或攀缘植物，不久这个结构就将被繁茂的枝叶覆盖。

（2）从四个方面来调查和分析园林挡土墙景观

① 园林挡土墙景观效果　园林挡土墙景观可与周围的山、水、建筑、花草、树木、石景等景物紧密结合，均可成景，园林挡土墙与周围景观浑然一体。在实习中要把好的园林挡土墙记录下来（画草图或拍成照片）。

② 园林挡土墙景观中常用材料　园林挡土墙景观中常用的路面面层材料有两种：一种是天然材料；另一种是人造材料。

天然材料的园林挡土墙有块石挡土墙、碎石挡土墙等。

人造材料的园林挡土墙有混凝土挡土墙、斩假石挡土墙等。在实习中记下所见的挡土墙材料、规格和适用的地方。

③ 园林挡土墙景观的设计施工要求　在实习中，根据园林挡土墙景观的设计施工要求，记录所见的园林挡土墙景观。

④ 园林挡土墙景观常见"病害"及其原因　园林挡土墙常见的病害形式有：勾缝脱落、

裂缝、表现破损、墙背填土沉陷、泄水孔堵塞、基础冲刷淘空、沉降缝或变形缝破损等。此外，还有滑移、倾覆、沉陷、墙身竖向开裂和横向断裂等。

造成病害的原因主要包括基础埋置过浅、墙后排水不良、设计施工方面存在问题、养护不及时等。

15.5　上交资料

① 放样数据计算表及放样简图。
② 实训报告。

实训 16　给水管道施工

16.1　目的与要求

① 了解给水管道施工的一般步骤。
② 掌握球墨铸铁给水管（推入式 T 型）施工方法。
③ 弄清球墨铸铁给水管（推入式 T 型）施工中应该注意的问题。

16.2　工具与材料

给水球墨铸铁管若干，肥皂或洗衣粉、水、叉子、捯链、连杆千斤顶等配套工具。

16.3　实习内容

球墨铸铁给水管施工。每实习小组 4~5 人组成。

16.4　实训方法与步骤

推入式球墨铸铁管施工程序为：测量放线—开槽—铺砂、下管—清理管口和胶圈—上胶圈—清理插口外表面及刷润滑剂—接口—检查。

（1）沟槽开挖
① 开槽前调查了解地下地上障碍物，统计现状地下管线情况并采取有效措施加以保护。
② 根据设计图中设计管道的规格及埋深以及规范要求确定沟槽开挖形式（图 2-16-1）。

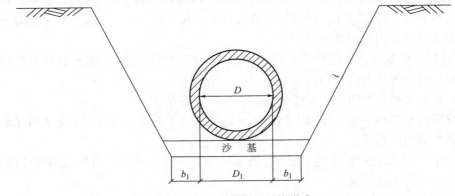

图 2-16-1　沟槽断面开挖形式

地质条件良好、土质均匀、地下水位低于沟槽底面高程，且开挖深度在 5m 以内、沟槽不设支撑时，沟槽边坡最陡坡度应符合表 2-16-1 的规定。

表 2-16-1　深度在 5m 以内的沟槽边坡的最陡坡度

土的类别	边坡坡度（高：宽）		
	坡顶无荷载	坡顶有静载	坡顶有动载
中密的砂土	1：1.00	1：1.25	1：1.50
中密的碎石类土（充填物为砂土）	1：0.75	1：1.00	1：1.25
硬塑的粉土	1：0.67	1：0.75	1：1.00
中密的碎石类土（充填物为黏性土）	1：0.50	1：0.67	1：0.75
硬塑的粉质黏土、黏土	1：0.33	1：0.50	1：0.67
老黄土	1：0.10	1：0.25	1：0.33
软土（经井点降水后）	1：1.25	—	—

管道结构外径 $D_1 \leqslant 500mm$ 时，金属管道一侧的工作面宽度 b_1 一般为 300mm。

③ 沟槽开挖尽量按先深后浅顺序进行，以利于排水。

如采用机械开挖，槽底预留 20cm 由人工清底。开挖过程中严禁超挖，以防扰动地基。对于有地下障碍物（现况管缆）的地段由人工开挖，严禁破坏。

挖槽土方按现场暂存、场外暂存、外弃相结合的原则进行。开槽土方凡适宜回填的土选择妥善位置进行堆放，但不得覆盖测量等标注，均暂存于现场用于沟槽回填。回填土施工前制订合理土方调配计划，做好土方平衡，减少土方外运及现场土方调运。

④ 约请有关人员验槽，槽底合格后方可进行下道工序。如遇槽底土基不符合设计要求，及时与设计、监理单位及地勘部门联系，共同研究基底处理措施。

（2）下管

在沟槽检底后，经核对管节、管件位置无误后立即将管子完整地下到沟槽。下管时注意承口方向保持与管道安装方向一致，同时在各接口处掏挖工作坑，工作坑大小为方便管道接口安装为宜。

（3）清理承口

清刷承口，铲去所有的黏结物，如砂、泥土和松散土层及可能污染水质、划破胶圈的附着物等。

（4）清理胶圈，上胶圈

将胶圈清理洁净，上胶圈时，使胶圈弯成心形或花形放在承口槽内就位，并用手压实，确保各个部位不翘不扭。胶圈存放注意避光，不要叠合挤压，长期储存在盒子里面，或用其他东西罩上。

（5）清理插口表面

插口端是圆角并有一定锥度，在胶圈内表面和插口外表涂刷润滑剂（洗涤灵），润滑剂均匀刷在承口内已安装好的橡胶圈表面，在插口外表面刷润滑剂刷到插口坡口处。

（6）接口

插口对承口找正，支立三脚架，挂手扳葫芦，套钢丝绳，扳动手扳葫芦，使插口装入承口。并注意接口一定要接到白线的位置，保证角度不大于 3°。

（7）检查

第一节管与第二节管安装要准确，管子承口朝来水方向。安完第一节管后，用钢丝绳和手扳葫芦将它锁住，以防止脱口。安装后，检查插口推入承口的位置是否符合要求，用探尺插入承插口间隙中检查胶圈位置是否正确，并检查胶圈是否撞匀。

16.5　注意事项

① 管子需要截短时，插口端加工成坡口形状，割管必须用球墨铸铁管专用切割机，严禁采用气焊。

② 上胶圈之前注意，不能把润滑剂刷在承口内表面，不然会导致接口失败。

16.6　上交资料

① 放样数据计算表及放样简图。

② 实训报告。

实训 17　喷灌系统水压泄水实验

17.1　目的与要求

① 了解水压试验、泄水试验在喷灌系统中的重要性。

② 掌握水压试验、泄水试验的方法、步骤。

③ 了解水压试验、泄水试验的一般要求。

17.2　工具与材料

已完工给水管网一部分。

17.3　实训内容

喷灌系统水压实验、喷灌系统泄水实验。

17.4　实训方法与步骤

（1）水压试验

① 缓慢向试压管道中注水，同时排出管道内的空气，水慢慢进入管道以防水锤或气锤。

② 严密试验。将管道内的水加压到 0.35MPa 并保持 2h，检查各部位是否有渗漏或其他不正常现象。

③ 严密试验合格后，对管道再次缓慢加压至强度试验压力，保持 1h，检查各部位是否有渗漏或其他不正常现象。在 2h 内压力下降幅度小于 5%，且管道无变形，表明管道强度试验合格。

④ 在严密试验和强度试验过程中，每当压力下降 0.02MPa 时应向管内补水。

⑤ 水压试验不合格应及时检修，检修后达到规定养护时间再次进行水压试验。

⑥ 水压试验合格后，应立即泄水，进行泄水试验。

（2）泄水试验

水压试验合格后应立即泄水，以检查管网的泄水能力。

① 打开所有手动泄水阀，截断立管堵头，以免管道中出现负压，影响泄水效果。

② 泄水停止后，检查管道中是否存在堵管积水，并在图纸或现场作标记。

③ 泄水区域检查完毕后，应调整河床坡度或采取局部泄水的处理措施进行处理。

④ 处理后重复上述步骤重新进行水压和泄水试验，直至合格。

17.5　上交资料

实训报告。

实训 18　跌水、溪流工程施工

18.1　目的与要求

① 掌握跌水工程和溪流工程施工的一般步骤和方法。

② 了解新工艺、新技术、新材料等在跌水和溪流施工中的应用。

18.2　工具与材料

蛙式打夯机、砂石骨料、钢模板、钢筋、大小卵石、景石、灰土、石灰、黄沙、水泥、防水材料（EPDM、油毡卷材等）、瓷砖、木桩、斧子、绳子、泥刀、铁锹、铁铲、软管等。有一定地形变化的室外实训场地一处。

18.3　实训内容

人工瀑布施工、人工溪流施工。

18.4　实训方法与步骤

18.4.1　跌水施工

以钢筋混凝土结构为例，主要施工方法和步骤如下。

（1）基土处理

对基土进行碾压、夯实，对软弱土层要进行处理。分层夯实，填土质量应符合国家标准《建筑地基基础工程施工质量验收规范》（GB 50202—2002）的有关规定，填土时应为最优含水量取土样按击实试验确定最优含水量与相应的最大干密度。基土应均匀密实，压实系数应符合设计要求，应小于 0.94。

（2）3∶7 灰土垫层

严格按规范施工，灰和土严格过筛，土粒径不大于 15mm，灰颗粒不大于 5mm，搅拌均匀才能回填，机械碾压夯实。灰土回填厚度不大于 250mm，同时注意监测含水率，认真做好压实取样工作。

（3）混凝土垫层施工要求

混凝土垫层应采用粗骨料，其最大粒径不应大于垫层粒径的 2/3，含泥量不大于 5%；砂为中粗砂，其含泥量不大于 3%，垫层铺设前其下一层应湿润，垫层应设置伸缩缝，混凝土垫层表面的允许偏差值应不大于±10mm。

（4）钢筋混凝土池壁、池底

池底整体一次现浇，不留施工缝，池壁用钢模板双面支模，严禁出现断面尺寸偏差、轴线偏差、露筋、蜂窝、孔洞等现象，严把混凝土配合比与混凝土浇捣关。

（5）模板

① 模板及其支架应具有承载能力、刚度和稳定性，能可靠地承受浇注混凝土的重量、侧压力以及施工荷载。

② 板的接缝不应漏浆，模板与混凝土的接触面应清理干净，并涂隔离层。

③ 模板安装的偏差应符合施工规范规定，如轴线位置5mm、表面平整度5mm、垂直度6mm。

（6）钢筋工程

① 钢筋进场时，应按国际规定抽样进行力学性能检验。

② 纵向受力钢筋的连接方式应符合设计要求。

③ 钢筋安装位的偏差，网的长宽不大于±10mm，保护层不大于±3mm，预埋件与中心线位置不大于±5mm。

（7）混凝土施工

① 结构混凝土的强度等级必须符合设计要求。

② 混凝土运输、浇筑及间歇的全部时间不应超过混凝土的初凝时间。同一施工段的混凝土应连续浇筑，并应在底层混凝土初凝之前将上一层混凝土浇筑完毕。

③ 施工缝的位置应在混凝土浇筑前按设计要求和施工技术方案确定。

④ 对有抗渗要求的混凝土，浇水养护时间不得少于14d。

⑤ 现浇混凝土拆模后，应由监理单位、施工单位对外观质量尺寸偏差进行检查，做记录，并及时按技工技术方案对缺陷进行处理。

（8）试水

试水前清洁瀑布面并检查管路的安装情况。而后打开水源，注意观察水流及跌水效果，如达到设计要求，说明跌水施工合格。

18.4.2 溪流施工

（1）施工准备

主要是进行现场踏查，熟悉设计团纸，准备施工材料、施工机具、施工人员。对施工现场进行清理平整，接通水电，搭置必要的临时设施等。

（2）溪道放线

依据已确定的小溪设计图纸。用石灰、黄沙或绳子等在地面上勾画出小溪的轮廓，同时确定小溪循环用水的出水口和承水池间的管线走向。由于溪道宽窄变化多，放线时应加密打桩量，特别是转弯点。各桩要标注清楚相应的设计高程，变坡点（即设计跌水之处）要做特殊标记。

（3）溪槽开挖

小溪要按设计要求开挖，最好掘成U形坑，因小溪多数较浅，表层土壤较肥沃，要注意将表土堆放好，作为溪涧种植用土。溪道开挖要求有足够的宽度和深度，以便安装散点石。值得注意的是，一般的溪流在落入下一段之前都应有至少7cm的水深，故挖溪道时每一段最前面的深度都要深些，以确保小溪的自然。溪道挖好后，必须将溪底基土夯实，溪壁拍实。如果溪底用混凝土结构，先在溪底铺 10～15cm 厚碎石层作为垫层。

（4）溪底施工

① 混凝土结构　在碎石垫层上铺上砂子（中砂或细砂），垫层 2.5～5cm，盖上防水材料（EPDM、油毡卷材等），然后现浇混凝土（水泥标号、配比参阅水池施工），厚度 10～15cm（北方地区可适当加厚），其上铺水泥砂浆约 3cm，然后再铺素水泥浆 2cm，按设计放入卵石即可。

② 柔性结构　如果小溪较小，水又浅，溪基土质良好，可直接在夯实的溪道上铺一层 2.5～5cm 厚的砂子，再将衬垫薄膜盖上。衬垫薄膜纵向的搭接长度不得小于 30cm，留于溪岸的宽度不得小于 20cm，并用砖、石等重物压紧。最后用水泥砂浆把石块直接粘在衬垫薄膜上。

（5）溪壁施工

溪岸可用大卵石、砾石、瓷砖、石料等铺砌处理。和溪底一样，溪岸也必须设置防水层，防止溪流渗漏。如果小溪环境开朗，溪面宽、水浅，可将溪岸做成草坪护坡，且坡度尽量平缓。临水处用卵石封边即可。

（6）溪道装饰

为使溪流更自然有趣，可用较少的鹅卵石放在溪床上，这会使水面产生轻柔的涟漪。同时按设计要求进行管网安装，最后点缀少量景石，配以水生植物，饰以小桥、汀步等小品。

（7）试水　试水前应将溪道全面清洁和检查管路的安装情况。而后打开水源，注意观察水流及岸壁，如达到设计要求，说明溪道施工合格。

18.5　上交资料

实训报告。

实训 19　水景、水池工程施工

19.1　目的与要求

① 掌握水池施工的一般步骤和方法。
② 了解新工艺、新技术、新材料等在水景、喷泉施工中的应用。

19.2　工具与材料

大小卵石、碎石、石灰、砂子、水泥、聚乙烯薄膜、木桩、绳子、泥刀、铁锹、铁铲、软管、潜水泵、蛙式打夯机、级配碎石、混凝土、震动器、砖、防水涂料、长把滚刷等。
场地较为平整的室外实训场地一处。

19.3　实训内容

水池工程施工。

19.4　实训方法与步骤

本实训主要进行水池工程的施工。

（1）测量放线

按照场内水池的外型、宽度、平面位置，测量放出基准点，按照网格图放 1000mm×1000mm 网格控制线，根据图纸尺寸测设池体外形，在弧度较大处适当加密测点。

（2）土方开挖

① 坑底平面布置　为保持场地整洁、干燥的施工需要，在基坑底设置集水井，每座水井设 1 台潜水泵将雨水就近排入市政管道。

② 土方开挖　土方采用人工挖土，同时进行余土清理，并严格遵照设计夯实度要求进行整平夯实。机械挖上来的土方用自卸汽车运走，以免造成堆积现象。

（3）土方回填

① 回填土方前，对管线埋设彻底检查并验收，后方可回填土，回填土用蛙式打夯机夯实，每层厚度不得大于 250mm。

② 不进行填方的施工，分段尽快完成。基坑回分层对称，防止造成一侧压力不平衡，破坏基础。

（4）级配碎石垫层施工

① 工艺流程　检验碎石质量→分层铺筑碎石→洒水→夯实或碾压→找平验收。

② 对级配碎石进行技术鉴定，如是人工级配碎石，应将碎石拌和均匀，其质量均应达到设计要求或规范的规定。

③ 分层铺筑碎石

Ⅰ.铺筑碎石的每层厚度，一般为 15～20cm，不宜超过 30cm，分层厚度用样桩控制。视不同条件，选用夯实或压实的方法。大面积的碎石垫层，铺筑厚度可达 35cm，采用 6～10t 的压路机碾压。

Ⅱ.碎石地基底面铺设在同一标高上，如深度不同，基土面应挖成踏步或斜坡形，搭茬处应注意压（夯）实。施工按先深后浅的顺序进行。

Ⅲ.分段施工时，接茬处应做成斜坡，每层接岔处的水平距离错开 0.5～1.0m，并应充分压（夯）实。

Ⅳ.铺筑的碎石级配均匀。如发现碎石成堆现象，则将该处碎石挖出，分别填入级配好的碎石。

④ 洒水　铺筑级配碎石在夯实碾压前，根据其干湿程度和气候条件，适当地洒水以保持碎石的最佳含水量，一般为 8%～12%。

⑤ 夯实或碾压　夯实或碾压的遍数，由现场试验确定。用水夯或蛙式打夯机时，保持落距为 400～500mm，一夯压半夯，行行相接，全面夯实，不少于 3 遍。如采用压路机往复碾压，碾压不少于 4 遍，其轮距搭接不小于 50cm。边缘和转角处用人工或蛙式打夯机补夯密实。

（5）混凝土基础垫层施工

基础垫层采用 C15 碎石混凝土垫层，现场使用商品混凝土，混凝土按照设计要求进行配比。混凝土拌和后，人工进行摊铺，采用平板震动或卡板震动器振捣，震动器搁在纵向侧模顶上，自一端向另一端依次震动 2～3 遍。混凝土垫层以人工进行收浆，成形后 2～3h 且物触无痕迹时，用麻袋进行全面覆盖，经常洒水保持湿润。

（6）砖砌池壁砌体施工

砖砌体工程采用水泥砂浆砌筑 MU7.5 砖，水景池砖砌体工程施工方法参照砖砌体的施工方法。

（7）防水层施工

防水层采用2mm厚防水涂料。

① 防水层施工前，将基层表面的尘土等杂物清除干净，用干净湿布擦一次。基层表面，不得有凸凹不平、松动、空鼓、起砂、开裂等缺陷，含水率一般不大于9%。

② 涂刷底胶（相当于冷底子油）

Ⅰ.配制底胶，先将聚氨酯甲料、乙料加入二甲苯，比例为1∶1.5∶2（质量比）配合搅拌均匀，配制量应视具体情况而定，不宜过多。

Ⅱ.涂刷底胶，将按上法配制好的底胶混合料，用长把滚刷均匀涂刷在基层表面，涂刷量为0.15～0.2kg/m²，涂后常温季节4h以后，手感不黏时，即可做下道工序。

③ 涂膜防水层施工　聚氨酯防水材料为聚氨酯甲料、聚氨酯乙料和二甲苯，配比为1∶1.5∶0.2（质量比）。

Ⅰ.在施工中涂膜防水材料，其配合比计量要准确，并必须用电动搅拌机进行强力搅拌。

Ⅱ.附加层施工：突出池面的管根、出水口等根部（边沿），阴、阳角等部位，应在大面积涂刷前先做一道防水附加层，两侧各压交界缝200mm。涂刷防水材料的具体要求是，常温4h表干后再刷第二道涂膜防水材料，24h实干后即可进行大面积涂膜防水层施工。

Ⅲ.涂膜防水层：将已配好的聚氨酯涂膜防水材料用塑料或橡皮刮板均匀涂刮在已涂好底胶的基层表面，用量为0.8kg/m²，不得有漏刷和鼓泡等缺陷，24h固化后，可进行第二道涂层。第二道涂层在已固化的涂层上，采用与第一道涂层相互垂直的方向均匀涂刷在涂层表面，涂刮量与第一道相同，不得有漏刷和鼓泡等缺陷。24h固化后，再按上述配方和方法涂刮第三道涂膜，涂刮量以0.4～0.5kg/m²为宜。除上述涂刷方法外，也可采用长把滚刷分层在相互垂直的方向分4次涂刷。如条件允许，也可采用喷涂的方法，但要掌握好厚度和均匀度。细部不易喷涂的部位，应在实干后进行补刷。

Ⅳ.在涂膜防水层施工前，应组织有关人员认真进行技术和使用材料的交底。防水层施工完成后，经过24h以上的蓄水试验，未发现渗水漏水为合格，然后进行隐蔽工程检查验收，交下道施工。

（8）防水保护层施工方法

① 在做保护层施工前，细致检查防水层是否平整、完好无破损现象，如有质量缺陷应返工后再做保护层。

② 保护层施工时施工工具轻拿轻放，严禁出现人为损坏现象。

③ 池底打保护层前先用净水泥浆拉毛。

（9）钢筋混凝土工程的施工方法参照钢筋混凝土结构施工方法。

混凝土垫层采用100mm厚C15商用混凝土，水池池身采用C25P6抗渗钢筋混凝土。

（10）面层施工

饰面层采用花岗岩面层，黏结层采用20mm厚1∶3水泥砂浆。

（11）养护

（12）验收成果

19.5　上交资料

实训报告。

实训 20　室内水景工程施工

20.1　目的与要求

① 了解几种室内水景施工的一般步骤和方法。

② 掌握室内岩石跌水施工的一般步骤和方法。

③ 了解新工艺、新技术、新材料等在室内水景施工中的应用。

20.2　工具与材料

① 大小块状石材、砂砾、水泥、弹性水池底衬、泥刀、软管等。

② 场地要求：适合各工序开展的室内实训场地一处。

20.3　实训内容

室内水景施工。

20.4　实训方法与步骤

① 介绍几种室内水景施工的一般步骤和方法，介绍新工艺、新技术、新材料等在室内水景工程中的相关应用，并以岩石跌水施工为主展开实训操作。

② 按照需要的高度和形状搭起石块，不要搭得太陡，以保持最自然的效果。顶部做一个蓄水池帮助水流连贯的流动。

③ 在岩石后面从头到尾用一块弹性的水池底衬铺满跌水的整个部分，固定位置藏在石头和砾石的后面，并把底衬边重叠于底部的水池或水箱中。

④ 将水流出口安放在跌水的顶部，把供水管藏在石头的后面。

⑤ 将出水管和底部水池或水箱里的水泵相连，打开开关，调节水流，使之不要飞溅到两边或流速太快。

⑥ 验收成果。

20.5　上交资料

实训报告。

实训 21　乔灌木栽植工程施工

21.1　目的与要求

① 掌握乔灌木栽植的一般步骤和方法。

② 熟悉提高树木移植成活率的基本方法。

③ 掌握现代科学技术在大树移植中的应用。

21.2　工具与材料

施工图纸、方格纸、铁锹、镐、石灰、修枝剪、木支架、包扎草绳、乔灌苗木等。
乔灌木栽植绿地一块。

21.3　实训内容

乔灌木栽植工程准备。
乔灌木栽植与养护。

21.4　实训方法与步骤

（1）施工现场的准备

准备工作包括清理施工场地障碍物、整理地形地势、整理地面土壤、准备道路水源等。施工过程中遇到的地下障碍物要予以清除，现场清理后的残土及时回填，回填后的场地满足排水、植物生长及其他功能要求。

（2）栽植准备

① 选苗　选择发育良好，无病虫害且树形端正、主干顺直的苗木。大树移植是指胸径在 15～20cm 以上，或树干 4～6m 以上，或树龄 20 年以上的壮龄树木或成年树木的移植。

② 修剪　将过密、重叠、轮生、下垂、徒长枝、病虫枝等修剪掉。落叶树木移植前对树冠进行修剪，裸根移植一般重修剪，剪掉全部枝叶的 1/3～1/2，可适当留些小枝，易于发芽展叶。带土球移植可适当轻剪，剪去枝条的 1/3 即可。修剪时剪口必须平滑，截面尽量缩小，2cm 以上的枝条，剪口应涂抹防腐剂（涂白调和漆或石灰乳）。常绿树移植前一般不需修剪。

③ 起苗、包扎　起苗时要保证苗木根系、土球完整。根据苗木的不同可以采取裸根起苗法和带土球起苗法。大树移植前，在有条件的情况下，可提前 1～2 年进行切根处理。将根系按预定移植的大小，环树挖 60～80cm 宽的沟，将根切断，再还填松散的营养土，使其在根的断口处愈合生新根，利于移植成活。

包扎可采用软包装土球包扎法或带土球木箱包装法。

④ 装卸、运苗　在运输过程中所有的植物都应妥善包装，防止太阳、风和气候或季节性损害，保护树冠不折枝、树干不破皮、根系含有充足的水分（用草帘或布帘遮好，并适时浇水）。带土球的树木，在搬运过程中要轻拿轻放，保持好完整的土球，行车慢而平稳，减少震动。

⑤ 定点放线　按照施工图进行定点测量放线，对设计图纸上无精确定位点的树木栽植，特别是树丛、树群，可先画出栽植范围，具体位置根据设计思想、树体规格和场地现状等综合考虑，一般以植株长大后株间发育互不干扰为原则。

⑥ 挖穴　树穴开挖应按照乔灌木规模和习性挖规范的种植穴。树槽宽度应在土球外两侧各加 10cm，深度加 10～15cm，如遇土质不好，需进行客土或采取施肥措施的应适当加大穴槽规格。定植坑穴的上口与下口应保持大小一致，切忌锅底状，以免根系扩展受阻。地下水位较高的南方和多雨地区，应有排除坑内积水或降低地下水位的有效措施，如采用导流沟引水或深沟降渍等。有条件的可施基肥。

⑦ 栽植　栽植时注意选好主要观赏面的方向，并照顾朝阳面。种植时要栽正扶直。树冠主尖与根在一条垂直线上，保持树直立，方位正确。

⑧ 栽植后养护管理　移植后的第一年的养护管理最为关键。栽植后应设立柱支撑，防止大风松动根系或浇水后吹倒苗木。支撑可用十字支撑、扁担支撑、三角支撑或单柱支撑，以三角支撑为好，支撑点为树体高度的 2/3 处，支柱根部应入土中 50cm。

为防树体水分蒸发过大，用草绳等软材料将树干全部包裹于分枝，每天早、晚各喷水 1 次于树干上，保持草绳湿润。栽植树木后要围水堰，水堰内径与坑沿相同，堰高 20~30cm，开堰时注意不应过深，以免挖坏树根或土球。

栽植后 24h 内必须浇第一遍水，水量不宜过大，水流漫灌，使土下沉。一般栽后两三天内完成第二遍浇水，一周内完成第三遍浇水，每次浇水要浇足，浇水后整堰，填土堵漏。

⑨ 栽植辅助措施　栽培介质和其他添加物，改良土壤；根部表面施用生长激素，促进根系的旺盛发育；喷施抗蒸腾剂；使用羊毛脂等伤口愈合剂；环穴周围埋设 3~5 条通气管等。

21.5　上交资料

实训报告。

实训 22　花坛栽植工程施工

22.1　目的与要求

① 掌握花坛栽植工程施工的一般步骤和方法。
② 掌握花坛植物移植的方法应用。

22.2　工具与材料

铁锹、皮尺、水准仪、经纬仪、水准尺、有机肥、修枝剪、草花苗木、立体骨架等。
基础完工的待栽植花坛一处。

22.3　实训内容

平面花坛（或者模纹花坛、立体花坛）栽植工程施工。

22.4　实训方法与步骤

（1）平面式花坛种植施工

① 整地翻耕　花卉栽培前深翻 30~40cm，除去草根、石头及其他杂物。如果栽植深根性花木，还要翻耕更深一些。如土质较差，则应将表层更换好土（30cm 表土）。根据需要，施加适量肥性好而又持久的已腐熟的有机肥作为基肥。

② 定点放线　根据图纸规定直接用皮尺量好实际距离，用点线做出明显的标记。如花坛面积较大，可改用方格法放线。放线时要注意先后顺序，避免踩坏已放做好标志。

③ 起苗栽植　裸根苗应随起随栽，起苗应尽量注意保持根系完整。
掘带土花苗，如花圃畦地干燥，应事先灌浇苗地。起苗时要注意保持根部土球完整，根

系丰满。如苗床土质过于松散，可用物轻轻捏实。掘起后，最好于阴凉处置放 1～2d，再运往栽植。

盆栽花苗，栽植时，将盆褪下，注意保证盆土不松散。

平面花坛也可以在花坛内直接播种，出苗后及时进行间苗管理，并根据需要适当施用追肥。

（2）模纹式花坛种植施工

① 整地翻耕　除上述要求外，平整要求比一般花坛高，为了防止花坛出现下沉和不均匀现象，在施工时应增加 1～2 次镇压。

② 上顶子　模纹式花坛的中心多数栽种苏铁、龙舌兰及其他球形盆栽植物，也有在中心地带布置高低层次不同的盆栽植物，被称为"上顶子"。

③ 定点放线　上顶子的盆栽植物种好后，将其他的花坛面积翻耕均匀、耙平，然后按图纸的纹样精确进行放线。先将花坛表面等分为若干份，再分块按照图纸花纹，用白色细沙撒在所划的花纹线上，也可用铅丝、胶合板等制成纹样，再用它的地表面上打样。

④ 栽草　按照图案花纹先里后外，先左后右，先栽主要纹样，逐次进行。如花坛面积大，栽草困难，可搭搁板或扣木匣子，操作人员踩在搁板或木匣子上栽草。栽种时先用木槌子插眼，再将草插入眼内用手按实。要做到苗齐，地面达到上横一平面，纵看一条线。为了强调浮雕效果，可先用土做出形来，再把草栽到起鼓处，则会形成起伏状。白草的株行距离为 3～4cm，小叶红草、绿草的株行距离为 4～5cm，大叶红草的株行距离为 5～6cm。平均种植密度为每平方米栽草 250～280 株。最窄的纹样栽白草不少于 3 行，绿草、小叶红、黑草不少于 2 行。花坛镶边植物火绒子、香雪球栽植距离为20～30cm。

⑤ 修剪和浇水　修剪是保证花纹好坏的关键。草栽好后可先进行 1 次修剪，将草压平，以后每隔 15～20d 修剪 1 次。有两种剪草法：一种为平剪，纹样和文字都剪平，顶部略高一些，边缘略低；另一种为浮雕形，纹样修剪成浮雕状，即中间草高于两边。

除栽好后浇 1 次透水外，以后应每天早晚各喷水 1 次。

（3）立体花坛种植施工

立体花坛就是用砖、木、竹、泥等制成骨架，再用花卉布置外型，使之成为兽、鸟、花瓶、花篮等立体形状的花坛形式。种植施工有以下几点。

① 立架造型　根据设计构图，先用建筑材料制作大体相似的骨架外形，外面包以泥土，并用蒲包或草将泥固定。也可以用木棍作中柱，固定地上，然后再用竹条、铅丝等扎成立架，再外包泥土及蒲包。

② 栽花　立体花坛的主体花卉材料，用五色草布置，所栽小草由蒲包的缝隙中插进去。插入之前，先用铁器钻一小孔，插入时草根要舒展，然后用土填满缝隙，并用手压实，栽植的顺序由上向下，株行距离可参考模纹式花坛。为防止植株向上弯曲，要及时修剪，并经常整理外形。

花瓶式的瓶口或花篮式的篮口，可布置一些开放的鲜花。花体花坛的基床四周布置一些草本花卉或模纹式花坛。

立体花坛应每天喷水，一般情况下每天喷水 2 次，天气炎热干旱则应多喷几次。每次喷水要细，防止冲刷。

22.5 上交资料

实训报告。

实训 23 园林建筑的平面、立面、剖面图做法

23.1 目的与要求

熟练绘制园林建筑景观平面、立面、剖面图。

23.2 工具与材料

1号图板、丁字尺、三角板、量角器、圆规、分规、比例尺、鸭嘴笔、绘图铅笔、针管笔等。校园或附近园林一处。

23.3 实训内容

绘制园林建筑的平面图。
绘制园林建筑的立面图。
绘制园林建筑的剖面图。

23.4 实训方法与步骤

（1）绘制园林建筑平面图
① 先作墙体的中心稿线。
② 以稿线为基础作墙的内外侧线。
③ 定出门窗和台阶的位置。
④ 加深、加粗墙体的剖断线。
（2）立面图可以平面图为基础绘制
① 作墙的外侧线，定出门窗位置，量出屋顶高度和出檐尺寸。
② 加深图线，并分画出线条等级。根据制图的要求，立面图上的地平线应最粗最深，外轮廓线次之；主要层次线粗细应适中（如檐口线、柱子线等），次要层次线次之（如门窗的外框线等）；门窗内框线、墙面材料分格线和踢脚线等应最细最淡。
（3）剖面图的绘制可参考立面图
① 先作出地平线，然后在其上作剖切部分的墙体和屋面稿线，定出墙厚和屋面厚，并作出未剖切到的墙、屋顶等的投影线。
② 定出门窗和台阶的位置。
③ 加深图线，剖切到的部分应用粗线，其余部分的图线与立面图的线条相同。
④ 标注剖面符号。剖面的剖切位置用剖切符号标注在相应的平面图上，并且应遵守制图规定，剖切符号由互相垂直的剖切位置线和剖视方向线组成，用粗实线绘制，剖切位置线的长度为 6～10mm，剖视方向线的长度为 4～6mm。剖切符号不应与图线相交接，数字应标在剖视方向的端部或一侧，转折的剖切位置线，在转折处为了避免与其他图线相混，可在转角外侧加注相同的编号数字。

23.5 上交资料

园林建筑平面图、立面图、剖面图各一张。

实训 24 街道绿地设计

24.1 目的与要求

① 了解城市道路绿地的设计原则。
② 根据要求对城市道路绿地进行规划和设计。

24.2 工具与材料

测量仪器、绘图工具、现有的图纸及文字资料等。
校园或附近街道一处。

24.3 实训内容

对给定的某一道路局部或自选某一城市道路局部进行绿化设计。

24.4 实训方法与步骤

① 选择所在城市具有代表性的 2 个或 3 个城市道路绿地并组织参观。
② 以小组为单位，每组 2 人或 3 人，进行调查、记载。
③ 对所调查的城市道路绿地设计进行整理、汇总，分析城市道路绿地设计应注意的问题。
④ 给定一块空地及其周围的环境，作为城市道路绿地，对其进行设计。
⑤ 实地考察测量、绘制设计图。
⑥ 正式设计、绘制设计图，包括平面图、立面图、剖面图和效果图。
⑦ 写出设计说明书。主要说明设计意图，包括设计原则、设计理念等。

24.5 设计要求

（1）路侧绿化
两个标准段方案，每个标准段为 100m，可根据设计方案适当加长或缩短。可适当点缀景观石，可设计微地形，绿化骨干树种以乡土树种为主，主景树采用景观价值较高的大乔木。配景采用灌木、球形植物，使用地被灌木和草地。
（2）人行道绿化
以乡土树种为主，树种搭配合理。
（3）侧分带绿化
两个标准段方案，每个标准段为 100m，可根据设计方案适当加长或缩短。
（4）中分带绿化
① 岛头绿化设计 岛头 20m，设计简洁、新颖、大方，设计方案起到标志性作用，不能遮挡视线。
② 标准段设计 每个标准段 80m，可根据设计方案适当加长或缩短。设计形式多样化，

选用的植物能起到防眩作用。

（5）绿化植物列表

按照常绿乔木、落叶乔木、常绿大灌木、落叶大灌木、小灌木、球类、地被、草花的顺序列出所用植物一览表，并统计乔灌木的数量和地被、草花的面积。

（6）比例

根据图纸自定。

24.6 上交资料

① 总体功能空间布局示意图：表达清楚，大小自定。

② 主要节点及标准段平面图：比例为 1∶250 或 1∶300，如图 2-24-1 所示。

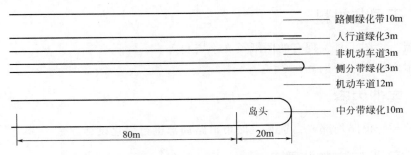

图 2-24-1 某城市快速路绿化带设计用地环境图

③ 局部景点效果图：不少于 6 张。

④ 剖面图或断面图：2 张，比例为 1∶250 或 1∶300。

⑤ 规划设计说明：不少于 300 字。

⑥ 图面要求：841mm×594mm 和 594mm×420mm 绘图纸若干，表现手法不限，钢笔线条可徒手画也可用工具画。

实训 25 校园绿地设计

25.1 目的与要求

① 掌握校园的绿化特点和设计要求。

② 掌握效果图或平面效果图绘制要求。

③ 掌握设计说明的撰写方法。

25.2 工具与材料

测量仪器、绘图工具、现有的图纸及文字资料等。计算机辅助设计软件 AutoCAD。

25.3 实训内容

校园的总体规划设计。

景观节点的效果图或平面效果图绘制。

设计说明的撰写。

25.4　实训方法与步骤

① 授课教师讲授校园设计的设计要点，选择具有代表性的校园组织参观。

② 以小组为单位，每组2人或3人进行调查、记载。包括布局形式、绿化树种的选择、植物种植的形式、周围的环境条件、主要景点的特点及表现手法等，并对其现状及设计进行评价。

③ 给定某一个校园，作为对象对其进行设计。

④ 确定校园绿地的布局形式，采用规则式、自然式、混合式或自由式。

⑤ 确定学校出入口的位置，考虑出入口内外的设置。

⑥ 组织校园空间，设置游览路线，划分功能区，布置景点。

⑦ 设计平面图。

⑧ 对校园绿地进行植物种植设计。

⑨ 最后完成整个校园（局部）效果图的绘制。

⑩ 写出设计说明书。

25.5　设计要求

① 设计需考虑用地周围环境条件，合理安排功能，满足学生和老师休闲游憩活动的需求，合理解决教学区内交通问题。

② 要求主题突出，风格明显，体现时代气息与文化特色，形成一个开放性广场校园绿地。

③ 植物配置应结合当地自然条件选择树种，营造植物景观。

④ 用地内不需考虑机动车停车位，但要考虑活动场地、设施和景观小品等建筑。

25.6　上交资料（以组为单位）

（1）设计图纸一套

设计图纸示例如图2-25-1所示。

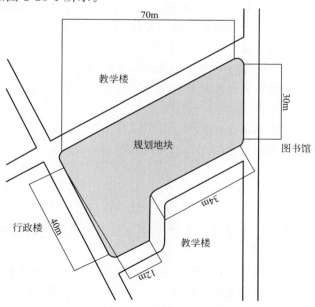

图 2-25-1　某校园设计用地环境图

① 总平面图：比例为 1：200，标注主要景点、景观设施及场地标高。

② 总体鸟瞰效果图：不小于 A4 图幅。

③ 某一局部平面图：不小于 100m²，比例为 1：100，标注主要铺装面材材质、植物名称。

④ 同一局部剖面图：比例为 1：100 或 1：50，并标注标高。

（2）设计说明一份

150～200 字，语言流畅，能准确地对图纸补充说明，体现设计意图。

（3）相应的技术经济指标

实训 26　小区游园设计

26.1　目的与要求

掌握小区游园规划设计的原则、植物选择要求，功能分区特点。

26.2　仪器与工具

测量仪器、绘图工具、现有的图纸及文字资料等。计算机辅助设计软件 AutoCAD。

26.3　实训内容

对给定的某一小区游园场地进行绿化设计，时间 2 周。

26.4　实训方法与步骤

① 授课教师讲授小区游园的设计要点，选择具有代表性的小区游园组织参观。

② 以小组为单位，每组 2～3 人，进行调查、记载。包括布局形式、绿化树种的选择、植物种植的形式、周围的环境条件、主要景点的特点及表现手法等。并对其现状及设计进行评价。

③ 给定某一个小区绿地作为对象或自选一小区局部进行设计。

④ 确定小区游园的布局形式。

⑤ 确定小区游园出入口的位置，考虑出入口内外的设置。

⑥ 组织小区游园空间分布、设置路线、划分功能区、布置景点。

⑦ 设计平面图。

⑧ 对小区游园进行植物种植设计。

⑨ 最后完成整个小区游园（或局部）效果图的绘制。

⑩ 写出设计说明书。

26.5　设计要求

① 设计需考虑小区周围环境条件，合理安排功能，满足小区居民特别是老人和儿童休闲游憩活动的需求。

② 要求主题突出，风格明显，体现地方特色，形成一个开放性小区游园。

③ 植物配置应结合当地自然条件选择树种，植物种类不少于 30 种。

④ 不需要考虑机动车停放问题，但要考虑活动场地、设施和景观小品等建筑。

26.6　上交资料（以组为单位）

（1）设计图纸一套

① 总平面图：标注主要景点、景观设施及场地标高，用 AutoCAD 按比例 1∶1 绘制，A3 图纸虚拟打印（图 2-26-1）。

② 总体鸟瞰效果图：不小于 A4 图幅。

③ 5 处景观节点的效果图或平面效果图。

（2）设计说明一份

不少于 200 字，语言流畅，能准确地对图纸补充说明，体现设计意图。

（3）相应的技术经济指标

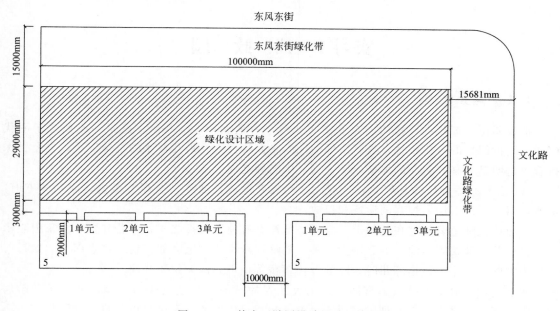

图 2-26-1　某小区游园设计用地环境图

下篇 园林实习篇

实习1 拙 政 园

1.1 背景资料

拙政园位于苏州古城楼门内东北街 178 号，占地面积 52000m²，这是一座始建于明代（公元 15 世纪）的古典园林，具有浓郁的江南水乡特色，经过几百年的沧桑变迁，至今仍保持着旷远明瑟、平淡疏朗的风格，被誉为吴中名胜之冠。

500 多年来，拙政园几度分合，或为"私人"宅园，或作"金屋"藏娇，或是"王府"治所，留下了许多诱人搜寻的遗迹和典故。

晚唐诗人陆龟蒙住宅在此一带。其地势低洼，有池石园圃之属，旷若郊墅。北宋山阴丞胡稷言居此，就蔬圃凿池，名五柳堂。其子胡峄取杜甫诗"宅舍如荒村"之意而名"如村"。元代为大弘寺。张士诚据苏州时，此处及任蒋桥等地俱属潘元绍驸马府。

明嘉靖年间御史王献臣解官回乡，用大弘寺的一部分基址改建为宅园，取潘岳《闲居赋》中"庶浮云之志，筑室种树，逍遥自得。池沼足以渔钓，春税足以代耕，灌园鬻蔬，供朝夕之膳……此亦拙者之为政也"意，名"拙政园"。园以水为主，自然疏朗的风格由此奠定。王献臣死后，宅园易主三十余次。先是其子因一夜豪赌，将园输给徐氏，时称徐鸿胪园，乔木参天，有山林杏冥之致。徐氏居此园五世，日渐荒废。崇祯四年（1631 年），园东部荒地 10 余亩为侍郎王心一所购，建成"归田园居"。

园中部及西部在明末清初才合二为一，中部池中二丘约在此时形成。顺治十六年，清将祖大寿圈封自娄门至桃花坞一代民居为大营。第二年设宁海将军，驻拙政园。康熙三年，园归苏松常道署，后又归还陈子，不久卖给吴三桂女婿王永宁。王并入道署等处，大兴土木，重新修筑丘壑，极尽奢侈。园貌与文徵明《王氏拙政园记》中记载的大为不同。康熙十二年，吴三桂在云南反清失败，拙政园又为官府没收。十八年，园改为"苏松兵备道署"，参议祖泽深修茸一新，徐乾学作记。二十二年，道署裁撤，翌年康熙帝南巡来园。同年所纂《长洲县志》云，园"二十年屡易主，虽增茸壮丽，无复昔日山林雅致。"后由王、顾两富室及严总戎相继居住。乾隆初，园由明末的分割为二再变为三园分立。园中部归知府蒋棨（音起）。乾隆三年（1738 年），蒋棨会亲友于此。经多年经营，将荒凉满目的园亭修复，名"复园"（恢复拙政园之意）。蒋棨去世后，日久池湮石颓。至道光初虽然有王氏子孙在此居住，园子也已成了菜畦草地。嘉庆十四年（1809 年），园子卖给刑部福建司郎中查世倓后再修葺，嘉庆末年又归协办大学士尚书平湖吴璥，称吴园。道光二十二年，梁章钜来游览，说园景与 160 年前恽南田所画拙政园图已有很大不同。西部偏园先后归道台叶士宽、沈元振，其宅第为太常博士汪美基所居，后又分属程、赵、汪姓。东部偏宅第在道光十二年左右，归部郎潘师益父子，并改建瑞堂书屋。同治初，大部归贝氏（汪东《寄庵笔记》）。太平军如苏，李秀成以吴园及东部潘宅、西部汪宅合建忠王府。忠王府随被改作巡抚行辕、善后局，汪姓房屋归旧主。光绪十三年又加修葺，改园门，建澂（音邓）观楼，其格局保持至今。

辛亥革命时，曾在拙政园召开江苏临时省议会。1938 年，日伪江苏省政府在此办公。日本投降后，一度作为国立社会教育学院校舍。1949 年后，曾由苏南行署苏州专员公署使用。1951 年，拙政园划归苏南区文物管理委员会。当时，园中小飞虹及西部曲廊等处已坍毁，见山楼腐朽倾斜，亭阁残破。苏南文管会筹措资金，按原样修复，并连通中西两部，1952 年 10 月竣工，11 月 6 日正式对外开放。1954 年 1 月，园划归市园林管理处。1955 年重建东部，1960 年 9 月完工。至此，拙政园东、中、西三部重归统一。

拙政园历时 400 余年，变迁繁多，或增或废，或兴或衰，历经沧桑。现存建筑大多为太平天国及其后修建，然而明清旧制大体尚在。该园规模之宏大，为现存苏州古典园林之首，园分东、中、西、住宅四部分。住宅是典型的苏州民居，现布置为园林博物馆展厅。拙政园 1961 年 3 月 4 日被列入首批全国重点文物保护单位。1997 年 12 月 4 日，被联合国教科文组织列入世界文化遗产名录。

1.2　实习目的

① 了解拙政园的造园目的、立意、山水间架、空间划分和细部处理手法。
② 通过实地考察、记录、测绘和分析，印证和丰富课堂理论教学的内容，丰富设计构思。
③ 通过实习，掌握江南私家园林的理法。
④ 提高实测及草测能力，把握空间尺度，丰富表现技法。

1.3　实习内容

1.3.1　空间布局

拙政园现有的建筑，大多是清咸丰十年（公元 1860 年）拙政园作为太平天国忠王府花园时重建的，至清末形成东、中、西三个相对独立而各具特色的小园。图 3-1-1 所示为中西部平面图。

1.3.1.1　中园

中园是拙政园的主体与精华所在。面积约 18.5 亩，水面约占 1/3，池广树茂，总体布局以水池为中心，临水建有形体不一、高低错落的亭台楼榭，具有江南水乡风味。

远香堂为拙政园中部主景区的主体建筑，周围环境开阔。远香堂从形制上看为一座明代结构的单檐歇山的四面厅，庭柱为"抹角梁"（即在建筑面阔与进深成 45°角处放置的梁，似抹去屋角，因称抹角梁，起加强屋角建筑力度的作用，是古建筑内檐转角处常用的梁架形式），并巧妙地分设在四周廊下，因而室内没有一根阻挡视线的柱子，每面装置玻璃长窗，坐在厅中可环顾四面景色。堂北临水为月台，立于平台隔水可眺望东西两山。厅的南面是一

图 3-1-1 苏州拙政园中西部平面图（摹自周维权《中国古典园林史》）

1—园门；2—腰门；3—远香堂；4—倚玉轩；5—小飞虹；6—松风亭；7—小沧浪；8—得真亭；9—香洲；10—玉兰堂；11—别有洞天；12—柳荫曲路；13—见山楼；14—荷风四面亭；15—雪香云蔚亭；16—待霜亭；17—绿漪亭；18—梧竹幽居；19—绣绮亭；20—海棠春坞；21—玲珑馆；22—嘉实亭；23—听雨轩；24—倒影楼；25—浮翠阁；26—留听阁；27—卅六鸳鸯馆；28—十八曼陀罗馆；29—与谁同坐轩；30—宜两亭；31—塔影亭；32—志清意远

座黄石假山，东边山坡上有绣绮亭，西边池塘边有倚玉轩，给人以远山近水，山高水低的感觉。远香堂隔水与东西两山岛相望，东西两岛山将水池划分为南北两个空间。东山较小，山上建有待霜亭藏而不露，取唐代诗人韦应物"洞庭须待满林霜"的诗意为名。西山较大，山顶建有结构质朴大方、端正稳重的"雪香云蔚亭"。此亭位于岛之最高处，和远香堂遥相呼应，互为对景。

西山的西南角建"荷风四面亭"，它的位置恰好在水池中央，亭名因荷而来。亭四面为水，湖内莲花亭亭净植，湖岸柳枝拂水。亭单檐六角，四面通透，外形轻巧，亭中楹柱上有一副对联"四面荷花三面柳，半潭秋水一房山"，起到画龙点睛的作用。亭的西、南侧各架曲桥一座，又把水池分为三个彼此通透的水域。与远香堂西面的倚玉轩及香洲遥遥相对，成三足鼎立之势，都可随势赏荷。

倚玉轩之西有一曲水湾深入南部居宅，这里有"小沧浪"横架水面。"小沧浪"取自《楚辞》"沧浪之水清兮，可以濯我缨，沧浪之水浊兮，可以濯我足"之意，是一座三开间的水阁，南窗北槛，两面临水，跨水而筑，构成了一个闲静的水院。自小沧浪凭栏北眺，透过亭、廊、桥三个层次可以看到最北端的见山楼，显见景观深远，层次丰富。这里是观赏水景的最佳去处。各路水源在远香堂汇聚一池，到了香洲前，突然分流四去，其中一条支流弯弯曲曲，扑面而来，经过小飞虹，过小沧浪，有一种余味未尽的感觉。这样的理水手法，符合苏州古典园林关于"水面有聚有散，聚处以辽阔见长，散处以曲折取胜"的要领，可称一绝。

小飞虹的形制很特别，是苏州园林中唯一的廊桥，取南北朝宋代鲍昭《白云》诗"飞虹眺秦河，泛雾弄轻弦"而命名。它不仅是连接水面和路堤的通道，而且构成了以桥为中心的独特景观。小飞虹桥体为三跨石梁，微微拱起，呈八字形。桥面两侧设有万字护栏，三间八柱，覆盖廊屋，檐枋下饰以倒挂楣子，桥两端与曲廊相连，是一座精美的廊桥。朱红色桥栏倒映水中，水波荡漾，桥影随波浮动，宛若飞虹。

过桥往南是方亭"得真亭"，得真亭面北，前面空地栽植有松柏，成为亭前的主景。柏树经霜不凋，亭名取自左思《招隐》中"峭蒨青葱间，竹柏得其真"。

由得真亭向北，有黄石假山一座。其西是清静的小庭院玉兰堂，院内主植玉兰花，配以修竹湖石。假山北面临水的是舫厅香洲，它的后舱上层名澄观楼。香洲是拙政园中的标志性景观之一，为典型的"舫"式结构，有两层舱楼。香洲与倚玉轩一纵一横隔水相望，相互映衬。此处池面较窄，在舫厅内安装大玻璃镜一面，反映对岸倚玉轩一带景色，利用镜中虚景而获得深远的效果。香洲三面环水，一面依岸，站在船头，波起涟漪，天地开敞明亮，满园秀色令人心爽。前眺倚玉轩，左望见山楼，右顾小沧浪。舫西是船尾，有小门通往玉兰堂后。

过玉兰堂往北是位于水池最西端的半亭"别有洞天"，它与水池最东端的小亭"梧竹幽居"遥遥相对，互为对景，形成中园主景区的东西向的次轴。

梧竹幽居亭是一座方亭，建筑风格独特，四面均为月洞门，在亭内透过月洞门可以看到不同的框景，为中部池东的观赏主景。亭的绝妙之处还在于四周白墙开了4个圆形洞门，洞环洞，洞套洞，在不同的角度可以看到重叠交错的分圈、套圈、连圈的奇特景观。4个圆洞门通透、雅致，形成了四幅花窗掩映、小桥流水、湖光山色、梧竹清韵的美丽框景画面，意味隽永。由亭向西眺望，巍巍北寺塔，似乎屹立在园内，形成借景。

见山楼位于水池的西北岸，由西侧的爬山廊直达楼上，可遥望对岸的雪香云蔚亭、倚玉轩、香洲一带依稀如花的景色。见山楼三面环水，两侧傍山，从西部可以通过平坦的廊桥进入底层，而上楼要经过爬山廊或假山石级。它是一座江南风格的民居式楼房，重檐卷棚，歇山顶，坡度平缓，粉墙黛瓦，色彩淡雅，楼上的明瓦窗，保持了古朴之风。底层被称作藕香榭，上层为见山楼，此楼高敞，可将园中美景尽收眼底。原先，苏州城中没有高楼大厦，登此楼望远，可以尽览郊外山色。

枇杷园是中部花园的园中园，位于远香堂东南面，用云墙和假山障隔为相对独立的一区。园内栽植枇杷树，夏初成熟，果实累累，结满枝头，故取"摘尽枇杷一把金"的诗意为名。全园以庭院建筑为主，有玲珑馆、嘉实亭、听雨轩和海棠春坞等。这些建筑物又把空间分隔为三个小院。这种造景手法称为"隔景"。三个小院既隔又连，互相穿插，在空间处理和景物设置方面富有变化。每个庭院的天井，大小各不相同。海棠春坞尺寸较小，但开了几个漏窗，使天井显得比较宽敞。玲珑馆前的云墙造得较矮，视野开阔就显得大。听雨轩前的天井面积比较大，就开了一个小池塘，使天井大小适宜，园景丰富。北面的云墙上开月洞门作为园门，自月洞门南望，以春秋佳日亭为主题构成一景；回望又以雪香云蔚亭为主题构成一绝妙的框景。

1.3.1.2　西园

西园原为清末张氏"补园"，面积约 12.5 亩，其水面迂回，布局紧凑，依山傍水建以亭阁。因被大加改建，所以乾隆后形成的工巧、造作的艺术风格占了上风，但水石部分同中部景区仍较接近，起伏、曲折、凌波而过的水廊，溪涧则是苏州园林造园艺术的佳作。

西园主要建筑为靠近住宅一侧的卅六鸳鸯馆，建筑呈方形平面，四角带有耳房。厅内以隔扇和挂落划分为南北两部，南部称十八曼陀罗馆，馆前的庭院种植山茶花。北部名为三十六鸳鸯馆，挑出于水池之上，夏日用以观看北池中的荷蕖水禽。卅六鸳鸯馆的水池呈曲尺形，由于此馆体积过于庞大，因而池面显得局促，有尺度失调之感。

西园另一主要建筑是与谁同坐轩，是一座扇面亭，扇面两侧实墙上开着两个扇形的空窗，一个对着倒影楼，一个对着卅六鸳鸯馆，而后面的窗中又正好映入山上的笠亭。而笠亭的顶盖又恰好配成一个完整的扇子。"与谁同坐"取自苏东坡的词"与谁同坐，明月，清风，我"。此亭形象别致，具有很好的点景效果，同时也是园内最佳的观景场所。凭栏可环眺三面之景，并与其西北面山顶上的浮翠阁遥相呼应构成对景。

池东北的一段为狭长形的水面，西岸绵延是自然景色的山石林木，东岸沿界墙构筑水上游廊——水廊，是别处少见的佳构。从平面上看，水廊呈 L 形，沿着东墙分两段临水而筑，南段从别有洞天入口，到卅六鸳鸯馆止，北段止于倒影楼，悬空于水上。这里原来是一段分隔中、西园的水墙，作为两园的分界横在那里。如何化不利为有利，聪明的工匠借墙为廊，临水而建，以一种绝处求生的高妙造园手法来打破这墙僵直、沉闷的局面，将廊下部架空，犹如栈道一般，依水势做成高低起伏、曲折变化的，使景观空间富于弹性，具有韵律美和节奏美。

水廊北端连接倒影楼，作为狭长形水面的收束，并与见山楼东西相望。倒影楼是因为从前面池塘里可以清晰看到这栋楼的倒影而得名的。

水廊的南面是宜两亭。在别有洞天靠左，叠有假山一座。沿假山上石径。可见六角形的亭子，踞于中园和西园分界的云墙边，亭基抬高，六面为窗，窗格为梅花图案。登上宜两亭，可以俯瞰中部的山光水色，这是造园技巧上邻借的典型范例。

从三十六鸳鸯馆向西，渡曲桥为留听阁，阁前有平台，两面临池，由此北行登山可达山顶的浮翠阁，这是一座八角双层的建筑，处在全园的最高点，但阁的体量稍嫌过大，影响西部的园林尺度。自留听阁以南，水面狭长，在水面的南端建塔影亭，与留听阁构成南北呼应的对景线，适当弥补了水体本身的僵直呆板的缺陷。

1.3.1.3　东园

东园原称归田园居，是因为明崇祯四年（1631 年）园东部归侍郎王心一而得名，约 31 亩。因园早已荒芜，全部为新建，布局以平岗远山、松林草坪、竹坞曲水为主。配以山池亭榭，仍保持疏朗明快的风格，主要建筑有兰雪堂、秋香馆、芙蓉榭、天泉亭、缀云峰等，均为移建。

1.3.2　造园理法

1.3.2.1　理水

据《王氏拙政园记》记载，原地"居多隙地，有积水恒其中，稍加浚治，环以林木""地可池则池之，取土与地，积而成高，可山则山之。池之上，山之间可屋则屋之"。这充分反映出建园者利用地多积水的优势，疏浚为池，使形成碧水浩淼的特色景观。拙政园现有水面近 6 亩，约占园林面积的 3/5，近代重建者用大体量水面营造出园林空间的开朗氛围，基本上保持了明代"池广林茂"的建园风格，主要建筑均滨水而建，竹篱、茅亭、草堂与山水景色融为一体。水面有聚有散，聚处以辽阔见长，散处以曲折取胜。驳岸依地势曲折变化，多以山石堆砌，大曲、小弯，有急有缓，有高有低，节奏变化丰富。驳岸山石布置，采取上向水面挑出，下向内凹进，不但使水有不尽之意，而且使岸形空灵、险峻，美在其中。

园中水面处理与空间层次创造相结合。基本手法有两种：一是采取狭长水面拉长视线，再加上建筑的点景、植物的掩映、驳岸的处理，造成水无边无际的感觉，丰富了空间层次，如小沧浪、倒影楼处；二是采取水面上架桥，用桥分隔水面空间，使水面更有层次感，如小飞虹。

1.3.2.2　建筑

拙政园的园林建筑，早期多为单体，疏朗典雅。到晚清时期，厅堂亭榭、游廊画舫明显增加，中部建筑密度达 16.3%，但群体空间变幻曲折、错落有致，如由小飞虹、得真亭、小沧浪等围合的小庭院，枇杷园的四个大小院落。大小不等院落空间的对比和衬托，才能够在不大的空间内，营造出自然山水的无限风光，这既是苏州园林的共同特征，也是中国古典园林的普遍手法。

1.3.2.3　植物

拙政园素来以"林木绝胜"著称，数百年来一脉相承，沿袭不衰。早在明代王献臣始建拙政园时就广植花木。文徵明曾绘图 31 幅，作《王氏拙政园记》，记述园中景物，其中以花木命名的景点，如玫瑰柴、蔷薇径、芭蕉槛等就占 1/2 以上。如竹涧"夹涧美竹千挺"；瑶圃"江梅百本，花时灿若瑶华"。园虽历经几百年的沧桑变迁，园主人对花木的热爱却没有改变，据统计，园中绿化面积共 28.8 亩，占陆地面积的 1/2 以上，树木 2600 多棵，百年以上古树二三十棵。

（1）拙政园的植物配置注重选择植物的"比德"思想

中国自西周开始，就有以物"比德"的传统，到孔子而树立典型。中国园林植物选择受其影响，尤其文人写意园中注重植物的"比德"思想。拙政园水面开阔，池中种植莲花。莲花具有丰富的精神内涵，宋人周敦颐《爱莲说》曰："草木之花，可爱者甚多，予独爱莲之出于淤泥而不染……香远益清，亭亭净植……诚花之君子也。"把莲花列为花之君子，象征高贵的品格和淡泊名利的人生态度，一直为文人所称颂。沿水面周围多布置了与赏莲有关的建筑，称为拙政园的主题景区。如远香堂、荷风四面亭、藕香榭、留听阁、香洲等，有利于人们从多种角度欣赏和感受。

园中许多建筑都是与植物的欣赏相结合的，如以梅花组景的雪香云蔚亭，以海棠组景的海棠春坞，以梧桐、竹子组景的梧竹幽居，以芭蕉组景的听雨轩，以枇杷组景的枇杷园等，形成以观赏花木为主题的多处景区，并通过对联、匾额等赞颂花木精神，升华园林意境。

（2）在植物配置上追求"虽由人作，宛自天开"的思想

清初画家恽南田作拙政园图，题跋上言："秋雨长林，致有爽气。独坐南轩，望隔岸横冈，叠石峻山，下临清池，石间路盘纡。上多高槐、桎、柳、桧、柏虬枝挺然，迥出林表。绕堤皆芙蓉，红翠相间，俯视澄明，游鳞可数，使人悠然有濠濮间趣。"植物和空间环境相互配合，富有山林野趣。

在拙政园的荷池四周，垂柳轻拂，迎春、连翘低垂于水面，更有濒水的芙蓉、碧桃、紫薇、夹竹桃相互掩映，池中则荷叶田田。山间林地，多植松柏、高槐、杉树、枫杨、女贞，间以观花观果的大中乔木如玉兰、木瓜、梨树、橘树等，低灌木如枸骨、六月雪、南天竹，地被植物如书带草等，形成丰富的种植层次。

（3）拙政园在种植设计上注重植物的季相特征

阳春三月，拙政园里柳枝拂水，桃李争妍。可以看到玉兰堂前玉兰盛开，温润如玉，幽香醉人。可至海棠春坞赏海棠，"东风袅袅泛崇光，香雾空蒙月转廊。只恐夜深花睡去，故烧高烛照红妆"（苏东坡诗）。仲夏时节，池畔浅紫，粉红的紫薇花掩映着，池中荷叶阵阵，荷香泌鼻。驻足荷风四面亭，可以领略到"四壁荷花三面柳，半潭积水一房山"的情景；山坡上浓荫匝地，令人暑气顿消。秋风起时，园中并无萧瑟景象，春华秋实，正是收获的季节。待霜亭是赏秋景佳处，登高望远，秋水长天，山坡上金橘满枝，火红的石榴低垂，枫叶灿若红霞。园内桂花飘香，正是使人志清意远的佳境。寒冬腊月，蜡梅绽放，暗香浮动，松柏常青。

拙政园花木的成功运用表现了中国古代造园家们运用花木的成熟和高超技巧，它典型地表现在集中以某种花木为主题，赞颂花木精神，重视花木的天然生长状态，花木种植宛若天成。

1.3.2.4　空间

拙政园在构景上通过收放、对比、藏露、围透、借景与对景、虚与实对比等手法，营造了一个开合有致、疏密相间、张弛有度的空间。

以中部为例，靠北的景区是以大水面为中心形成的较为"疏"的山水环境，山池、树木及少量建筑将其划分，再利用隔断、漏窗等形成通透视线，隔而不断，虚实空间相互响应。这种互相穿插又处处沟通的空间层次，既有小中见大的景观效果，也使其疏朗开阔、平淡简远、具有自然野趣的特点凸显了出来。靠南的景区多是建筑围合的内聚和较内聚的空间，建筑密度比较大，提供园主人生活和园居的需要。这是以对比的手法，以次景区的密反衬主景区的疏，达到"疏处可走马，密处不透风"的效果。

拙政园的中部由多景区、多空间复合构成，园林空间丰富多变，大小各异。有山水为主的开敞空间，也有建筑围合的封闭空间。这些空间又有分隔又有联系，形成了一定的按序列组合的空间。大抵具备前奏、承转、高潮、过渡、收束等环节，表现出以动观为主、静观为

辅的组景韵律感，最大限度地发挥其空间组织上开合变幻的趣味和小中见大的特色。

1. 3. 2. 5　色彩

拙政园以黛瓦为顶，白墙为屏，栗木为柱，绿树为幕，缀以红花翠果，以实物景象的色彩关系营造出浓淡相宜、淡雅明快的气氛和韵味，宛如现实生活中的"写意山水画"。

以绿为底。绿色是自然的颜色，使人感到平和和宁静，也是整个拙政园的底色。绿色植物可改善园子的小气候。拙政园里以绿为主题的景点有绣绮亭、晓丹晚翠、浮翠阁。诗人朱临有描写拙政园翠色的诗句"环池曲水当春绿，叠石苔级遇雨青"渲染出了拙政园碧绿的氛围环境。

以花卉果实色彩作为点缀。只有绿色的世界是单调的，因此在园林色彩设计的过程中少不了色彩缤纷的花卉和果实来点缀。

拙政园里，花木的搭配充分考虑花的色彩和花期。红花和绿叶对比强烈，互相映发，令人心情愉悦。园内春有桃花、杜鹃、牡丹、芍药、玉兰，夏有荷花、石榴、紫薇、睡莲，秋有菊花、炮仗红，冬有梅花等。各处景点皆有花木映衬主景。拙政园犹以荷花闻名，夏日池塘里满眼田田荷叶，粉红色的荷花点缀其间，正如诗人所言"接天莲叶无穷碧，映日荷花别样红"。果实也是醒目的景观，秋天累累硕果的色彩同样引人注目。

园林里建筑类型丰富，亭台楼阁高低错落，如果色彩过于复杂，势必影响整体的格调甚至喧宾夺主。在形式美的创造中，色彩比造型有更强烈的冲击力。当建筑全部采用粉墙黛瓦的无彩色，它们非常容易和有彩色协调起来，丰富的形象极为和谐，配以水石花木，就产生了平淡素净的色彩美，显示出一种恬淡雅致、犹若水墨渲染的山水画的艺术效果。

1.4　实习作业

① 草测与谁同坐轩及其环境的平面、立面。

② 草测嘉实亭及其环境的平面、立面。

③ 草测西部东墙水廊及其环境的平面、立面。

④ 草测听雨轩、玲珑馆和海棠春坞庭院组群，体会随机式庭院组景的精妙之处。

⑤ 草测自腰门至远香堂及东西两侧导游线路平面。领会"涉门成趣""欲扬先抑，欲显先隐"的造景手法。

⑥ 即兴速写 3 幅。

⑦ 以实测内容为基础，分析拙政园的造园特点及手法。

实习 2　留　　园

2.1　背景资料

苏州留园在苏州阊门外下塘一带，即今留园路 79 号，原占地面积 3.33hm^2，现占地面积为 2hm^2。明代嘉靖年间（1522～1566 年）太仆寺少卿徐泰时建东、西二园，其子徐溶将西园舍宅为寺，即现今的戒幢律寺。东园中史料记载有周秉忠创作的"石屏"山，作普陀、天台诸峰状，高三丈、阔二十丈（1 丈＝3.33m），宛如山水横披画。东园布置奇石，有相传为北宋花石纲遗物的瑞云峰（太湖石峰）一座。

2.2 实习目的

① 了解留园的历史沿革，熟悉其创建历史及其在中国古典园林中所处的历史地位。

② 通过实地考察、记录、测绘等工作掌握留园的整体空间布局及造景手法等。

③ 将留园同其他江南园林作横向比较，归纳总结其异同点，掌握其主要的造园特点。

④ 将留园实践实习与理论知识印证，在建筑、地形、空间结构、植物等方面分别总结。

2.3 实习内容

2.3.1 空间布局

留园是苏州大型古典园林之一，分中、东、西、北 4 个景区（图 3-2-1）。中部以山池为主，为明代寒碧山庄的基本构架，池碧水寒，峰回峦绕，古木幽深；东部以庭院为主，曲院

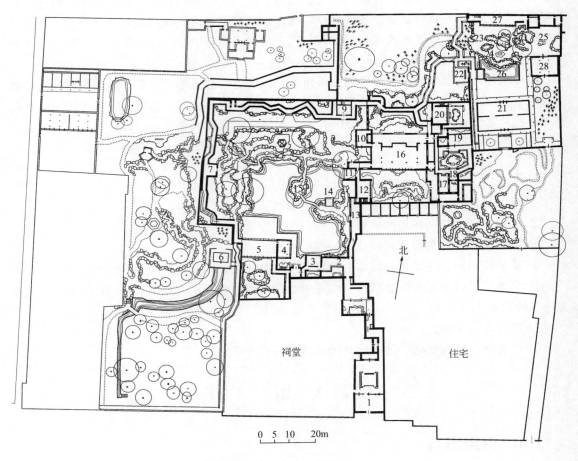

图 3-2-1 留园平面图

（摹自《中国古典园林史》）

1—大门；2—古木交柯；3—绿荫轩；4—明瑟楼；5—涵碧山房；6—活泼泼地；7—闻木樨香轩；8—可亭；9—远翠阁；
10—汲古得绠处；11—清风池馆；12—西楼；13—曲谿楼；14—濠濮亭；15—小蓬莱；16—五峰仙馆；17—鹤所；
18—石林小屋；19—揖峰轩；20—还我读书处；21—林泉耆硕之馆；22—佳晴喜雨快雪之亭；
23—岫云峰；24—冠云峰；25—瑞云峰；26—浣云沼；27—冠云楼；28—伫云庵

回廊，疏密相宜，奇峰秀石，引人入胜；西部环境优雅清静，富有自然山林野趣；北部竹篱小屋，颇有乡村田园风味。留园位于住宅后面，进园入口位于东部鹤所附近，因当时私家园林有开放的习俗，因此另辟园门。

2.3.1.1　中部

中部原来是寒碧山庄的基址，是全园的精华所在。山池为山北池南，假山的朝阳面面对重要的观景建筑涵碧山房。以池水为中心，东、南为建筑。园门至古木交柯，花步小筑处的建筑空间处理得非常巧妙。

古木交柯位于留园中部山池主景区的入口部分，从园门进入，经过一段空间曲折变化的小巷，进入到古木交柯小院中。其特点有以下两点。

① 景由境生　靠祠堂北端建有砖砌花台。原生有古柏，自生女贞与古柏相连理，故称古木交柯。现补种古柏、山茶、天竹，与其交柯之名略有出入。

② 虚实变化　古木交柯北侧亦轩亦廊的建筑，用不同的漏窗形成漏景，漏窗的花格由东向西，由密渐疏，西侧与绿荫轩之间以空窗相隔，利用光影变化引导游人向西进入"绿荫"。

从古木交柯处有向北和向西两条不同路线。

（1）第一条路线

从古木交柯向西走经花步小筑、绿荫轩、明瑟楼、涵碧山房、爬山廊、闻木樨香轩、远翠阁，进入五峰仙馆庭院。

花步小筑天井和绿荫轩在古木交柯西侧，特点有以下 2 点。

① 框景与空间交融　与古木交柯以洞门相隔，虽不能进入而以洞门为框，从古木交柯处可框景花步小筑的石笋和古藤，具有向西引导游人的功能。

② 以景点题　因此园位于明代的花步里（步通埠），即装饰花木的埠头，当时园主人谦虚而起名叫"花步小筑"。山石花台平铺于墙角，作石矶状，以石点题。绿荫轩为硬山造，由于轩东原来有老榉树一棵而得名。西侧有青枫和十二峰中的玉女峰（俗称济仙石），临水挂落于栏杆之间，涌出一幅山水画卷。以雕花隔扇将花步小筑天井和绿荫轩隔开，从绿荫轩中间向南隔雕花隔扇漏景天井内的石笋，向北则视野开阔，望及中部湖面。不足是距水面略高。

池南涵碧山房、明瑟楼在绿荫轩西侧。涵碧山房为卷棚硬山式，取意自宋代朱熹："一方水涵碧，千林已变红"。明瑟楼取《水经注》中"目对鱼鸟，水木明瑟"而名。特点有三。

① 先乎取景，妙在朝南　涵碧山房是中部的主题建筑，南侧庭院较大，以满足日照，园中牡丹花台做法巧妙。

② 涵碧山房为荷花厅　隔水与山相望，水中种荷花。涵碧山房东侧与明瑟楼相接，北侧设月台与水池相邻。

③ 山石镶隅　明瑟楼南端的"一梯云"为湖石镶隅，取郑谷诗云："上楼僧踏一梯云"之意，假山西墙为明代董其昌手书"饱云"二字，湖石镶隅陡峭，显云之意境。

涵碧山房西为别有洞天，连接进入西部的之字曲廊。从别有洞天向北，经过一段廊之后，连接爬山廊。在山腰处设云墙，爬山廊不仅与云墙若即若离，单面空廊（一侧靠墙）与双面空廊（两侧均不靠墙）交替，形成一侧观赏与两侧观赏的交替游览，也形成了趣味性的小天井，同时也随山势高低起伏，明暗变化丰富。

闻木樨香轩位于中部西墙爬山廊的山顶位置。木樨即岩桂，山上遍植桂花，是观秋景的佳处。此处山高气爽，环顾四周，满园景色尽收眼底，是对景池东曲溪楼的主要位置。

通过中部园内北墙南侧的之字曲廊进入远翠阁。之字曲廊的使用增加了空间的丰富性。之字曲廊地处平地，以自然山石进行烘托，创造延续南侧爬山廊的山林意境。在北墙前原有自在处（先进远翠阁处）、半野草堂等建筑，以此廊联系，现已不存。阁名取自唐方干"前山含远翠，罗列在窗中"之意，平面为正方形，顶为双层卷棚歇山造。阁南有明代青石牡丹花台，阁东有大型湖石花台，配置较为丰富。

（2）第二条路线

从古木交柯向北则分别经曲溪楼、西楼、清风池馆，进入五峰仙馆庭院。曲溪楼、西楼在古木交柯北侧，沿水池东岸展开，曲溪楼取意自《尔雅》"山渎无所通者曰谿（音鸡）"之意，曲谿即曲溪，八角形门洞上刻有文徵明手书"曲谿"砖额。特点有以下两点。

① 尺度得宜　由于在水池东岸，故而尽量减少尺度，形成面阔大于进深的狭长带形，单檐歇山造，单坡，半个楼，以免在池东、南等处远眺曲溪楼时感觉体量过大。

② 粉墙　一层以粉墙为纸，墙西配置奇石、植物，形成丰富投影和衬托。一层粉墙上多开大型漏窗，利用漏景、框景的方法打破长直立面带来的单调性。

清风池馆为单檐歇山造水榭，取意自《诗经》"吉甫作颂，穆如清风"、《楚辞·九辩》"秋风起兮天气凉"等句。四面墙的做法不同。西面开敞，临水凭栏可望池中小蓬莱岛；东面为镂花隔扇，漏景五峰仙馆；北为粉墙；南为窗，窗外有绿树峰石可赏。

濠濮亭在清风池馆南侧，浮现于碧波之上的半岛上，与小蓬莱遥相呼应。取意自《世说》："梁简文帝入华林园，顾谓左右曰：会心处不必在远，翳然林木，便自在濠濮间想也，觉鸟兽禽鱼，自来亲人。"此处取濠濮之意，濠即濠上，濮是水名，古人以濠濮指代观鱼之池。亭旁有十二峰之一的奎宿峰。

池中小蓬莱岛取意自《史记》"蓬莱、方丈、瀛洲，此三种山者，在渤海中"的仙山之意。岛以紫藤架的桥与两岸相连，具有较好的围合感。岛上驳岸岩石参差，中间有较大的空间。

可亭屹立于池北山冈上，山石兀立，洞壑隐现，为六角攒见，有凌空欲飞之势。

2.3.1.2　东部

东部是住宅的延伸部分，庭院重重，是院内各种活动的主要载体，以五峰仙馆为中心，有书房换我读书处、揖（衣）峰轩庭院、冠云楼庭院等。院落之间以漏窗、门洞、廊庑沟通穿插，互相对比映衬，成为苏州园林中院落空间最富变化的建筑群。

主厅五峰仙馆俗称楠木厅（厅内梁柱均为楠木），取意自李白"庐山东南五老峰，青天秀出金芙蓉"之诗句。厅内装修精美，陈设典雅。其东有鹤所、揖峰轩小院、换我读书处等院落，竹石依墙，芭蕉映窗，满目诗情画意。五峰仙馆有以下 3 个特点。

① 东西透景轴线　五峰仙馆东面和西面山墙上开窗，形成视觉直达留园中部假山及揖峰轩小院的东西透景轴线。

② 厅山　南院湖石厅山为厅山佳例，起伏有致，延绵不绝，既是楠木厅南面的对景，又是登上西楼的楼山。

③ 立峰　南院厅山是仿庐山五老峰的意境，上面缀有五峰。而北院则将立峰设于花台之中，有十二峰之一的猕猴峰。院东南的鹤所为昔日养鹤之处。汲古得绠（gěng，指绳子）处在五峰仙馆西侧，原为小书房，得名于韩愈《秋怀》"归愚识夷涂，汲古得修绠"，以及《荀子·荣辱》"短绠不可以汲深井之泉"等句，即意指做学问要花真功夫去探索（说明钻研学问，须有恒心。找到方法，犹如深井汲水，必须得用长绳（绠）一样，颇有理趣）。此屋南侧小院内的湖石花台，错落有致，将入屋小路隐入山石之后。

（1）石林小院

石林小院是五峰仙馆东侧院落，由"静中观"半亭的洞门进入，借用了宋代词人叶梦得在湖州的"石林精舍"的名字。揖峰轩为石林小院的主体建筑，取意宋代朱熹《游百丈山记》中："前揖庐山，一峰独秀"之意。主要有以下四个特点。

① 立峰　院内以立峰见长，揖峰轩南有晚翠峰（湖石），石林小屋东侧天井内有十二峰之一的干霄峰（斧劈石）。此外，每个小天井内置立峰，形成美妙的天然画面。

② 院中有院　以揖峰轩以南的院落为主，周围形成丰富的天井空间，尤其在院落的对角线上，以空廊分隔墙角的小天井，增加了景观的层次，使形成了较长的视线。

③ 空间丰富　小天井以漏窗、洞门、空廊作为框景、引景的方式，空间相互渗透，虚实结合。

④ 尺幅窗，无心画　揖峰轩北侧狭长小天井内置湖石，从窗中望去，形成一幅幅无心画。揖峰轩对面的石林小屋，一面开敞，三面开窗对景天井内的芭蕉、竹、立峰等，空间不大，但景色各异。

（2）还我读书处

还我读书处庭院在五峰仙馆北侧，因是书斋，较为幽静，硬山造，取意自陶渊明《读山海经》"既耕亦已种，时还读我书"诗句。西面天井以十二峰之一的累黍峰作为对景。

（3）冠云峰庭院

冠云峰庭院在东部园的最东北侧，为赏冠云峰而建。林泉耆硕之馆为鸳鸯厅（屋顶外部为一个歇山或硬山形式，屋顶内部用草架处理成两个以上的轩式天花，室内用隔扇、落地罩等分成两部分，且两部分的结构、装修不同，称为鸳鸯厅），单檐歇山造，中间以雕镂剔透的圆洞落地罩分隔，北厅"奇石寿太古"有月台面对浣云沼，用于春秋观赏，南厅林泉耆硕用于冬春观赏。冠云楼前矗立着著名的留园三峰。冠云峰居中，瑞云峰、岫云峰屏立左右，并称留园三峰。冠云峰高 6.5m，玲珑剔透，相传为宋代花石纲遗物，系江南园林中最高大的一块湖石。峰名取意自《水经注》"阊王仙台有三峰，甚为重峻，腾云冠峰，高霞翼岭"，暗指冠云峰的高大。其左侧还有留园十二峰之一的箬帽峰。冠云峰的高度与林泉耆硕之馆的距离比约为 1∶3，空间尺度适宜。冠云峰之前为浣云沼，周围建有冠云楼、冠云亭、冠云台、仁云庵，均为赏石之所。冠云楼在屋顶的构造上不是一个完整的歇山造，北侧临园墙处没有屋顶出檐，面阔三间，东西两端各出一间，平面缩进，立面屋顶有起伏，和曲溪楼都是楼中设计的佳例。佳晴喜雨快雪之亭在冠云台西侧，两者均是单檐歇山顶，两亭妙在似连非连，以粉墙洞门和隔扇相隔，观景主题不同。

（4）戏厅

从仁云庵南侧的亦不二亭进入园东南角的小院落，原为戏厅所在，现已不存。有十二峰之一的拂袖峰，小路上用卵石、瓷片等拼成海棠、一枝梅等十多种花纹，大有"花径"之意，与园内的山石牡丹花相呼应。西边的八角攒尖顶亭为 1953 年修复该园时从其他地方移入的。

2.3.1.3　西部

西部以假山为主，土石相间，浑然天成。山上枫树郁然成林，盛夏绿荫蔽日，深秋红霞似锦。至乐亭、舒啸亭隐现于林木之中，登高望远，可远借苏州西郊的上方、七子、灵岩、天平、狮子、虎丘诸山之景色。山上云墙如游龙起伏。山前曲溪宛转，流水淙淙。至乐亭取意自《阴符经》"至乐性余，至静则廉"之意，亭平面为长六边形，顶为六角庑殿顶，在江南园林中少见。舒啸亭为六角形平面圆顶,取自陶渊明《归去来辞》"登东皋以舒啸,临清流而赋诗"之意,登高舒啸和临流赋诗是两晋名士的雅举。《世说新语》中记载阮籍能"啸闻数百步"。舒啸亭则较为形象地点出亭位于山顶的位置,亭东南有壑谷蜿蜒而下,通向活泼泼地。

从假山向西南顺溪流南行,廊的近端刻有"缘溪行",取自陶渊明《桃花源记》中"缘溪行,忘路之远近。忽逢桃花林,夹岸数百步,中无杂树,芳草鲜美,落英缤纷……"之意。

水阁活泼泼地位于溪水东北角,接近曲廊尽头,取殷迈《自励》诗"窗外鸢鱼活泼,床头经典交加"之意。南边面临水面,其下凹入,宛如跨溪而立,令人有水流不尽之感。

2.3.1.4 北部

北部原有建筑早已废颓。"又一村"取意自陶渊明"山重水复疑无路,柳暗花明又一村"之意,昔日为菜田、茅屋、鸡鸭等田园景观,现广植竹李桃杏等农家花木,在小路上建葡萄、紫藤架。其余之地辟为盆景园,展示苏派盆景。盆景园内新建小屋三楹,为小桃坞,花木繁盛,犹存田园之趣。

2.3.2 造园理法

2.3.2.1 建筑空间

留园建筑空间的旷奥、明暗、大小处理精湛,不论是从园门入园经古木交柯、曲溪楼、五峰仙馆至东园的空间序列,还是从鹤所入园经五峰仙馆、清风池馆、曲溪楼至中部山池的空间序列,都形成层次多变的建筑空间。其建筑空间的精致是江南其他园林所难以媲美的。有以下三个特点。

(1)空间对比明确

大门——古木交柯、花步小筑一段极好地利用了小天井,开凿在屋顶的明瓦、"之"字曲廊、漏窗等,形成了富有光线变化、明暗对比的空间。

(2)院落空间丰富

石林小院、五峰仙馆庭院、冠云峰庭院等,以大小不等的院落空间衬托丰实的景观效果,五峰仙馆庭院的狭长见厅山之高耸;石林小院的园中有院则突出了立峰之姿态万千,多而不乱,每个小天井皆有主题;冠云峰庭院则以开敞的空间,彰显冠云峰之空灵;前面五峰仙馆庭院、石林小院的较为封闭的空间,恰恰烘托了冠云峰庭院的开敞,是整个游线中的高潮所在。

(3)框景、对景、漏景手法多变

全园曲廊贯穿,依势曲折,通幽渡壑,长达六七百米,"之"字曲廊、空廊的运用与小天井的结合非常巧妙。利用空廊、漏窗、隔扇、门洞等形成富有变化的画面,用框景、对景、漏景等多种手法,来展示奇峰异石、名木佳卉。

2.3.2.2 理水

留园的山水格局采用了对比的手法,将中部与西部的空间进行对比,形成疏密相间的空间景观。中部以水体为主,形成四周假山的开敞景观,而西部形成以山体为主、水体为辅的山林景观;东部则多用象征的手法,用特置峰石来形成山景意境。

留园中理水所创造的景观,截然不同。手法主要有以下3点。

(1)景观与空间对比

利用理水形成不同的景观:西部形成溪流景观,暗含桃花源意境;中部形成较大的池面，池中设小蓬莱岛，为蓬莱、方丈、瀛洲三仙山之一，以小岛喻仙山，以小池喻大海。也因此形成了强烈的空间对比，中部旷而阔，西部奥而幽。

（2）疏水若为无尽

中部池山西南角设置水洞，池水仿佛有源头，洞口设对景石矶，以便游人观赏水洞，但尺度略大。洞上结合道路设置石梁，使水洞的景观层次丰富。活泼泼地水阁下也作凹入处理，仿佛没有尽头。

（3）浣云沼以小衬大

浣云沼的尺度较小，能反射冠云峰的倒影，犹如美人对镜梳妆，此乃镜借之佳例。

2.3.2.3　掇山

留园筑山叠石的风格也有所不同，中部假山为明末周秉忠叠制的"石屏山"，后经多次改建，成为黄石、湖石混叠，艺术价值不高。西部假山以土为主，叠以黄石，气势雄浑。山上古木参天，显出一派山林森郁的气氛。

东部则多用象征的手法，大量使用特置峰石。有以下 6 个特点。

（1）特置峰石

园主人刘恕酷爱奇石，多方搜寻，在园中聚太湖石十二峰，蔚为奇观，自号"一十二峰啸客"。后来又寻到独秀、段锦、竞爽、迎辉、晚翠五峰，以及拂云、苍鳞两支松皮石笋，并称其院落为"石林小院"。因园主人的癖好而造就了留园以特置峰石与驳岸、花台等相互映衬，尤其是特置石峰的漏景和框景，应用非常广泛。

（2）山石花台

山石花台主要用于抬高花卉的观赏视点，如古木交柯处的砖砌花台。园内较多采用湖石牡丹花台，如涵碧山房南院、汲古得绠南侧小院、东园东南角院落比较成功。还有遗存的青石牡丹花台，如在远翠阁南侧、佳晴喜雨快雪之亭西侧的牡丹花台。这些牡丹花台用来防止较高的地下水位对牡丹生长的影响。

（3）云墙衬托与分景

在西部假山山腰的云端，露出的部分很低，从侧面烘托了假山的高度，是个佳例。云墙不但有分隔景区的功能，还将山分为两部分，山峰是西部山林的主山，山脚形成中部山池看似南北向展开的侧山，与池南东西方向的主山形成"主山横则客山侧"的构图。

（4）壑谷理景

西部山上的舒啸亭东南有壑谷蜿蜒而下，壑谷的深度不深，在 1～1.5m 之间，但情趣颇佳。

（5）山峦理景

西部土石假山山顶营造参差起伏之势，叠石不求高耸，但求错落有致，尤其是山顶堆叠颇有层次。

（6）麓坡理景

在中部池爬山廊的土石假山上，山体余脉的处理利用了石头处理成不同高差上的花台，结合植物种植，形成绵延的客山山麓，与池南的主山遥相呼应。

2.3.2.4　植物配置

（1）景以境出，营造意境

"又一村"处田园景象，广植竹、李、桃、杏等农家花木，"缘溪行"种植桃花，点桃花源记主题。西部假山和中部假山植茂密树林，营造山林意境。

（2）托物言志，借物喻人

闻木樨香轩的禅意，禅书《五灯会元》中记载北宋黄庭坚学禅不悟，问道于高僧晦堂，晦堂诲之曰"禅道无隐"，但庭坚不得其要。晦堂趁木樨盛开时说："禅道如同木樨花香，虽不可见，但上下四方无不弥满，所以无隐。"庭坚遂悟（周铮，1998）。修禅悟道是中国士大夫所追求的高尚行为，而当时的园主人盛康也是如此，以闻木樨香的典故很好地把自己高洁的志向说了出来。园中大量以国色天香的牡丹作为观赏对象，同时比喻了自己高贵的品格。

（3）独立成景，兼顾季相

古木交柯砖砌花台上的古柏、山茶、天竹，花步小筑的古藤，绿荫轩旁的青枫，曲溪楼旁的枫杨，小蓬莱岛上的紫藤架桥都是能够独立成景的佳例。

（4）点缀山石，丰富景观

在小天井内，立峰旁，叠石间，驳岸旁，有植物进行点缀，丰富景观效果，如石林小院中的罗汉松、美人蕉，厅山上的六月雪等，岫云峰上的木香。

2.4 实习作业

① 草测亭及环境的平面、立面。

② 留园五个院落（古木交柯、花步小筑、五峰仙馆、石林小院、冠云楼庭院）中任选一个院落，草测其环境平面图。

③ 草测自园门到古木交柯、花步小筑的线路平面。分析其建筑空间的转折和开合造景手法。

④ 自选留园中建筑、植物、假山等景色优美之处，速写 4 幅。

实习 3   狮 子 林

3.1 背景资料

狮子林位于江苏省苏州市城区东北角的园林路 23 号，开放面积约 14 亩。狮子林是苏州古典园林的代表之一，2001 年被列入《世界文化遗产名录》，拥有国内尚存最大的古代假山群。湖石假山出神入化，被誉为"假山王国"。

狮子林始建于元代。公元 1341 年，高僧天如禅师来到苏州讲经，受到弟子们拥戴。元至正二年（1342 年），弟子们买地置屋为天如禅师建禅林。天如禅师因师傅中峰和尚得道于浙江西天目山狮子岩，为纪念自己的师傅，取名"师子林"，又因园内多怪石，形如狮子，亦名"狮子林"。天如禅师谢世以后，弟子散去，寺园逐渐荒芜。明万历十七年（1589 年），明性和尚托钵化缘于长安，重建狮子林圣恩寺、佛殿，再现兴旺景象。至康熙年间，寺、园分开，后为黄熙之父、衡州知府黄兴祖买下，取名"涉园"。清代乾隆三十六年（1771 年），黄熙高中状元，精修府第，重整庭院，取名"五松园"。至清光绪中叶黄氏家道衰败，园已倾圮，唯假山依旧。1917 年，上海颜料巨商贝润生（世界著名建筑大师贝幸铭的叔祖父）从民政总长李钟钰手中购得狮子林，花 80 万银元，用了将近 7 年的时间整修，新增了部分景点，并冠以"狮子林"旧名，狮子林一时冠盖苏城。贝润生 1945 年病故后，狮子林由其孙贝焕章管理。解放后，贝氏后人将园捐献给国家，苏州园林管理处接管整修后，于 1954

年对公众开放。狮子林自元代以来，几经荒废，几经兴旺。历次的重修都打上了深深的历史烙印，反映了当时的历史、文化、经济特征。

3.2　实习目的

① 了解中国古典园林的环游式布局以及假山堆叠艺术。
② 学习狮子林中山石、水体、建筑、亭廊之间的竖向组织形式与手法。

3.3　实习内容

3.3.1　空间布局

狮子林的布局采用环游式布局，以求小中见大，达到多方胜景的艺术观赏效果。环游式布局往往在中心布置一个形态曲折的核心水池；然后沿水池的四周或高或低、或大或小、或内或外、或实或虚地布建各类厅堂、水榭、石舫、轩馆、亭阁等建筑，并间以叠山，植以花木，尽量留大中部的空间，使其尽可能显得空灵。经过这样的布局，可以避免因面积狭小而带来的单调感、狭窄感和杂乱感，大大延长了游赏的路程和时间，从而取得了"步步是景，步移景异"的极佳游赏效果。

3.3.2　造园理法

3.3.2.1　掇山

狮子林，素有"假山王国"之称。假山群气势磅礴，以"透、漏、瘦、皱"的太湖石堆叠的假山，玲珑俊秀，洞壑盘旋，像一座曲折迷离的大迷宫。假山上有石峰和石笋，石缝间长着古树和松柏。石笋上悬葛垂萝，富有野趣。假山分上、中、下三层，共有 9 条山路、21个洞口。沿着曲径磴道上下于岭、峰、谷、坳之间，时而穿洞，时而过桥，高高下下，左绕右拐，来回往复，奥妙无穷。两人同时进山分左右路走，只闻其声不见其人，少顷明明相向而来，却又相背而去。有时隔洞相遇可望而不可即。眼看"山重水复疑无路"，一转身"柳暗花明又一村"。

一边转一边可欣赏千姿百态的湖石，多数像狮形。在假山顶上，耸立着著名的五峰：居中为狮子峰，形如狮子；东侧为含晖峰，如巨人站立，左腋下有穴，腹部亦有四穴，在峰后可见空穴含晖光：吐月在西，势峭且锐，傍晚可见月升其上；两侧为立玉、昂霄峰及数十小峰相映成趣。

在以狮子命名的园子里，不见一石狮，却通过大量的堆石，体现出狮子那种桀骜不羁的神似。山中有太狮、少狮、吼狮、舞狮、醒狮、睡狮或蹲、或斗、或嬉不可胜数。而不可思议的整座群山，状如昆仑山，山脉纵横拔地而出，以隆起的狮子峰为主，山峦奔腾起伏朝四面八方蜿蜒伸展。第一路山脉自狮子峰起，向东北方向越棋盘洞，入地脉达小方厅北庭院花台假山，终于九狮峰。第二路山脉从狮子峰出发，朝西北方向循山间小道跨石梁至见山楼前隐入溪池。第三路山脉，狮子峰往南穿环廊墙到达立雪堂庭院假山。第四路由狮子峰起，山脉向西南流动，跨过飞虹小桥，逶迤往南，越武陵洞口沿西南方十二生肖假山池峰直达双香馆假山岩谷，终至骆驼峰。第五路山脉，狮子峰向西，亦跨飞虹小桥，继续往西行至西端假山群峭壁突然潜入山池绽达摩峰，逆飞瀑而上到达飞瀑亭南面假山，此为最西端。五路山脉如蛟龙般伸至全园，形成了山环水绕的旖旎风光。

狮子林假山另一个显著的特点就是以小飞虹为界，大致可以分为东西两大部分。东假山环围卧云室而筑，地处高阜，有遇百年难逢滂沱大雨，也能一泄而干的特点，无水浸之患，被称为旱假山。飞虹桥西，假山临水而筑，称作"水假山"。山水相依，宛如天然图画。

3.3.2.2　理水

园内水体聚中有分。聚合型的主体水池中心有亭亻立，曲桥连亭，似分似合，水中红鳞跃波，翠柳拂水，云影浮动，真是"半亩方塘一镜开，天光云影共徘徊"。水源的处理更是别具一格，在园西假山深处，山石做悬崖状，一股清泉经湖石三叠，奔泻而下，如琴鸣山谷，清脆悦耳，形成了苏州古典园林引人注目的人造瀑布。园中水景丰富，溪涧泉流，迂回于洞壑峰峦之间，隐约于林木之中，藏尾于山石洞穴，变幻幽深，曲折丰富。

3.3.2.3　风景园林建筑

狮子林的建筑分祠堂、住宅与庭园三部分，现园子的入口原是贝氏宗祠，有硬山厅堂两进，檐高厅深，光线暗淡，气氛肃穆。住宅区以燕誉堂为代表，是全园的主厅，建筑高敞宏丽，堂内陈设雍容华贵。沿主厅南北轴线上共有四个小庭园。燕誉堂南以白玉兰、紫玉兰和牡丹花台为春景庭园，亲切明快。堂北庭园植樱花两株，更添春意。小方厅为歇山式，厅内东西两侧空窗与窗外蜡梅、南天竹、石峰共同构成"寒梅图"和"竹石图"，犹如无言小诗，点活了小小方厅。狮子林的漏花窗形式多样，做工精巧，尤以九狮峰后"琴""棋""书""画"四樘和指柏轩周围墙上以自然花卉为题材的泥塑式漏花窗为上品。而空窗和门洞的巧妙运用，则以小方厅中这两幅框景和九狮峰院的海棠花形门洞为典型，九狮峰院以九狮峰为主景，东西各设开敞与封闭的两个半亭，互相对比，交错而出，突出石峰。再往北又得一小院，黄杨花台一座，曲廊一段，幽静淡雅。这种通过院落层层引入，步步展开的手法，使空间变化丰富，景深扩大，为主花园起到绝好的铺垫作用。主花园内荷花厅、真趣亭傍水而筑，木装修雕刻精美。石舫是混凝土结构，但形态小巧，体量适宜。暗香疏影楼是楼非楼，楼上走廊可达假山，设计颇具匠心。飞瀑亭、问梅阁、立雪堂则与瀑布、寒梅、修竹相互呼应，点题喻义，回味无穷。扇亭、文天祥碑亭、御碑亭由一长廊贯串，打破了南墙的平直、高峻感。

3.3.2.4　植物

苏州园林的植物配置基调是以落叶树为主，常绿树为辅。用竹类、芭蕉、藤萝和草花作点缀，通过孤植和丛植的手法，选择枝叶扶疏、体态潇洒、色香清雅的花木，按照作画的构图原理进行栽植，使树木不仅成为造景的素材，又是观景的主题。许多树木的种植与园林建筑、诗词匾联、人物典故相呼应，寓情于草木。狮子林的植物配置亦照此理，东部假山区以古柏和白皮松为主，西部和南部山地则以梅、竹、银杏为主。配植色香态俱佳的花木，疏密相间，错落有致，不仅增加了林木森郁的气氛，更使山石、建筑、树木融为一体，而成为真正的"城市山林"。指柏轩前假山上有元代古柏数株，有白皮松五棵，姿态苍劲，皆成画意。暗香疏影楼和问梅阁推窗可见三五株梅，疏影横斜，暗香浮动。尤其问梅阁中桌椅、吊顶都是梅花形，窗纹用冰梅纹，书画内容亦与梅有关，与地上"冰壶"古井共同构成一幅思乡的画卷。更有文天祥《梅花诗》："静虚群动息，身雅一心清；春色凭谁记，梅花插座瓶"，借梅咏怀，体现了文天祥正气凛然的高尚情操。山石间有六百年银杏一株，粗干老木，盘根错节于石隙间，夏日浓荫庇日。秋叶灿若织锦。成为狮子林中一景。

3.4　实习作业

① 实测燕誉堂平面、立面，并绘制剖面。

② 摹写山石，速写 3～4 幅。

③ 以狮子林假山为例，总结掇山理法中交通体系的组织。

实习 4　虎　　丘

4.1　背景资料

虎丘，位于苏州古城西北 3～5km，为苏州西山之余脉，高仅为 30 余米，但因周边地形而脱离西山主体，成为独立的小山，山体为流纹岩，四面环河，占地 13 余公顷。前有山塘河可通京杭大运河，山塘街、虎丘路与市区相通，沪宁铁路自山南通过，山北有城北公路。《吴地记》载："虎丘山绝岩耸壑，茂林深篁，为江左丘壑之表。"向有"吴中第一名胜"之誉。

虎丘又称海涌山。春秋晚期，吴王夫差葬其父阖闾于此，相传葬后三日，"有白虎踞其上，故名虎丘"。一说为"丘如蹲虎，以形名"。东晋时，司徒王珣和弟司空王珉曾在此建别墅，后舍宅为寺名虎丘山寺，分东西二刹。唐代因避太祖李虎讳改名武丘报恩寺。会昌年间寺毁，移建山顶合为一寺。至道年间重建时，改称云岩禅寺，庙貌宏壮，宝塔佛阁，重檐飞阁，掩隐于丛林之中，盛名一时，被称为宋代"五山十刹"之一。清康熙年间更名虎阜禅寺。

历经 2400 余年沧桑，虎丘曾七遭劫难。现存建筑除五代古塔和元代断梁殿外，其余均为清代所建或 1949 年后重建。虎丘山旧有十八景，现有景点达 30 余处。历代歌咏众多，早在南朝就有人在饱览了虎丘景色后赞叹道："世之所称，多过其实，今睹虎丘，逾于所闻。"古人曾用"塔从林外出，山向寺中藏""红日隔檐底，青山藏寺中"等诗句来描绘虎丘景色。

今日虎丘，仍保留着"山城先见塔，人寺始登山"的特色。千年云岩寺塔气势雄奇，断梁殿结构奇巧，剑池裂崖陡壁上飞梁渡涧、飞阁凌崖。沿山路有憨憨泉、试剑石、真娘墓、千人石、二仙亭、五十三参等著名景点，鬼斧神工，传说动人。登小吴轩望苏台，可见古城风貌。山顶致爽阁，可饱览四野景色。后山旧有二十八殿、小武当等古迹，曾有"虎丘后山胜前山"之说。现复建通幽轩、玉兰山房，整修了小武半、十八折等建筑，山野通幽，风光四时诱人。1982 年 10 月，在虎丘东南麓建了一处最大盆景园——万景山庄。园内陈列几百盆娇艳多姿的古桩、水石盆景，集苏州盆景艺术之精华，成为虎丘景区的"山中之园"。

4.2　实习目的

① 学习如何利用自然地形优势，运用不同的造景手法建造山水台地园。

② 学习"寺包山"格局的寺庙园林特征。

③ 学习如何运用借景的手法，将历史传说与园林造景相结合。

④ 体会园中园造景特点。

4.3　实习内容

4.3.1　空间布局

虎丘山体不高，而有充沛的泉水和奇险的悬崖峡谷深涧，又有丰富的历史文化遗存，在自然景观与人文景观方面得天独厚。寺的塔、阁布置在山巅，其余殿堂、僧房、斋厨等依次布置在山腹山脚，形成寺庙被覆山体的格局，即所谓的"寺包山"的格局。虎丘的形势是西北为主峰，有二冈向东、南伸展，二冈之间有平坦石场（称"千人石"，又名"千人坐"）及剑池岩壑。寺庙的轴线由山门曲折而上，贯彻整个山丘的南坡。北坡从虎丘塔沿百步趋拾级而下，直至北门。所以从总体来看，全园可分为前山和后山两部分。

4.3.1.1　前山区

虎丘山寺庙前山的布局就是依山就势而上，从山塘街头山门起，沿轴线而进，一路拾级而上。虎丘的山门原来仅有一门，后增开两旁门，形成现在的三门格局，庄重朴实，内悬"虎阜禅寺"匾，山门左右门额分别题为"山青""水秀"，概括了虎丘的风景特色。山门前有照墙，把照墙建在河对岸，形成将街、河包含在山门、照壁之间的独特布局。

穿过头山门，就是一条长达数十米的宽阔雨道，雨道尽头，便是海涌桥。跨过海涌桥，向东走便是万景山庄，迎面则是二山门，二山门亦称"中门"，俗称"断梁殿"。此殿初建于唐，毁后重建于元至元四年（1338年），明嘉靖年间重修。断梁殿形体不大，面阔三间，进深两间，单檐歇山顶。采用"四架橡屋分心用三柱"的方法，用两根一开间半长的圆木代替三根一开间长的圆木，两根长梁各挑出中间开间的一半，形成悬挑式的受力构件。同时利用一排造型优美的斗拱来托住悬挑的大梁，使大梁获得一个稳固的支撑点，达到平衡。出二山门，便踏上了虎丘的山道。沿山道前行，路西侧山冈有拥翠山庄，为小型山地园，园的东墙外路旁有一井称"憨憨泉"，井圈为六角形，据说它泉眼通海，所以又称"海涌泉"；路东侧为试剑石、枕头石，在枕头石旁有一蟠桃形的石块，上刻"仙桃石"三字。过枕头石，前行数步就是苏州名妓真娘之墓。墓山有一座构筑精致古朴的亭子，四面石柱、卷棚歇山顶。亭筑在高出地面一米多的台基上，亭后修竹丛生。真娘墓东边有一六角形小亭，是为了纪念春秋时的大军事家孙武而建的，名为"孙武亭"。孙武亭北有小亭两座，一为东丘亭，一为花雨亭。两亭东沿山坡下行至养鹤涧，相传清远道士曾在此养鹤。这里地处山隈，松桃谡谡，清流涓涓，绿苔斑驳，曾是虎丘山上富有野趣的幽僻一角。

经真娘墓前行几步，在山道的尽头，就是虎丘东南二冈之间的平坦石台，即千人石，千人石亦名"千人坐"。《吴郡图经续记》称："涧侧有平石，可容千人，故谓之千人坐，传俗因生公讲法得名。"《桐桥倚棹录》引《十道四蕃志》曰："生公讲经，人无信者，乃聚石为徒，与谈至理，石皆点头。"石场山石呈紫绛色，平坦如砥，宽达数亩，如刀斧削成。在整体地盘非常狭小的虎丘山，这块宽广的石台，使园林空间从狭窄的雨道到豁然开阔的千人石，形成鲜明的对比，体现了虎丘景观小中见大的构景特点。从高处俯视，千人石又像一个巨大浅盆的底部，周围错落有致地布置了许多景物：其东北池壑幽深，浓荫如盖；由北到西，亭台楼阁起伏逸通，近看剑池，仰望古塔，自然和人工交相辉映。

白莲池在生公讲台的东面。这是一处天然池沼，周一百三十余步，携岩旁出，石矶探水，景色清幽。池上有采莲桥，池中荷花颜色变幻，异香扑鼻。传说生公说法时，时值严冬，讲到精辟处，周围树上百鸟停息鸣叫，本是枯水期的白莲池顿时碧波充盈，原应在夏天开花的千叶白莲也一齐竞放吐艳，故名白莲池。池中有石矶兀立水面，名"钓月"，顽石即倚其上，上镌"点头"两字，为王宝文所书。池壁刻有"白莲开"三字。自然的人化是造园的重要特征，自然的山石、水体，人为题名后，便赋予了深远的意境。

二仙亭在千人石北，紧靠生公讲台西侧，为了纪念吕洞宾和陈传两位仙人而建。二仙亭初建于宋代，重建于清嘉庆年间。因全用花岗石建造，故又名"石亭"。亭高约5m，风格古朴厚重，在山石峥嵘的周边环境中显得非常和谐。亭枋上刻有双龙戏珠浮雕，斗拱四周雕有鹤鹿。

二仙亭西的石壁间嵌有两方石刻，刻有"虎丘剑池"四个大字。石刻向西便是"别有洞天"圆洞门。从千人石步入洞门，并至剑池。与白莲池不同，剑池原为古代采石所遗留下的人造谷壑，池呈狭长形，南稍宽而北微窄，状如宝剑。剑池四周，石壁合抱，一池绿波，水面上方一道石桥飞跨两岸，形势奇险，气象萧森。剑池终年不干，水质清澈甘洌。古人认为虎丘泉石，其最胜者剑池、千人坐。剑池东侧峭壁上有摩崖石刻"风壑云泉"四字，结体宽博，笔致潇洒，传为米芾所书。左壁上有"剑池"两个篆体大字，相传为王羲之所书。

过"风壑石泉"刻石，循石阶而上，可见六角形小亭，名可中亭。"可中"即恰好日中之意。可中亭体量适宜，是千人石周边重要的点景建筑，也是重要的观景点，坐亭中可俯瞰千人石诸景。

上行，过解脱门，折西有石拱桥一座，横跨于剑池东西峭壁的顶端。桥面上有两个并口状圆洞，俗呼"双吊桶"，亦名"双井桥"。宋明时期，拱桥上有亭廊，且有双桶下垂于剑池取水，以供山上饮用，故此处兼具井亭功能。

千人石东，白莲池畔，有一条依山而建的石梯通向虎丘寺。石梯由五十三级石阶组成，又名走砌石、玲珑栈，俗称"五十三参"，取佛经中"五十三参，参参见佛"之意。循着石阶攀登，无论走到哪级，抬头所见，正是大殿内枷跌而坐的释迦牟尼塑像。如此道路的组织手法，使得进香道更具神圣和尊严，将寺庙园林的主要功能与造景巧妙地结合了起来。

大雄宝殿高踞五十三参之上，清同治十年（1871年），由郡人陈德基在原天王殿旧址上重建。由于山顶地形缘故，殿宇轴线转而为东西向，与头山门、二山门的轴线成90°角相交。这既结合了地形，又解决了殿庭的布局，处理较为成功。大殿西为悟石轩，旧名得泉楼，此楼为1956年重建。其位置在虎丘正中高地，坐北朝南，圆料梁架，明三间，暗两间，落地罩两堂，将轩隔成左右各一耳室。明间正中前后配以落地长窗和寿字挂落，并以船篷为廊。轩南筑一平台，砖墙为栏，台上植玉兰两株，亭亭玉立。凭栏眺望，虎丘前山诸胜尽收眼底。大雄宝殿东，原有千手观音殿，近代改建为五贤堂，为纪念唐宋时五位贤人而建。所谓"五贤"，即唐韦应物、白居易、刘禹锡和宋王禹偁、苏轼。堂为硬山式五架，粉墙黛瓦，庄重肃穆。长方形门洞上缀"旷代风流"。

望苏台在五贤堂东，位于山顶左翼处，南有平远堂，北有小吴轩、万家烟火、千顷云阁，曲院回廊把各座建筑连成一个院落。这里地处山顶，视野辽阔，是憩坐休闲、远眺观景的佳所。小吴轩，又称小吴会，小吴轩是虎丘必游之处，建在山顶最东端。取《孟子》"登东山而小鲁"之意为名。此处景色优美，"飞架出岩外，势极峻耸，平林远水，连冈断陇，烟火万家，尽在槛外"，所以又名"天开图画"。小吴轩为长方形建筑，朝东三间，体量较小。轩北有门，出门穿过长廊可通后山，轩南即望苏台。凭台瞭望有偎崖临谷、吞吐万象之感。眼前景致使人悠然遐思。小吴轩北为万家烟火，这是山顶东北端的又一小筑，由廊和方亭组成，和小吴轩建筑风格一致。

万家烟火西、五贤堂后，便是千顷云阁，为1982年重建。千顷云阁位置在山顶寺后，全无前山的喧嚣，颇具空蒙浩渺之趣。闹中取静的环境吸引了骚人墨客登临。他们仰望悠悠白云，凝视片片风帆，倾听风声和鸟鸣的交响，低回感慨，乐而忘返。兴会之际，每每拈笔濡墨，把胸中的激情化成一首首诗或一幅幅画。

虎丘塔又称云岩禅寺塔，建于五代后周显德六年（959年）。进入塔院有两条线路：一条是穿越大雄宝殿左行；另一条是过双井桥西行，拾级而上，过雪浪亭北去。虎丘塔雄踞塔院中央。虎丘塔是源于印度的佛教建筑与中国汉代兴起的多层木构楼阁相结合的产物。塔高七层，呈八角形，由内外两层塔壁构成，内、外壁之间为回廊，内壁间为塔心室，为套筒式结构。各层回廊顶均以叠涩砌作的砌体连接山下左右，从而大大增强了建筑物抗御外力的能力。另外，虎丘塔首次在塔壁外面构筑乐平座栏杆，可使登塔者走出塔体自由瞭望。

出塔院，朝西南向行走，便是致爽阁。这里是全山地势最高的地方。高阁凌空而建，气势夺人。致爽阁早在宋代就有，但几经变迁。原建山上法堂后，因"四山爽气，日夕西来"而得名。后改建在小五台，即现址。阁宽三楹，环以回廊，高适明畅。阁外平台旷朗，林木葱茏，憩坐其间，心随云动，神与物游。俯瞰平畴沃野，锦绣大地美丽如画。远眺西南诸山，起伏逸通，俨然是一幅气韵生动的山水画。

从致爽阁平台拾级南下，经第三泉，过茶室，便至冷香阁。冷香阁建于1917年，阁共两层，上下皆五楹，东、西、南三面悉环以廊。植梅绕阁，梅花盛开时，满院梅花冷艳芬芳，幽香扑鼻，徜徉在玉泽香国之中，饱览暗香疏影的情趣，风味情韵不在吴县光福香雪海之下。故又称"小香雪海"。

第三泉在致爽阁和冷香阁之间，相传唐人陆羽认为虎丘山泉清冽晶莹、甘甜可口，将此泉品定为天下第三泉，所以又名陆羽井。从千人石西侧的石阶拾级而上，迎面可见圆洞形门额上有砖刻"第三泉"三字。透过洞门，一幅泉石幽胜图宛在眼前。一脉泉水从铁华岩底的岩缝间汩汩而出，汇成一潭清波，注满剑池，淌过千人石，流入白莲池，最后直奔养鹤涧。山因水而活，涓涓细流把主要景点连成一气，为虎丘山带来了勃勃生机。第三泉为一狭长形水池，约一丈见方，深丈余，跨水有一民国十四年（公元1925年）重建的方形小亭。池周石壁呈赭褐色，纹理天然，秀如铁花。苏东坡当年在此宴坐品茗，写下"铁华秀岩壁"的诗句。后人取此诗意，名此间岩壁为铁花岩。

出冷香阁南行，顺山道蜿蜒而下，即可至小形台地园——拥翠山庄。拥翠山庄东临古"憨憨泉"址。据杨帆《拥翠山庄记》，山庄建于清光绪十年（1884年），1949年后重加修整。

山庄选址在虎丘南坡，紧邻蹬道西侧。园址顺蹬道走向略呈南北纵深的长方形，园门主轴北偏东。一山庄占地约700m²，由入口至后部逐步高起，前后高差约8m。处理作五个台地，各台布局都不相同，景色丰富。

山庄采用台地园的庭园格式，园门类似庄园、庵堂入口，前庭用条石筑起高台基，自园外设长蹬道而入，即为园之第一层。正对入门布置端正的三间前堂——抱瓮轩。轩后有边门可通井台，门外叠自然石蹬道。轩后东北隅，有小巷通拥翠阁。由东部小踏道上，为以挡土墙高起的第二台地。由二台地至四台地为自由布置的庭园。二台地为过渡性场地，以冰裂纹石材铺地，无特殊处理。三台地为山庄的景观中心，设问泉亭，亭敞三面，东南面对古憨憨泉，意在俯借"憨憨泉"以延伸意境。内设石桌、石凳，可供小憩，壁置"庐山瀑布"挂屏及诗条石碑两块。亭的西北两面堆叠太湖石拟态假山，形似龙、虎、豹、熊，和外墙题字相呼应。亭西侧叠石山蹬道，配植紫薇、石榴、夹竹桃、青桐、白皮松、黄杨、女贞等花木，散植花卉，自然有致。围墙隐约于树丛间，墙内墙外林木交相辉映，融为一体，呈现出一幅"拥翠"的生动图景。山上依围墙建月驾轩，构成问泉亭西侧的主要观赏景面，坐轩内临窗西望，群山环碧。由假山顶北进的四台地设全园主体建筑灵澜精舍。这是俯瞰问泉亭、月驾轩及石山一组景泉及前庭的主要观赏点，又可远借虎丘山麓及狮子山风光。这里居高临下，凭借山势，得楼台之胜。精舍东侧出大月台，围以青石低栏，形制古朴，此处已突破本园界限，俨然是虎丘山中一楼台。这里有极开阔的视野，既可南眺狮子山，又可仰借虎丘塔。此例明确地反映出山林地造园的优越性。

　　灵澜精舍后庭中央设踏道直上第五台地，灵澜精舍后，在同一轴线上隔小庭院建后堂送青容，是为山居的后宅卧室。至此达山庄的北部尽端。

　　此园不但巧妙地结合地形创造台地园，又因借园外的"憨憨泉"为造景的主题，因此，山庄的整个布局和景点设置都结合地形，围绕泉的主题而展开。从抱瓮轩、问泉亭、月驾轩到灵澜精舍，每个建筑的名字或其对联匾额无不与井和泉水相关，可谓立意鲜明，问名而心晓。从其布局特色来看，山庄选取山麓一隅，利用自然地形造景；又妙借园外景物如仰视虎丘塔，远借狮子山，俯览虎丘山麓一带风景，都收到事半功倍之效。中部一段布局灵活，视野开阔，与周围自然环境结合密切，不仅是虎丘山中一个有机组合的小景区，也是一个极为成功的台地园。

　　与拥翠山庄一样，万景山庄也是虎丘中台地形的园中园，占地 25 亩，地处虎丘东南山麓，原为东山庙的旧址。万景山庄东南低而西北高，高差达 13m，西部呈台阶状地形，东南有大片松林，中部有平坦地，自然条件适合盆景展示。根据盆景园的功能要求和景区设置，设计者将山庄分为入口区、陈列区、接待区、花房区、茶室区、水石区和松林区共七个区。

　　入口区位于西南处，在原东山庙的轴线上，同时靠近上山干道。入口门厅采用"口"字形平面院落作为入园过渡，从正面南墙两侧的大门进入门廊，经两次垂直转折到达院落内，通过北墙矩形景门可以看见假山水池瀑布，形成框景。景门之北，利用高差 5m 的陡坡，叠石掇山，上挂瀑布流水，下挖池沼，营造山水小景，形成"亦山亦水"的入口对景。

　　由入口假山两翼拾阶而上可达陈列区，结合地形高差将陈列区分为高低两层，第二层高地地面宽敞，视野开阔，并在门厅的轴线布设全园的主体建筑万松堂。万松堂面阔三间，西接短廊可通方亭。堂东北有假山踏步，过圆洞门入一庭院，平面布局灵活，建筑造型轻巧秀丽，内由厅、轩、曲廊组成，即为接待区。东行沿曲廊到花篮厅，建于平台上。厅前后檐四根步柱不落地，垂柱上雕饰花篮。花篮厅前露台以花岗石板铺装，围以石栏石柱，厅后小院傍坡，以大块黄石叠成壁山，上部砌筑围墙。

　　以上三区自南向北布置在同一轴线上，地势逐步升高，以建筑组群形成各自的功能空间。充分利用了地形变化，使形成高下错落、翼角飞挑、古树环绕、高塔相映的台地形园林景观。

　　在陈列区和接待区之东为花房区，由花篮厅东南沿石阶下有一广场，也是陈列树桩盆景的区域，其东北建有花房三间，西边另辟小竹篱园，用于培植小盆景，花房暖屋后隔墙即为养鹤涧。茶室区在花房区的东南部，区内林木森然，清静淡雅，由多幢小体量建筑围成，建筑造型轻巧、简朴，布局疏朗有致，与自然环境相协调。从茶室区南越松林至园东南处，或从入口区东折经曲廊即至水石区，此区地势低洼，前有园墙，后背松林，凿池理水，水际安亭榭，连以廊桥，形成环境优雅的水景园。建筑沿水池东、南、北三面布置，西面则与售票房小院形成对景。池边叠黄石岸，石矶伸入水面，池中置石植莲，景色自然朴实。水池水体上接入口区水池，下通环山河。茶室区与水石区之间为松林区，区内古松苍翠，浓荫蔽日，凉风习习，清新自然。

　　万景山庄是现代人建设台地园的一次实践，从点、线、面三个层次上考虑全园的布局，做到了各景点间有机联系和互相呼应，符合游憩、欣赏、集散等功能上的要求；平面和空间分隔得宜，能形成不同景观特征的大小空间，以满足盆景陈列和观赏的要求。从台地园的角度来看，坚持了因地制宜的原则，结合用地植被和地形的情况，构屋设亭，开渠挖池，皆随地宜，颇具匠心，但在园林意境的营造上尚有些许缺憾。

4.3.1.2 后山区

出千顷云阁向西折北，便是十八折。这是一条下山道，经此可由前山翻向后山。十八折用黄石条堆砌成驳岸，有栏杆，共五层，顺山势曲折而下，十八折石阶共有一百零八级，所以这条下山道又叫"百步趋"，或称"走砌石"。沿百步趋拾级而下，在十八折第三层宽阔平地上建有玉兰山房，周围栽植一片玉兰树。玉兰山房下就是通幽轩。

出通幽轩，再顺着石阶下去，就是小武当。这里前有石桥，中有青石牌坊，后有湖石假山群。石桥名小武当桥，又名中和桥。石牌坊三门四柱，坊额刻有"吴分楚胜"四字。牌坊后的假山群，堆叠自然，形象奇特，玲珑剔透，假山中还有一石洞，名"石观音洞"，俗称"海潮观音"。

响师虎泉位于百步趋的东面，泉井原有八角形井栏，1959年在此建涌泉亭。亭的东北有一水榭，凌波而建，名揽月榭。四面修草成林，景色幽静，视野开阔。从小武当沿环山路西行，可到云在茶香，是一组饮茶的院落。

纵观虎丘全景，前山以泉石幽奇取胜，后山则以平坡连绵、溪水萦回见长。前山繁密，后山清旷。前山极富山野气象，后山大得桃源趣味。清人顾诒禄对后山风光作了生动的描述："吴中山水之明丽，莫胜于虎丘。而虎丘之胜，空蒙浩渺，尤在后山。遥望绣壤平畴，纵横交错，青芽黄穗，层叠参差。行帆野艇，出没波间，忽隐忽现。云开雾卷，虞山如拱几案。东眺马鞍，历历如睹。昔人诗谓'虎丘山后胜山前'，不虚也。"这种不同空间的对比，丰富了虎丘的景观效果，增加了虎丘的魅力。

4.3.2 造景理法

虎丘山历经2400年沧桑，从舍宅为寺，再到公共风景名胜区，景点布局和建筑物在位置和建筑形式上虽然发生了一定的改变，但格局没有太大变化。

4.3.2.1 空间组织形式

轴线式空间布局结构，以南北向的进香道为主要轴线，各景点布置在其沿线及周边，至山巅处，轴线由南北改为东西，在有限的山巅高地布置殿庭和塔院，其中虎丘塔更高耸山顶，成为控制全园的主体建筑。园林空间收放有度，过了海涌桥，经过狭窄的登山道至千人坐，空间由窄变旷，使游人精神为之一振，观景也有雨道尽端的对景转而成为宽幅面的画卷。过千人坐，经五十三参蹬道，过大殿，或取道幽深的剑池，过双井桥西行，拾级而北上，又入开阔的塔院，又是一放。空间的不断变化，丰富了景观效果，增添了游兴。

4.3.2.2 理水

"山贵有脉，水贵有源，脉理贯通，全园生动""溪水因山成曲折，山路随地作低平"。虎丘建造在山水林泉之中，山水之理顺应自然，一脉泉水从铁华岩底的岩缝间汩汩而出，汇成一潭清波，注满剑池，淌过千人石，流入白莲池，最后直奔养鹤涧。整个山水呈显"有高有凹，有曲有深，有峻而悬，有平而坦，自成天然之趣"。

4.3.2.3 借景与对景

在虎丘中通过借景与对景手法的运用，增强了园林建筑、景点景物的景观效果，也获得了较好的观景效果。中国古典园林借景的重要艺术原则，将不属于本园的风景通过一定手段组合到眼前的风景画面中来，增加了园景的进深和层次。其中登高远眺更是重要的借景手法，北宋苏轼曾有句"赖有高楼能聚远，一时收拾与闲人"，唐诗人王之涣亦有"欲穷千里目，更上一层楼"的名句，均道出了登高远望与观赏视野之间的关系。虎丘凭借山地之利，充分利用登高远借之法将园外景色收入眼内，增加了风景美欣赏的多样性。如山巅中部的致爽阁，东北的望苏台、小吴轩、万家烟火、千顷云阁等，皆为登高远眺所设之亭台楼阁。再如围墙的灵活运用，也使虎丘自然山水环境与园林环境形成互为借景，或利用台地的高差，或利用临溪流的悬崖稍筑一段用于安全防护的矮墙（有时是栏杆等）来示意性地分隔园内外，以达到借园外景色的效果。

对景手法更是在虎丘中随处可见，与别处不同，虎丘中因地制宜的对景处理手法显景物之尊严和壮观。如从海涌桥仰望断梁殿与虎丘塔，登五十三参仰望大雄宝殿，亦或由虎丘北门仰望虎丘，凭借地势高差之利，更显对景景物雄壮。又如从千人坐入圆洞门对景剑池，也更显其险峻幽深。

4.3.2.4 对比与协调

虎丘在园林的整体布局和风景结构中对比法则的应用也极为突出，前山繁密与后山清旷之比，狭长的登山道与空旷的千人坐之比，剑池刚硬险峻的驳岸与柔美平静的水体之比。其中蕴藏的藏露、开合、虚实、曲直之比无不强化了虎丘独特的园林艺术魅力。

4.4 实习作业

① 草测千人坐、莲花池及周边环境平面。

② 草测拥翠山庄平面及竖向变化，通过与杭州西泠印社造园理法的对比，总结台地园的空间处理手法。

③ 速写 2 幅。

实习 5 个 园

5.1 背景资料

个园位于扬州盐阜路，占地 2.5hm²，系清嘉庆二十三年（1818 年），由两淮盐商首总黄至筠（名应泰，字至筠）在明代寿芝园的基础上扩建而成的。因主人爱竹，园内遍植竹子，取苏东坡"宁可食无肉，不可居无竹，无肉使人瘦，无竹令人俗"的诗意。此外，"个"字乃"竹"字之半，且状似竹叶，故取名"个园"。园以假山堆叠精巧而著称。假山利用不同的石色石形，采用分峰叠石的手法，以石斗奇："石垒的山，石嵌的门，石铺的路，石伴池水壮，石衬青竹秀，石抱参天古树，石拥亭台小楼，石成了个园的主体结构。"个园假山，一部分用黄山石叠成，山腹中有曲折磴道，盘旋到顶，这是北派的石法；一部分用太湖石叠成，流泉倒影，透逦一角，是南派的石法。这两种叠石的方法，意味着山水画的南北之宗统一在一个园子里，构成了个园假山的独特风格。个园"四季假山"为国内孤例。

5.2 实习目的

① 了解个园的历史沿革，熟悉其创建历史及其在中国古典园林中所处的历史地位。

② 了解中国古典园林以小见大的造景手法。

③ 通过实地考察、记录、测绘等工作掌握个园的整体空间布局及造景手法等。

④ 领会中国古代园林空间处理中，掇山的理法与技巧，并了解不同石材的特点及应用。

5.3 实习内容

5.3.1 空间布局

　　个园大致可以分为三个区域：南区为住宅区，原为个园的主入口；中区是主人休憩、读书、接待宾客之处，是园子的主景区，最负盛名的四季假山就在这里；北区突出竹文化，表现个园"竹石"的主题。个园的总体布局（图 3-5-1）采用环游的方式，以宜雨轩为中心，

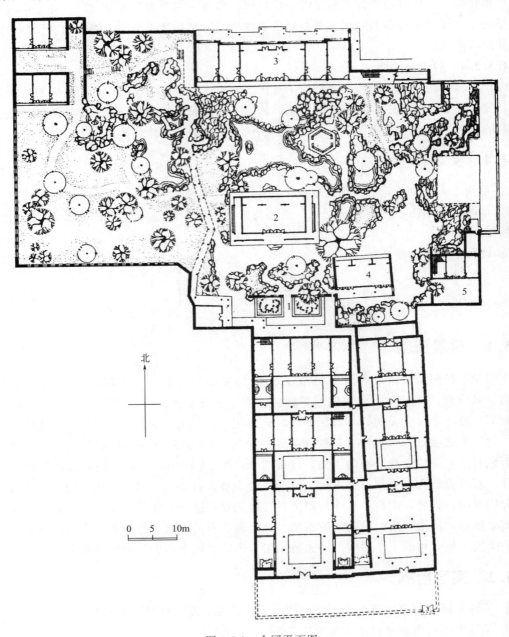

北

0　　5　　10m

图 3-5-1　个园平面图

（摹自《中国古典园林史》）

1—园门；2—桂花厅；3—抱山楼；4—透风漏月；5—丛书楼

若顺时而游，便能顺序观赏春夏秋冬四季景色，体会四季假山的内涵。个园中应用了许多古典园林常见的造景手法，如北区进门处利用逶迤的大山形成障景，可谓欲扬先抑，竹西佳处曲径通幽，四季假山以小见大。

"壶天自春"史取《个园记》中"以其目营心构之所得，不出户而壶天自春，尘马皆息"。其意是个园空间虽不及名山大川，但其景为世外桃源、人间仙境。"壶天"最早是道教用语，出自《后汉书·方术传下·费长房》："费长房者，汝南人也，曾为市掾。市中有老翁卖药，悬一壶于肆头，及市罢，辄跳入壶中，市人莫之见。唯长房于楼上见之，异焉，因往再拜。乃与俱入壶中。唯见玉堂严华，旨酒甘肴，盈衍具中。共饮毕乃出。乃就楼上候长房曰：我神仙之人，以过见责，今事毕当去。"不过私家园林多为壶状结构，由狭长的通道进入，里面豁然开阔，美不胜收，也算是人间仙境了。

"竹西"的来历出自晚唐诗人杜牧吟咏扬州的诗句"谁知竹西路，歌吹是扬州"。到了宋代词人姜夔这里，又有"淮左名都，竹西佳处"的词句，后来人们便用"竹西佳处"来指称扬州。"竹西佳处"在这里回归了字面的本来意义，显然是在提示人们：此处竹景最佳。

宜雨轩面南而筑，单檐歇山式，东西三楹，歇山有磨砖深浮雕，嵌如意卷草，线条舒卷自然流畅，是全园谋篇构局的中心，山水花木等景致的安排全是围绕宜雨轩次第展开的。宜雨轩门前有一楹联："朝宜调琴暮宜鼓瑟，旧雨适至今雨初来"。旧雨、今雨源出杜甫《秋述》一文："秋，杜子卧病长安旅次，多雨生鱼，青苔及榻，常时车马之客，旧雨来，今雨不来。"人情冷暖令诗人感慨万分。后人由此便用"今雨""旧雨"借指新朋老友。此联可谓"宜雨轩"的破题导读。显然，这里曾是主人接待宾客，与新朋老友欢聚的场所，不过现在也许只有这轩中的梁柱还记得当初的琴声悠悠了。门前是春景的十余株桂花，也因这个缘故，扬州人又把宜雨轩称为"桂花厅"。宜雨轩是四面厅，南面设落地长窗，其他三面半窗，四面有环廊，廊前雕栏，东西两边设美人靠坐凳，四季景物都绕厅而置。

5.3.2　造园理法

5.3.2.1　掇山

个园假山采取分峰叠石的手法，运用不同石料，表现出春、夏、秋、冬四季景色，号称"四季假山"。四季假山各具特色，表达出"春景艳冶而如笑，夏山苍翠而如滴，秋山明净而如妆，冬景惨淡而如睡"及"春山宜游，夏山宜看，秋山宜登，冬山宜居"的诗情画意。旨趣新颖，结构严密，为国内园林孤例。

春山位于石额门前，花台上翠竹亭亭，竹间叠放了参差的白果石，远远看去，就像刚破土的春笋，缕缕阳光把稀疏竹影映射在园门的墙上，形成"个"字形的花纹图案，烘托着园门正中的"个园"匾额。微风中摇曳的新枝又象征着春日山林，一真一假的竹景，被前面住宅部分的白墙一衬，立于园门两边，很有"春山是开篇"的意味。

夏山位于园之西北，东与抱山楼相接。夏山全部用青灰色太湖石叠成，叠石似云翻雾卷之态，太湖石的凹凸不平和瘦、透、漏、皱的特性，叠石多而不乱。远观舒卷流畅，巧如云、如奇峰；近视则玲珑剔透，似峰峦、似洞穴。山上古柏，枝叶葱郁，颇具苍翠之感；山前一泓清澈的水潭，水上有曲桥一座，通向洞口，巧妙地藏起了水尾，给人以"庭院深深深几许"的观感。池中遍植荷花，一眼望去，"映日荷花别样红"。北部阴处有一涓细流直落池塘，叮咚作响，池中游鱼嬉戏穿梭于睡莲之间，静中有动，极富情趣。

秋山位于抱山楼南侧东部，以黄石堆叠而成。黄石既具有北方山岭之雄，又兼南方山水之秀，因此秋山是个园最富画意的假山。整座假山，全部用悬岩峭壁的黄石滩就，颜色有的褚黄、有的赤红如染。假山主面向西，每当夕阳西下，红霞映照，色彩极为醒目。在悬崖石隙中，又有松柏傲立，苍绿的枝叶与褐黄色的山石恰成对比，宛如一幅秋山图景。山巅建有四方亭，人在其中，俯瞰四周景观，往北远眺绿杨城郭，瘦西湖、平山堂及观音山诸景又一一招入园内，这也是中国传统的造园手法之一——远景。秋山的外形高峻突兀，内部结构复杂。石洞、石台、石磴、石梁与山中小筑交错融合在一起，形成一条扑朔迷离的山中立体游览通道，它不仅有平面的迁回，更有立体的盘曲。

步下黄山假山，走过"透风漏月"厅，便是四季假山的最后一景——冬山。冬山用宣石（石英石）堆叠，石质晶莹雪白，每块石头几乎看不到棱角，给人浑然而有起伏之感。整座假山堆叠得如一群狮子，远观似一头头雪狮欢腾跳跃，憨态可掬。南面高墙有二十四个风音洞，据说若是后面的巷风袭来则能够发出呼啸之声。造园者不光利用"雪色"来表现冬天，还巧妙地将"风声"也融合到表现手法中去，令人拍案叫绝。最惊奇的就是当人们面对端庄、静穆的冬景，感叹一年终了之时，蓦然回首，却发现西墙上有一洞窗，露出了春景一角，似乎在向人们招手。

个园假山体现了中国古典园林杰出的假山堆叠技艺，以秋山为例：秋山以黄石叠成，山路设计十分巧妙，下山的路有三条，却只有一条可达山下石屋。左右两条入口较大，又在明处，易入，可三折两拐之后又回到原地，中间一条入口较小，洞前有黄石遮挡，不易发现，却可通山下。山道处理可以说是自然界的再造，全长不过 15m，就有山口、山谷、陡壁、登阶、悬岩、山洞、深潭、天桥等。山腹中有幽室，有天窗，自然光从天外穿入。上有悬岩峭壁，下有深谷绝洞，创造出了一种山峡天险的境界，这在造园艺术上称为"旱山水意"。

5.3.2.2 风景园林建筑

个园的主体建筑是园北的一列长楼。楼广七楹，横贯东西，把两座一具北方之雄、一具南方之秀的假山和谐地连为一体。一楼抱两山，因名"抱山楼"。楼下有平台，有山石，珍卉丛生，随候异色。楼上有长廊，徐步行廊上，环观园中景物，参差错落，高下相间，隔水有屋宇相峙，两侧有亭台峨立，似尽南昌未尽，余味无穷。楼前悬一巨匾，题"壶天自春"四字，两旁抱柱，悬扬州当代书画名家李圣和女士撰书一联："淮左古名都，记十里珠帘，二分明月；园林今胜地，看千竿寒翠，四在烟岚。"园内的其他建筑物，有宜雨轩、桂花厅、佳秋阁、清漪亭、觅句廊、透风漏月等，堂以宴、亭以憩、阁以眺，布置有序，为园内假山助胜增趣，各具匠心。

5.4 实习作业

① 草测宜雨轩及环境的平面、立面。

② 个园"春、夏、秋、冬"四座假山中任选一座，草测其环境平面图。

③ 自选个园中建筑、植物、假山等景色优美之处，速写 2～3 幅。

实习 6　西湖风景名胜区

6.1　背景资料

西湖风景名胜区是国家级风景名胜区，总面积 60.04km²。东起杭州城区松木场、保路转少年宫广场北，经白沙路、环城西路、湖滨路、南山路至万松岭以南及吴山、紫阳山、云居山景点全部；南自鼓楼沿吴山、紫阳山、云居山东侧山麓经凤山门沿凤凰山路于天花山沿西湖引水渠道至钱塘江北岸，转珊瑚沙储水库至留芳岭以北；西自留芳岭、竹竿山、九曲岭、名人岭至美人峰、北高峰、灵峰山至老和山山脊线以东；北自老和山山麓（浙江大学西围墙）转青芝坞路北侧 30m，接玉古路、浙大路、曙光路至松木场以南。外围保护区面积 35.64km²，东起南星桥江滨公园、江城路、凤山桥、中山南路、鼓楼转河坊街、延安南路、延安路，转庆春路、武林路、教场路至环城西路以西地区；南至钱塘江主航道中线，杭富路至转塘以北地区；西为留转路以东地区；北自留下，经杭徽路、天目山路至武林门以南地区。

西湖风景名胜区内以西湖为核心，有国家、省、市级文物保护单位 60 处和风景名胜点 100 余处，其中主要有西湖十景、西湖新十景。西湖旧称武林水、钱塘湖，又称明圣湖、金牛湖等。北、西、南三面环山，东面为市区，三面云山一面城。唐人因湖在州城之西，故称西湖。苏东坡守杭时有诗："水光潋滟晴方好，山色空蒙雨亦奇。欲把西湖比西子，淡妆浓抹总相宜。"因此又有西子湖之名。湖体轮廓近似椭圆形，面积 6.03km²，其中水面面积 5.66km²，湖岸周长 15km。湖底较平坦，水深平均在 1.5m 左右，最深处 2.8m 左右，最浅处不到 1m。白堤、苏堤将湖面分成外湖、里湖、岳湖、西里湖、小南湖 5 个部分。湖中有孤山、小瀛洲、湖心亭、阮公墩 4 岛。注入西湖的主要溪流有金沙港、龙泓涧、长桥溪。西湖引水工程钻地穿山，引来钱塘江清流。调节西湖水位的主要出水口，一是圣塘闸，经圣塘河流入运河；另一是涌金闸，经浣纱河地下管道，流入武林门外的城河。西湖远古时是与钱塘江相通的浅海湾，之后由于泥沙淤塞，大海被隔断，在沙嘴内侧的海水成了一个泻湖。所以民间谚语说：西湖明珠从天降，龙飞凤舞到钱塘。西湖承受山泉活水冲洗，又经历代人工疏浚治理。诗人白居易（772~846 年）和苏东坡（1037~1101 年）等任杭州地方长官时，都悉心治理西湖，疏挖湖泥，兴修水利，灌溉农田，而且构成了湖中三岛、白苏二堤、湖上塔影的佳丽景色。环湖山峦叠翠，花木繁茂，峰、岩、洞、壑之间穿插着泉、池、溪、涧，青碧黛绿丛中点缀着楼阁、亭榭、宝塔、石窟。湖光山色，风景如画。清漪碧波和绿云翠谷间，闪烁着无数秀丽的自然景观和璀璨夺目的历史古迹。中国民间传诵："天下西湖三十六，就中最佳是杭州"。并说西湖之美，古今难画亦难诗。明正统间，有日本国使者游西湖，曾题诗说："昔年曾见此湖图，不信人间有此湖。今日打从湖上过，画工还欠着工夫。"

6.2　实习目的

① 了解西湖风景名胜区发展的历史，学习其中各景点的营造与地域文化结合的方法。

② 体会风景名胜区的规划与建设，并非单纯的空间与风景的规划，而同时需要考虑经济、社会、环境等方面的因素。

6.3 实习内容

6.3.1 西湖旧十景

西湖十景题名源于北宋山水画家宋迪题画的四字句，他用平沙落雁、山市晴岚、远浦归帆等来标出自己所画的作品内容。后来山水画家竞相仿效。13世纪，南宋画家马远、陈清波在撷取西湖风景精华所作的画中，也分别标上柳浪闻莺、两峰插云、平湖秋月、断桥残雪、三潭印月、雷峰夕照、苏堤春晓和南屏晚钟，以后又画了花港观鱼、曲院荷风两幅，于是便有了西湖十景的说法。清朝康熙皇帝南巡游西湖，为十景题名立碑，并改两峰插云为双峰插云，曲院荷风为曲院风荷。西湖十景就这样确定了下来。

苏堤春晓的苏堤在西湖西侧，南北两端衔接南山路和北山路，全长2.8km，是北宋诗人苏东坡于北宋元祐四年（1089年）任杭州知州时，疏浚西湖，用湖中的淤泥堆筑而成的。堤上有六座石拱桥，自南而北分别是央波桥、锁澜桥、望山桥、压堤桥、东浦桥、跨虹桥。堤上两边夹种桃树、柳树，风光旖旎。堤岸现已铺上柏油路，两旁宽阔的草坪添植了各式花木，每隔一定距离，便设有一张长靠背椅，十分幽静。白天，游人信步浏览，一片闲情逸致；入夜，则成为当地情侣幽会的姻缘道。苏堤景色四时不同，晨昏各异，晴、阴、雨、雪均有情趣。尤以春天早晨，湖面薄雾似纱，堤上烟柳如云，故有苏堤春晓之称。

柳浪闻莺位于西湖东南岸，南山路清波门附近。这里原为南宋皇帝的御花园——聚景园，园中原有柳浪桥，沿湖遍植垂柳，密密柳丝仿佛在湖边挂起绿色帐幔。春风吹拂，碧浪翻飞，浓荫深处时时传来呖呖莺声，因而名为柳浪闻莺。现扩建为夜公园，面积从原来的一隅之地扩大为17hm²，全园分为友谊、闻莺、聚景和南园4个景区。闻莺馆中新添了百鸟天堂，百鸟飞翔其中，莺歌燕舞。公园内绿草如茵，繁花似锦。

曲院风荷原来在苏堤北端跨虹桥下（康熙题碑处）。宋代，那里有一家酿造官酒的曲院，里面种了许多荷花，芰荷深处，清香四溢，因此便有曲院风荷之说。现在的曲院风荷比原来扩大了数百倍，布局十分精巧。赏荷区广阔的水面上，有无数种荷花。傍水建造的赏荷廊、轩、亭、阁，古朴典雅，与绿云、荷香相映成趣。还辟有西湖密林度假村，公园中的密林区，参天的树木，浓荫蔽天，颇似深山老林。林中竖有幢幢架空的桦木结构小屋，以及木板平房，还有炊具，可供游人宿营野餐。

平湖秋月位于白堤西端，三面临水，背倚孤山。唐代，这里建有望湖亭。清康熙三十八年（1699年）改建为御书楼，并在楼前挑出水面铺筑平台，立碑亭，故题名为平湖秋月。置身平台，眺望西湖景色，无论晴雨都有奇趣，尤其是皓月当空的秋夜，一色湖光万顷秋，更充满诗情画意。

三潭印月在西湖三岛之一的小瀛洲周围。岛基是苏东坡组织民工疏浚西湖时，用挖出的葑泥堆筑而成的，明代又沿岛筑起环形堤埂等，才构成湖中有岛，岛中有湖，宛如蓬莱仙岛的绝妙佳境，因而起名为小瀛洲。现在岛上有曲桥和造型别致的亭、榭。在绿云荷香掩映下，景观富于层次，意境深邃。小瀛洲岛南的水面上有3座造型美丽的小石塔，是当年苏东坡组织疏浚西湖时在深水处立的坐标。明代重建，即今之样式。秋夜，皓月当空，如在塔内点上灯烛，洞口蒙上薄纸，灯光从中透出，便宛如一个个小月亮倒影水中，构成天上月一轮、湖中影成三的奇丽景色。三潭印月由此得名。

雷峰夕照位于西湖南岸夕照山上，旧有雷峰塔，为975年吴越王因庆贺黄妃得子而建，取名黄妃塔。后人因塔在名为雷峰的小山上，改称雷峰塔。夕阳西照时，塔影横空，金碧辉煌。雷峰夕照由此而名。雷峰塔初建时为 13 层，可以登临。明代遭火后，改为 7 层，后又成 5 层 8 面。雷峰塔与北山的保俶塔隔湖相对，所以有"一湖映双塔，南北相对峙""雷峰如老衲，保俶如美人"之说。湖上双塔，水中双影，与湖中三岛、苏白二堤相辉映，曾给游人增添了无限美感，又带来了丰富的神话与历史传说，使历代多少诗人、画家为之倾倒。之后，雷峰塔因被乡人窃砖，挖空了塔基，1924 年 9 月 25 日下午倾圮。雷峰夕照一景也因此仅有美名。国务院 1983 年 5 月批准的《杭州城市总体规划》中已明确：恢复西湖十景之一，并为民间流传极广的雷峰塔。现在雷峰塔已经重建完毕，保留了一些旧塔的遗迹，所谓"塔中有塔"。

南屏晚钟是指南屏山下净慈寺的钟和钟声。净慈寺系 954 年吴越王为高僧永明禅师而建的，原名永明禅院，南宋时改名为净慈禅寺，是西湖四大丛林寺院之一。寺前原有一口大钟，每到傍晚，钟声在苍烟暮霭中回荡，便将人带入"玉屏青嶂暮烟飞，绀殿钟声落翠微"的意境之中。南屏晚钟与雷峰夕照隔路相对，塔影钟声组成了西湖十景中两处最迷人的晚景。净慈寺还伴有济公的神话传说，寺内有运木神井，引得无数游人前来观赏。自宋至清代，净慈寺时有兴废，1959 年、1984 年两次进行整修后已恢复一新，新铸了一口重达 1.5 万千克的铜钟，悠扬的钟声又回荡在西子湖的夜空。

断桥是白堤的东起点，正处于外湖和北里湖的分水点上。断桥之名起于唐代诗人张祜断桥荒藓涩之句，又因孤山之路到此而断，故名断桥。中国四大民间传说之一的《白蛇传》故事于此地发生。旧时石拱桥上有台阶，桥中央有小亭，冬日雪霁，桥上向阳面冰雪消融，阴面却是玉砌银铺，桥似寸断，又似桥与堤断，构成了奇特的景观，因而有断桥残雪之名。

双峰插云位于灵隐路上的洪春桥边，双峰插云御碑亭所在之处。双峰指的是天竺山环湖南、北两支山脉中最为著名的南高峰、北高峰。两峰遥相对峙，相去 10 余里（1 里＝0.5km）。山雨欲来时，向巍然耸立的双峰望去，浓云如远山，而远山又淡得像浮云，是云是山，一片朦胧，难以分辨，双峰的峰尖忽隐忽现插入云端。这时，游人如同面临一幅巨大的泼墨山水画，云海浩茫茫，峰尖隐隐然。双峰插云便由此得名。

花港观鱼位于苏堤南端，北倚西山，它是西湖风景区内规模最大的一级公园。古代，因有小溪自花家山流经此处入西湖，所以称花港。宋时，花家山下建有卢园，为南宋内侍官卢允升的私人花园，园内栽花养鱼，风光如画，被画家标上花港观鱼之名。清代康熙时废园重建。这个景点原来仅有一碑、一亭、一池和三亩地，现已建成占地 20 多公顷的大型公园。花港观鱼，以鱼为中心，穿过大草坪，便是鱼乐园，游人围拢鱼池投饵，群鱼翻腾水面，追逐争食，红光波音，有色有声，呈现一番鱼乐人也乐的景象。

6.3.2　西湖新十景

1985 年，杭州日报社、杭州市园林文物管理局等单位发起征集新景点、新景名的活动，有 5 万人参加，历时 8 个月。结果，遴选出云栖竹径、满陇桂雨、虎跑梦泉、龙井问茶、九溪烟树、吴山天风、阮墩环碧、黄龙吐翠、玉皇飞云和宝石流霞十景，人们称之为新西湖十景。陈云、刘海粟、赵朴初等 10 位名家为之题名立碑。西湖风景名胜区内，除十景、新十景外，著名景点还有天竺、五云山、凤凰山、玉山、北高峰、湖心亭、白堤、孤山、放鹤亭、刘庄、杭州花圃、植物园、南高峰、水乐洞、狮峰、葛岭、紫云洞、西溪、灵峰探梅等。

云栖竹径在离湖滨约 20km 的五云山云栖坞里。相传五云山飘来的五彩云霞常常在此栖留，故名云栖。从云栖石牌坊进入，沿途是"一径万竿绿参天，几曲山溪咽细泉"的天然景色。竹径旁有陈云题书云栖竹径的碑亭以及洗心亭。亭前小池，水清见底，十分凉爽，可以一洗尘埃。

满陇桂雨中的"满陇"指的是南高峰与白鹤峰夹峙下的蹊径满觉陇。这条山道沿途种植 7000 多株桂花。金秋季节，林壑窈窕，珠英琼树，空山香满，沁人肺腑。古人有诗曰："西湖八月是清游，何处香通鼻观幽？满觉陇旁金粟遍，天风吹堕万山秋。"故取名满陇桂雨。南高峰和青龙山间的石屋岭南麓，有洞形如石屋，名石屋洞，洞前有桂花厅。

虎跑梦泉中的"虎跑"即虎跑泉，在大慈山定慧禅寺内。虎跑之名，因梦泉而来。传说唐代高僧性空住在这里，后来因水源短缺，准备迁走。有一天，他在梦中得到神的指示：南岳衡山有童子泉，当遣二虎移来。果见两虎跑地作穴，涌出泉水。虎跑梦泉由此得名。虎跑游览的乐趣在泉。进山门之后，清泉便在脚下发出丝弦般的声响，酷似滴珠落盘的琵琶乐曲。虎跑泉十分清澈，水质洁净，龙井茶叶虎跑水，历来被誉为西湖双绝。从听泉、观泉、品泉、试泉直到梦泉，能使人自然进入一个绘声绘色、神幻自得的美妙境界。虎跑还是家喻户晓的传奇人物济公归葬的地方，济公殿、济公塔院坐落于此。近代艺术大师李叔同在此出家为僧，弘一法师纪念室也很引人关注。

龙井问茶中的龙井在西湖西面的风篁岭上。晋朝葛洪在此炼丹，大旱时井水不涸，人以为与海通，故名龙井。龙井之水的奇特之处在于搅动它时，水面上就出现一条分水线，仿佛游丝一样，不断摆动，然后慢慢消失。这一小小奇观为游人增添了乐趣。自古以来，人们以消受山中水一杯为最佳的享受。龙井既是名泉，又是中国著名的龙井绿茶的产地，所以命名为龙井问茶。龙井绿茶具有色绿、香浓、形美、味甘四大特色。

九溪烟树即著名风景点九溪十八涧，位于西湖西边群山中的鸡冠垅下，一端连接烟霞三洞，一端贯连钱塘江。中心点是九溪菜馆前面的一片溪滩和公园。从这里沿鸡冠垅拾级而上，可直达山顶望江亭。在亭前眺望钱塘江，之字形弯曲的江流尽收眼底，远处烟波浩渺，水天一色。九溪的主景是水。所谓九与十八均为虚指，是多的意思。九溪的水源自杨梅岭，沿途汇合了青湾、宏法、唐家、小康、佛石、百丈、云栖、诸头、方家 9 个山坞的溪流，曲曲折折、忽隐忽现地流入钱塘江。十八涧源于龙井山，于诗人坞、孙文陇、鸡冠垅之间穿林绕麓，汇了无数溪涧。九溪十八涧水随山转，山因水活。这里的山和树，都因有了这纵横交错、蜿蜒曲折而又奔流不息的水而被点活，构成了青山缥缈白云低，万壑争流下九溪，重重叠叠山，曲曲环环路，丁丁东东泉，高高下下树的绝妙佳境。所以被赞美为九溪烟树。

吴山天风中的吴山在西湖东南面，山体延入市区，高仅 100m，然而山奇石秀，风景独好，是西湖周围群山中内涵最丰富、最耐人游赏的一座山。山顶北部的巫山十二峰，怪石嶙峋，有笔架、香炉、棋盘、象鼻、玉笋、龟息、盘龙、舞鹤、鸣凤、伏虎、剑泉、牛眠等名称，又因这些岩山酷似十二生肖中的动物，也称十二生肖石。吴山是吴越、南宋文化荟萃之地，山上颇多摩崖石刻。苏东坡的咏牡丹诗和明吴东升书写的"岁寒松柏"4 字刻于原宝成寺旁的感化岩上，下面山崖上有宋代书法家米芾的手迹"第一山"3 字。山上的许多古樟树，冠盖如云，古朴苍劲，树龄一般都在四五百年以上，最老的宋樟已达 800 岁高龄。吴山左挹钱塘江，右掠西子湖，是汇观江湖，鸟瞰市容的胜地。山巅新建了江湖汇观亭，亭前楹联是从山上原城隍庙前移来的明代徐文长题辞："八百里湖山知是何年图画，十万家烟火尽归此处楼台"，恰好点明了吴山天风的佳境。

阮墩环碧中的阮墩即阮公墩，西湖中三岛之一，是清代浙江巡抚阮元疏浚西湖时用淤泥堆积而成的。岛上土质松软，原无建筑物，近年来营造了青竹结构的亭、轩、堂、阁，造型朴素而又典雅，短篱茅舍的周围花木扶疏，组成了颇具特色的水上园林。因它处在粼粼碧波上，笼罩于郁郁丛林下，四面环碧，所以被定名为阮墩环碧。夏秋之夜，岛上举办环碧庄仿古游，重现了古代庄园迎接、宴请宾客的盛况。游人上岛，皆作为古庄园主的客人，在轻歌曼舞中受到款待，情趣十分古雅。

黄龙吐翠中的黄龙指栖霞岭下的黄龙古洞，是栖霞洞景中最著名的一处。传说宋代一个名叫慧开的和尚来此建寺修行，黄龙随之飞来，泉水从龙口喷出，因而得名。黄龙洞四周绿荫浓密，曲径通幽，以竹景取胜。方竹园内，栽有节上生刺的方竹，乃竹中珍品。整个园内还植了许多琴弦竹、凤尾竹、紫竹、斑竹、箬竹、鸡毛竹等，株株吐翠。洞内近年也辟为仿古园。因此，长乐亭内古乐声声，悠扬悦耳，置身于洞壑幽深之间，令人飘然欲仙。

玉皇飞云中的玉皇指玉皇山，位于西湖的南面。民间传说西湖是天上掉下来的一颗明珠，它由玉龙、金凤护卫，来到钱塘。嗣后，玉龙变成玉皇山，又名玉龙山，金凤变成它旁边的凤凰山。玉皇山高 237m，最高处建有登云阁，登此阁，即云飞脚下，如登仙境，并可眺望钱塘江，俯视西子湖，一览杭州全城风光，故命名为玉皇飞云。山上有慈云洞、紫来洞、慈云宫、天一池等名胜古迹。

宝石流霞在西湖北岸的宝石山上。宝石山的保俶塔，姿态挺秀，如美人倚立西子湖畔，故有保俶如美人之称，它是西湖风景轮廓线上有代表性的标志。保俶塔左面的来凤亭，曾列为西湖十八景之一。来凤亭前有巨石，名落星石（又名寿星石），塔后还有巨石，如云凝霞聚，因而题名为屯霞、绮云，又称看松台。宝石山的主景是塔，当峰一塔微，落木净烟浦。在朝霞初露或落日余晖中，保俶塔影亭亭玉立于一片紫褐色的山岩上，岚光霞彩流溢，俏丽无比，故名宝石流霞。

6.3.3　其他景点

天竺在杭州市灵隐寺南面山中。有上天竺、中天竺、下天竺之分。上天竺的法喜寺、中天竺的法净寺、下天竺的法镜寺，分别创建于五代、隋代、东晋年间，是杭州著名的佛教寺院。

五云山在杭州市西湖西南面，濒临钱塘江。相传古时有五色瑞云萦绕山巅，因而得名，其海拔 344m，高耸入云。从山脚到山巅，石磴千余级，曲折七十二弯，前人有句道："石磴千盘倚碧天，五云辉映五峰巅。"山腰有亭，近瞰钱江，回望西湖，亭上有联"长堤划破全湖水，之字平分两浙山"，点景极妙。山巅有古井，大旱不涸。井之东首，有银杏一棵，树高 21m，冠幅 28m，胸径 2.5m，粗可 5 人合抱，树龄达 1400 年，为杭州罕见的名木古树。

凤凰山在杭州市的东南面。主峰海拔 178m，北近西湖，南接江滨，形若飞凤，故名凤凰山。隋唐在此肇建州治，五代吴越设为国都，筑子城。南宋建都，建为皇城。方圆九里之地，兴建殿堂四、楼七、台六、亭十九。还有人工仿造的小西湖，有六桥、飞来峰等风景构筑。南宋亡后，宫殿改作寺院，元代火灾，成为废墟。现还有报国寺、胜果寺、凤凰池及郭公泉等残迹。

玉泉在杭州市栖霞山和灵隐山之间的青芝坞口。泉水晶莹明净似玉。原在清涟寺内，寺建于南朝齐建元年间，今寺已不存。1964 年改建成为具有江南园林特色的新庭院，在长方形的池中养有大鱼，池畔筑轩，凭栏观鱼，有鱼乐人亦乐、泉清心共清的意趣。鱼乐园匾额是明代书画家董其昌的手迹。玉泉东面内院还有古珍珠泉、晴空细雨池，泉如抛珠、细雨，各有特色。

北高峰在杭州市灵隐寺后，与南高峰相对峙，海拔 314m。自山下有石磴数百级，盘折三十六弯通山顶。登临眺望，群山屏列，西子湖云光倒垂，波平如鉴。钱塘江从南面重山背后绕出东去，有如新濯匹练。

湖心亭在西湖中，初名振鹭亭，又称清喜阁。初建于明嘉靖三十一年（1552 年），明万历后才称湖心亭。今亭于 1953 年重建，一层二檐四面厅形式，金黄琉璃瓦屋顶，宏丽壮观。昔人有诗云："百遍清游未拟还，孤亭好在水云间，停阑四面空明里，一面城头三面山。"岛上有乾隆虫二谜碑，暗寓风月无边。湖心平眺为古西湖十八景之一。

白堤原名白沙堤。横亘在杭州西湖东西向的湖面上，从断桥起，过锦带桥，止于平湖秋月，长 1km，唐代诗人白居易任官杭州时有诗云"最爱湖东行不足，绿杨荫里白沙堤"，即指此堤。后人为纪念这位大诗人，改称为白堤。堤上桃柳成行，芳草如茵。回望群山含翠，湖水漾碧，如在画中游。

孤山孤峰耸立于杭州西湖的里湖与外湖之间，故名孤山，又因多梅花，一名梅屿。海拔 38m，地广约 20hm^2。这里是风景胜地，也是西湖文物荟萃之处。南麓有文澜阁、浙江图书馆、浙江博物馆、中山公园、西湖天下景庭园，东南面有平湖秋月，山巅有西泠印社，山后有中山纪念亭，北麓有放鹤亭及湖上赏梅诸景。古人有诗曰："人间蓬莱是孤山，有梅花处好凭栏。"

放鹤亭在孤山北麓，是元代人为纪念宋代隐逸诗人林和靖而建的，近年重修。林和靖（967～1028 年）名逋，北宋初年杭州人。居孤山 20 年，种梅养鹤，有梅妻鹤子的传说。他的"疏影横斜水清浅，暗香浮动月黄昏"咏梅名句流传至今。亭壁刻有南朝宋鲍照的《舞鹤赋》，为清康熙帝临摹明董其昌书。亭外附近种有许多梅花，为湖上赏梅胜地。

刘庄一名水竹居，原为晚清刘学询别墅，俗称刘庄。在杭州市西湖丁家山前隐秀桥西。面积 36hm^2，背山濒水，环境幽雅。今园内有迎宾馆、梦香阁、望山楼、湖山春晓诸楼台水榭，室内陈设古朴别致。1954 年以来经过著名建筑师精心设计改建之后，尤具东方园林特色，被誉为西湖第一名园，为毛泽东来杭州的住所，1953 年冬毛泽东在此亲自组织起草新中国第一部宪法。

杭州花圃在杭州市西湖西北侧，占地约 26hm^2。分设盆景、月季、兰花、菊花、香花、露地草花、水生花卉、温室花卉、牡丹芍药等景区，其中以盆景、兰花、月季为重点。兰花是杭州的名花，这里主要培育各具特色的春兰、夏兰、秋兰、寒兰。兰苑内有"国香室"和"同赏清芬"匾额，系朱德元帅手书。

植物园在杭州西湖西北面，地处双峰插云与玉泉观鱼之间的丘陵地带，1956 年新建。全园面积 250hm^2，分展览区和实验区两大部分。展览部分主要有植物分类区、经济植物区、观赏植物区、竹类植物区、树木园；实验区主要包括植物引种驯化、抗性树种实验、果树实验三部分。已搜集、引种中外植物 4000 多种，200 多科，1000 多属。其中稀有珍贵植物有我国特有树种水杉、夏蜡梅、华东黄杉、澳洲梧桐、美国红杉、希腊油橄榄、比利时王莲等。园内丘陵起伏，园林布局采用自然风景式，既富有科学内容，又具有公园风貌，是西湖著名园林风景之一。

南高峰在杭州烟霞岭西北，与北高峰遥相对峙，海拔 256.9m。山麓有烟霞洞、水乐洞诸风景点。登临眺望，钱塘江萦回若带，西子湖清莹如镜，一面城市三面山，杭州景物尽收眼底。

　　水乐洞在南高峰烟霞岭东麓，是一个石灰岩的地下溶洞，洞深 60 余米，洞中有泉，水声从洞中出来，铿锵悦耳，有音乐的节奏感。北宋熙宁二年（1069 年）题名为水乐洞。

　　狮峰在杭州市龙井寺西侧，天竺乳窦峰右边。兀立在层峦叠嶂之中，若雄狮蹲踞，人称狮峰。狮峰茶叶与龙井齐名，素称上品。狮峰之下旧胡公庙前有茶树 18 棵，曾经清乾隆帝品为御茶，是当时上贡的珍品。

　　葛岭在杭州市宝石山西面，海拔 166m。据传是因东晋咸和年间著名道士葛洪在此结庐炼丹而得名的。山上有抱朴道院、炼丹台、炼丹井等遗迹。葛岭顶巅有初阳台，是观日出的好地方。葛岭朝暾为钱塘八景之一。

　　紫云洞在杭州市岳王庙后山栖霞岭上。洞分前洞、后洞，洞洞相连。前洞较宽敞，光线从半掩半覆的悬岩峭壁间透入，岩石略带紫色，紫云洞之名由此而来。洞内湿润阴凉，清乾隆帝游紫云洞有诗云："春暄攀陟汗流浆，牝洞入才迫体凉。却上丹梯不数武，转温仍欲换衣裳。"

　　西溪位于西湖西北部约 6km 处，素有副西湖之称。河渚清溪，潆流环绕，富有江南水乡风情。自唐代以来，以赏梅、竹、芦、花而闻名。西溪探梅为西湖十八景之一。清康熙二十八年（1689 年）康熙帝南巡至此，写诗曰："十里清溪曲，修篁入望森。暖催梅竹早，水落草痕深。"名胜古迹有秋雪庵、两浙词人祠堂等。西溪芦荡风情园现正在筹建中。

　　灵峰探梅位于西湖青芝坞，1988 年重新复建开放，面积 12hm^2。植梅 5000 余株，收集品种 42 种，梅树成片成丛，建筑因地而设，淡雅、简捷，朴实无华，有浓郁的山林乡土情趣。现已成为杭州早春的旅游热点，日游人最多可达 3.4 万余人次。

6.4　实习作业

① 草测临水平台、建筑及环境 3～4 处。
② 总结景区在植物选择方面的形式与方法。

实习 7　圆　明　园

7.1　背景资料

　　圆明园坐落于北京西郊海淀区，与颐和园紧相毗邻。它始建于康熙四十六年（1707 年），由圆明园、长春园、万春园三园组成。三园紧相毗连，平面布局呈倒置的"品"字形，通称圆明园。

　　圆明园占地 350hm^2（5200 余亩），其中水面面积约 140hm^2（2100 亩），有园林景观百余处，建筑面积逾 $1.6×10^5$ m^2，是清朝帝王在 150 余年间创建和经营的一座大型皇家宫苑。它继承了中国 3000 多年的优秀造园传统，既有宫廷建筑的雍容华贵，又有江南水乡园林的委婉多姿，同时，又吸取了欧洲的园林建筑形式，把不同风格的园林建筑融为一体。圆明园不仅以园林著称，而且也是一座收藏相当丰富的皇家博物馆。园内各殿堂内装饰有难以计数的紫檀木家具，陈列有许多国内外稀世文物。园中文源阁是全国四大皇家藏书楼之一。园中各处藏有《四库全书》《古今图书集成》《四库全书荟要》等珍贵图书文物。

　　三园中的圆明园最初是明代的一座私家花园，清初时，康熙皇帝赐给皇四子胤禛（即后来的雍正皇帝）作"赐园"。在康熙四十六年即 1707 年时，园已初具规模。同年 11 月，康熙皇帝曾亲临圆明园游赏。雍正皇帝于 1723 年即位后拓展原赐园，并在园南增建了正大光明殿和勤正殿以及内阁、六部、军机处诸值房，御以"避喧听政"。乾隆皇帝在位60年，对圆明园岁岁营构，日日修华，浚水移石，费银千万。他除了对圆明园进行局部增建、改建之外，并在东邻新建了长春园，在东南邻并入了绮春园。至乾隆三十五年即1770年，圆明三园的格局基本形成（图3-7-1）。嘉庆皇帝主要对绮春园进行了修缮和拓建，使之成为主要园居场所之一。

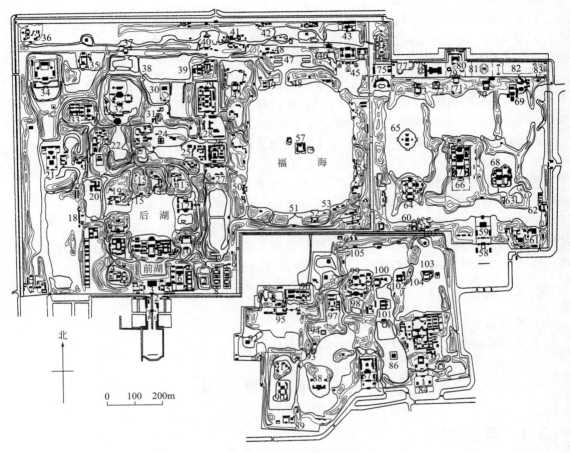

图 3-7-1　圆明三园平面图

（摹自《中国古典园林史》）

1—圆明园大宫门；2—出入贤良门；3—正大光明；4—长春仙馆；5—勤政亲贤；6—保和太和；7—前垂天贶；8—洞天深处；9—如意馆；10—镂月开云；11—九洲清晏；12—天然图画；13—碧桐书院；14—慈云普护；15—上下天光；16—坦坦荡荡；17—茹古涵今；18—山高水长；19—杏花春馆；20—五方安和；21—月地云居；22—武陵春色；23—映水兰香；24—澹泊宁静；25—坐石临流；26—同乐园；27—曲院风荷；28—买卖街；29—舍卫城；30—文源阁；31—水木明瑟；32—濂溪乐处；33—日天琳宇；34—鸿慈永祜；35—汇芳书院；36—紫碧山房；37—多稼如云；38—柳浪闻莺；39—西峰秀色；40—鱼跃鸢飞；41—北远山村；42—廓然大公；43—天宇空明；44—蕊珠宫；45—方壶胜境；46—三潭印月；47—大船坞；48—双峰插云；49—平湖秋月；50—藻身浴德；51—夹镜鸣琴；52—广育宫；53—南屏晚钟；54—别有洞天；55—接秀山房；56—涵虚瑶台；57—蓬岛瑶台；58—长春园大宫门；59—澹怀堂；60—茜园；61—如园；62—鉴园；63—映清斋；64—思永斋；65—海岳开襟；66—含经堂；67—淳化轩；68—玉玲珑馆；69—狮子林；70—转香帆；71—泽兰堂；72—宝相寺；73—法慧寺；74—谐奇趣；75—养雀笼；76—万花阵；77—方外观；78—海晏堂；79—观水法；80—远瀛观；81—线法山；82—方河；83—线法墙；84—绮春园大宫门；85—敷春堂；86—鉴碧亭；87—正觉寺；88—澄心堂；89—河神庙；90—畅和堂；91—绿满轩；92—招凉榭；93—别有洞天；94—云绮馆；95—含晖楼；96—延寿寺；97—四宜书屋；98—生冬室；99—春泽斋；100—展诗应律；101—庄严法界；102—涵秋馆；103—凤麟馆；104—承露台；105—松风梦月

7.1.1 圆明园

主要兴建于康熙末年和雍正王朝，至雍正末年，园林风景群已遍及全园三千亩范围，乾隆年间在园内相继又有多处增建和改建。该园的主要园林风景群，有著名的"圆明园四十景"（即正大光明、勤政亲贤、九洲清晏、缕月开云、天然图画、碧桐书院、慈云普护、上下天光、杏花春馆、坦坦荡荡、茹古涵今、长春仙馆、万方安和、武陵春色、山高水长、月地云居、鸿慈永祜、汇芳书院、日天琳宇、澹泊宁静、映水兰香、水木明瑟、濂溪乐处、多稼如云、鱼跃鸢飞、北远山村、西峰秀色、四宜书屋、方壶胜境、澡身浴德、平湖秋月、蓬岛瑶台、接秀山房、别有洞天、夹境鸣琴、涵虚朗鉴、廓然大公、坐石临流、曲院风荷、洞天深处），以及紫碧山房、藻园、若帆之阁、文源阁等处。当时悬挂匾额的主要园林建筑约达 600 座，实为古今中外皇家园林之冠。

7.1.2 长春园

始建于乾隆十年（1745 年）前后，于 1751 年正式设置管园总领时，园中路和西路各主要景群已基本建成，诸如澹怀堂、含经堂、玉玲珑馆、思永斋、海岳开襟、得全阁、流香渚、法慧寺、宝相寺、爱山楼、转湘帆、丛芳树等。其后又相继建成茜园和小有天园。而该园东部诸景（映清斋、如园、鉴园、狮子林），是乾隆三十一年至三十七年间大规模增建的，包括西洋楼景区。长春园共占地 1000 亩，悬挂匾额的园林建筑约为 200 座。

7.1.3 绮春园

早先原是怡亲王允祥的赐邸，约于康熙末年始建，后曾改赐大学士傅恒，至乾隆三十五年（1770 年）正式归入御园，定名绮春园。那时的范围尚不包括其西北部。嘉庆四年和十六年，该园的西部又先后并进来两处赐园，一是成亲王永瑆的西爽村，二是庄敬和硕公主的含晖园，经大规模修缮和改建、增建之后，该园始具千亩规模，成为清帝园居的主要园林之一。至此，圆明三园处于全盛时期。嘉庆先有"绮春园三十景"，后又陆续新成 20 多景，当时比较著名的园林景群有敷春堂、清夏斋、涵秋馆、生冬室、四宜书屋、春泽斋、凤麟洲、蔚藻堂、中和堂、碧享、竹林院、喜雨山房、烟雨楼、含晖楼、澄心堂、畅和堂、湛清轩、招凉榭、凌虚亭等近 30 处。悬挂匾额的园林建筑有百余座。绮春园宫门，建成于嘉庆十四年（1809 年），因它比圆明园大宫门和长春园二宫门晚建半个多世纪，亦称"新宫门"，一直沿用至今。自道光初年起，该园东路的敷春堂一带经改建后，作为奉养皇太后的地方；但园西路诸景，仍一直是道光、咸丰皇帝的园居范围。该园 1860 年被毁后，在同治年间试图重修时改称万春园。

圆明园，曾以其宏大的地域规模、杰出的营造技艺、精美的建筑景群、丰富的文化收藏和博大精深的民族文化内涵而享誉于世，被誉为"一切造园艺术的典范"和"万园之园"。1860 年 10 月 6 日英法联军洗劫圆明园，文物被劫掠，17～19 日，园中的建筑被烧毁。曾经奇迹和神话般的圆明园变成一片废墟，只剩断垣残壁，供游人凭吊。

7.2 实习目的

① 熟悉和了解圆明园集锦式的园林布局手法和园中园的造园手法。
② 学习圆明园中理水及地形塑造手法。
③ 体会和思考遗址类园林的处理手法。

7.3 实习内容

7.3.1 空间布局

在总体布局上，圆明三园采用的是一种园中套园的集锦式布局方式，形成大园含小园、园中又有园的格局，但三园的具体做法又有不同，具有统一而又富有变化的特点。

7.3.1.1 圆明园

圆明三园中，圆明园采用的是景区、小园林、景点相结合的方式。圆明园共有两大景区：以福海为主体的"福海景区"和以后湖为主体的"后湖景区"。其余地段则分布着为数众多的风景点和小园林。前湖以南的大部分风景点和小园林属于宫廷区范围。这种布局方式为在广阔的平地创造丰富多彩的园林景观创造了条件。

"福海景区"和"后湖景区"具有不同的格调，福海景区以辽阔开朗为特点，后湖景区以幽静为特点。

福海水面近于方形，宽度约为 600m，中央三个岛上设风景点"蓬岛瑶台"。河道绕于海的外围，有宽有窄，有分有合，通过十几个水口沟通福海水面。这些水口将漫长的岸线分为大小不等的十个段落，其间间置各式桥梁点缀联系，既消除了岸脚的僵直呆板，又显示了水面的源远流长。这十个段落实际相当于环列福海周围的十个不同形式的洲岛。岛上的堆山把中心水面的开阔空间和四周的河道隔开，以便于水面地段布列风景点，充分发挥"点景"与"观景"的作用。

后湖景区湖面约 200 米见方，隔岸观赏恰好在清晰的视野范围内。沿湖环列的岛屿上布置了九处风景点、小园和建筑群，既突出各自的特色，又能够彼此成景，挖湖堆成的小山形成了各种幽闭的小环境，创造出了更深远的空间效果。

在平面上，圆明三园中，圆明园的主轴线最为突出，从而强调了圆明园与其他附园的主从关系。圆明园主轴线包括宫廷区和向北延伸的前湖、后湖景区。是三园中的重点。圆明园中"宫廷区"相对独立于广阔的"苑林区"，紧接着圆明园的正门，"外朝"在前，"内寝"在后。"外朝"一共三进院落，第一进为大宫门，建有左右外朝房和内府各衙门的值房。第二进为二宫门即"出入贤良"门，配置左右内朝房、茶膳房、清茶方、军机处值房。第三进是正殿"正大光明"殿，是皇上上朝的地方。在前湖的北岸坐落着"九洲清宴"——一组大型建筑群。连同其东西两面的若干建筑群，是皇后嫔妃居住的地方，相当于宫廷区的"内寝"。

宫廷区的建筑布局依照紫禁城中轴线左右对称的形式，自南而北形成一个空间系列。它在皇帝园居期间代替紫禁城的职能而成为北京的政治中心。

在"宫"和"苑"的分置这种清代离宫型皇家园林的方式上，圆明园则把宫廷区这个规整而有节奏和空间序列所形成的中轴线再往北延伸直达苑林区腹心的后湖。这条中轴线南起影壁，北至后湖北岸的"慈云普护"，全长 820m。它突出了皇权的尊严，同时也强调了圆明园的主园地位。但是，作为园林建筑，这个宫廷区的建筑物屋顶普遍用青灰瓦代替黄琉璃瓦，庭院内栽植花树，点缀山石，使得它具有更多的庭院气息。中轴线越往北则园林的意味越浓郁，逐渐地与苑林区的山水环境相衔接。

7.3.1.2 长春园

长春园采用的是一个大景区和一个小景区，结合若干小园林和风景点组合在一起的方式。中南部的大景区是长春园的主体，利用洲、岛、桥、堤将大片水面分割为若干不同的形状，有聚有散而彼此通透，建筑的布局也比圆明园疏朗。长春园中的风景大都因水成景，水域宽度在一二百米之间，隔岸观赏，都有清晰的视野。长春园北部的小景区指欧式宫苑——西洋楼，它是当时在北京的几位欧洲籍天主教教士设计监造的，是指一个百米宽的狭长地带，包括海宴堂、观水法、谐奇趣等景点。西洋楼景区的面积不及长春园的十分之一，而且还以墙垣相隔离，这样做的目的是保持风格上的独立，不影响长春园的总体格调。

7.3.1.3　万春园

万春园原来是许多独立的赐园和私园，合并之后经过规划调整，通过水系在枢纽部位安排风景点的方式组合成为一个整体，内部保持彼此有机的联系，布局上不拘泥于一定的章法，比圆明园、长春园更显得自由灵活，更富有水村野居的自然情调。

圆明三园中各包含着为数众多的"园中之园"，小园林占地大约为圆明园总面积的 1/2，散布在三园之中，它们大多以景点的方式出现，构成圆明三园的细胞，形成了小园集群，有一种"众星拱月"的效果。这些小园林取材广泛，大部分小园林都能利用叠山理水所构成的布局地貌与建筑的院落空间穿插而取得多样变化的形式。这些小园林之间由曲折的水系和道路相联系，而对景、漏景、透景、障景的安排也构成一种无形的联系。通过这些有形的联络和无形的联系，很自然地引导人们从一处景观走向另一处景观，形成多样化的"动观效果"，创造出丰富的自然和文化景观。

7.3.2　园林建筑

圆明三园的建筑布局采取了大分散、小集中的方式，把绝大部分的建筑物集中为许多小的群组，安排在全园之中，满足宫苑园林的各种需求。这些建筑中，一部分具有特定的使用功能，如宫殿、住宅、庙宇、戏楼、藏书楼、陈列馆、船坞、埠头、辅助设施等，大量的则是供清统治者饮宴、游憩的园林建筑。

圆明三园中，建筑个体形象小巧玲珑，千姿百态，尺度比外间同类型的建筑要小一些，而且能突破官式规范的束缚，广征博采大江南北的民居样式，出现了许多平面形式如眉月形、工字形、书卷形、口字形、田字形以及套环、方胜等，除少数殿堂外，建筑外观朴素典雅，少施彩绘，与周围的自然环境十分协调。建筑群体组合，更是富于变化。全园 100 多组建筑群无一雷同，但又万变不离其宗，都以院落的格局作为基调，把我国传统院落布局的多变性发挥到了极致。它们分别与那些自然空间的局部山水地貌和树木花卉相结合，创造出一系列丰富多彩、性格各异的园林景观。

清朝帝王为了追求多方面的乐趣，在长春园北界还引进了一区欧式园林建筑，俗称"西洋楼"。由谐奇趣、线法桥、万花阵、养雀笼、方外观、海晏堂、远瀛观、大水法、观水法、线法山和线法墙等十余个建筑和庭园组成。于乾隆十二年（1747 年）开始筹划，至二十四年（1759 年）基本建成。由西方传教士郎世宁、蒋友仁、王致诚等设计指导，中国匠师建造。建筑形式是欧洲文艺复兴后期巴洛克风格，造园形式为勒诺特风格。但在造园和建筑装饰方面也吸取了我国不少传统手法。

谐奇趣是乾隆十六年秋建成的第一座建筑，主体为三层，楼南有一大型海堂式喷水池，设有铜鹅、铜羊和西洋翻尾石鱼组成的喷泉。楼左右两侧，从曲廊伸出八角楼厅，是演奏中西音乐的地方。

海晏堂是西洋楼最大的宫殿。主建筑正门向西，阶前有大型水池，池左右呈八字形排列有十二只兽面人身铜像（鼠、牛、虎、兔、龙、蛇、马、羊、猴、鸡、狗、猪，正是我国的十二个属相），每昼夜依次辍流喷水各一时辰（2h），正午时刻，十二生肖一齐喷水，俗称"水力钟"。这种用十二生肖铜像代替西方裸体雕像的精心设计，实在是洋为中用、中西结合的一件杰作。本来要用欧洲风格的裸体女人像，但乾隆觉得裸体女人不合中国的风俗就改为十二生肖，用青铜制造。

大水法是西洋楼最壮观的喷泉。建筑造型为石龛式，酷似门洞。下边有一大型狮子头喷水，形成七层水帘。前下方为椭圆菊花式喷水池，池中心有一只铜梅花鹿，从鹿角喷水八道；两侧有十只铜狗，从口中喷出水柱，直射鹿身，溅起层层浪花。俗称"猎狗逐鹿"。大水法的左右前方，各有一座巨大的喷水塔，塔为方形，十三层，顶端喷出水柱，塔四周有八十八根铜管，也都一齐喷水。当年，皇帝是坐在对面的观水法观赏这一组喷泉的，英国使臣马戛尔尼、荷兰使臣得胜等，都曾在这里"瞻仰"过水法奇观。据说这处喷泉若全部开放，有如山洪暴发，声闻里许，在近处谈话需打手势，其壮观程度可想而知。

西洋楼景区整个占地面积不超过圆明三园总占地面积的五十分之一，只是一个很小的局部。但它却是成片仿建欧式园林的一次成功尝试，在东西方园林交流史上占有重要地位。

7.3.3 理水与地形塑造

圆明三园都是以水景为特色的园林，人工开凿的水面占全园面积的 1/2 以上。园林造景大部分以水面为主题，因水成趣，具有统一的基调。

圆明三园的水面，是一种大中小相结合的格局。大水面如广阔的福海，宽达 600 余米。中等水面如后湖宽 200m 左右，具有较亲切的尺度。其余众多的小水面宽度均在 40～100m 之间，是水景近观的小品。环曲潆流的河道把这些大小水面串联为一个完整的河湖水系，构成全园的脉络和纽带，在功能上提供了舟行游览和水路供应的方便。

圆明园在平地上造园，为了营造理想的山水格局，除了进行挖湖以营造水体外，还结合挖湖的土方堆砌了许多土冈丘陵，这些叠石而成的假山，聚土而成的冈、阜、岛、堤散布于园内，它们与水系相结合，把全园划分成山复水转，层层叠叠的近百处自然空间。每个空间都经过精心的艺术加工，出于人为的写意而又保持着野趣的风韵，宛似天然美景的缩影。这整套堆山和河湖水系所形成的地貌景观，是对江南水乡全面而精炼的再现。这种堆山理水的手法，为圆明园的建设创造了一个理想的山水地貌。

7.3.4 植物配置

圆明三园的植物配置和绿化情况已无从详考，但以植物为主题命名的景点不少于 150 处，约占全部景点的 1/6。它们或取自树木的绿荫、苍翠，或取自花草的香艳、芬芳，或直接冠以植物名称。有不少景点以花木作为造景的主要内容，如杏花春馆的文杏，武陵春色的桃花，碧桐书院的梧桐，天然图画的翠竹，濂溪乐处的荷花，镂月开云的牡丹，西峰秀色的玉兰，狮子林的紫藤等。

圆明园中的植物品种也十分丰富，嘉庆年间颁布的《圆明园内工则例》记载，园内主要绿化植物花木有天台松、马尾松、果松、刺松、白果、梧桐、桑、柏、垂杨柳、观音柳、桃、杏、李、栗、榛、柿、海棠、玉兰、丁香、玫瑰、山茶、栀子、波斯桃、文冠果、金银花、连翘、棣棠、荷花、乌沙尔器、金莲花、紫藤、石榴、葡萄、佛手、探春、芍药、牡丹、茉莉、兰草、桂花、梅、竹、芭蕉、罗汉松等 80 余种。据史料记载，"所有的山冈上栽满了树木花草"，不少移自南方的花木经过培育，也在这里繁殖起来。翁郁的植物，四时不断的鲜花，潺潺的流水，鸟语虫声，共同营造了一个宛若大自然的生态环境。

7.3.5 造景主题

圆明三园，无论整体或布局，凡能成"景"的，一般均有明确的主题，或事先拟订，或后来附会，但都借助于景题、匾额、对联、碑刻等种种形式，以文字的隐喻比兴手法而标示出来，犹如题跋一起，起到点题的作用。圆明三园共 150 余景，造景取材十分广泛，归纳起来可以分为以下五类。

① 模拟江南风景的意趣，这是大多数。如"坦坦荡荡"是模仿杭州玉泉观鱼，"坐石临流"仿自绍兴的兰亭等。

② 借用前人的诗画意境。如"夹镜鸣琴"取自李白"两水夹明琴"的诗意，"蓬岛瑶台"是仿李思训仙山楼阁画意。

③ 再现江南的园林景观。乾隆皇帝对江南园林浓厚的兴趣并以它们作为圆明园建设的参考，使圆明园中许多小园林具有浓郁的江南气息。

④ 象征传说中的神仙境界。由仙山之说而形成的"一池三山"格局，在福海及其中三岛布列的形式，可以体现这一点。

⑤ 寓意封建统治的思想意识，包括君权意识、伦理道德观念等。如"禹贡九州"反映的就是封建帝王"普天之下，莫非王土"的统治思想；"涵虚朗鉴""茹古涵今"歌颂的是帝王德行修养等。

这些包罗万象的造景主题，充分体现了皇家园林中封建帝王"万物皆备于我"的理想，其中大部分是中国传统文化在园林艺术中的反映，运用这种方式，也体现了文化造园的艺术魅力。

7.4 实习作业

① 测绘 3～4 处遗址单元的山水骨架，总结圆明园山水空间关系的处理手法，并比较圆明园与颐和园在造景手法上的不同。

② 远瀛观、观水法遗址等处速写 3～4 幅。

实习8 颐 和 园

8.1 背景资料

颐和园始建于清乾隆十五年（1750 年），其前身名为清漪园。以发展阶段来划分，颐和园大致经历了建园之前、清漪园、颐和园三个历史时期。因此，颐和园的形成与发展不仅有其特定的社会、经济、政治背景，同时与周边环境的变迁也有着必然的联系。现存的山水格局主要由万寿山和昆明湖组成，而在颐和园建园之前，万寿山和昆明湖就已经是北京西北郊风景名胜区的一个组成部分了。

（1）建园以前

北京地势呈现出西北高、东南低的态势，而北京的西北郊区域在西山山脉的围合之下，形成了北方地区独特的地理环境，同时这里泉水丰沛，水岸纵横，为北京西北郊"三山五园"的建设提供了良好的山水格局与生境条件。因此，早在辽金时期，香山、玉泉山就有了皇家行宫别苑的建置。元代，万寿山原称翁山，以其山形似翁而得名。山南面地势低洼的地带汇聚玉泉山诸泉眼的泉水，而成为一个大湖，名"翁山泊"，也称七里泊或大泊湖，这就是昆明湖的前身。1264 年，元世祖忽必烈营建新的都城"大都"时，将玉泉山的泉水导引入城作为宫廷的专用水。时至 1292 年，为保证大运河的漕运畅通，决定由昌平的白浮村引水，流经现颐和园北侧的青龙桥，汇聚形成翁山泊，并从翁山泊向南开凿河道，引水入北京城，并先后修建高粱桥闸和广源闸，以调控水量，水经通惠河流入大运河。在大规模水利工程的作用下，翁山泊也从早先的天然湖泊被改造成为具有调节水量作用的天然蓄水库，水位得到控制，环湖一带出现寺庙、园林建置，逐渐发展成为西北郊的一处风景浏览地。明代，翁山泊改称"西湖"。1471 年，玉泉山泉水东流注入西湖，以代替白浮村神山泉水作为接济通惠河的上源，同时也兼供大内宫廷用水，西湖在北京供水系统中的地位显得更为重要了。此时，玉泉山、翁山、西湖之间山水连成一片，其中以玉泉山与西湖景致最佳。同时，西湖周边也陆续兴建了众多寺庙及私园。清初，西湖翁山的情形大致和明代差不多。不过因年久失修，大部分园林处于半荒废状态，其盛景远不及清前。

(2) 清漪园时期

清代前中期康、雍、乾三朝盛世百余年间，相继在北京西北郊区域营建了"三山五园"。"三山"指香山、玉泉山及万寿山（翁山）；"五园"依其兴建先后顺序为香山静宜园、玉泉山静明园、畅春园、圆明园以及万寿山清漪园，清漪园是北京西北郊地区兴建的最后一个皇家园林。香山静宜园始建于康熙十六年（1677 年），是在香山建造的规模较为简朴的皇家行宫。乾隆十年（1745 年），乾隆皇帝对香山大加扩建，营建了二十八景，命名为"静宜园"。乾隆在香山所提"西山晴雪"景点，为"燕京八景"之一。玉泉山静明园始建于康熙十九年（1680 年），初名为"澄心园"，康熙三十一年（1692 年），更名为"静明园"。乾隆时又扩建，并命名了十六景。其中"玉泉趵突"亦为"燕京八景"之一。乾隆十六年（1751 年），乾隆皇帝评定玉泉之水为"天下第一泉"，自此成为皇帝专用饮水，每日都有特备水车运往皇宫。畅春园始建于康熙三十八年（1699 年）。康熙皇帝在《御制畅春园记》中说，"朕自临御以来，日夕万机，罔自暇逸，久积辛勤力，渐以滋疾。偶缘暇时，于兹游憩，酌泉水而甘，顾而赏焉。清风徐引，烦疴乍除。"今北京大学西门斜对面有"恩佑寺"和"恩慕寺"两座琉璃山门，即畅春园仅存的遗迹。圆明园始建于康熙四十八年（1709 年），原为康熙皇帝赐给皇四子雍亲王（即后来的雍正皇帝）的花园。雍正即位之后，扩建了圆明园。乾隆即位之后再次扩建了圆明园，并按下江南时所见苏、杭园林景物，移植仿建了许多景点。万寿山清漪园始建于乾隆十五年（1750 年）。园中主体建筑，是为庆贺乾隆生母崇庆皇太后 60 岁大寿而特建于万寿山前的"大报恩延寿寺"。光绪十二年（1886 年），慈禧太后重建清漪园，并将其更名为"颐和园"。统揽西北郊之"三山五园"，圆明园、畅春园均为平地造园，虽然以写意的手法缩移模拟江南水乡风致的千姿百态而做集锦式的大幅度展开，毕竟由于缺乏天然山水的基础，并不能完全予人以身临其境的真实感受。香山静宜园是山地园，玉泉山静明园以山景而兼有小型水景之胜，但缺少开阔的大水面。唯独西湖是西北郊最大的天然湖，它与翁山所形成的北山南湖的地貌结构，不仅有良好的朝向，气度也十分开阔，如果加以适当改造则可以成为天然山水园的理想建园基址。因此，清漪园的兴建可以说是完善西北郊"三山五园"山水景观格局的重要一步，也就可谓一园建成全局皆活，而使整个京城西北郊地区形成水陆交通便捷、景观空间联系紧密、景观类型多样完整的风景区域。同时，玉泉山泉作为宫廷的水源，水量及水质得到了保证，而西湖的蓄水功能也得到了加强。乾隆十五

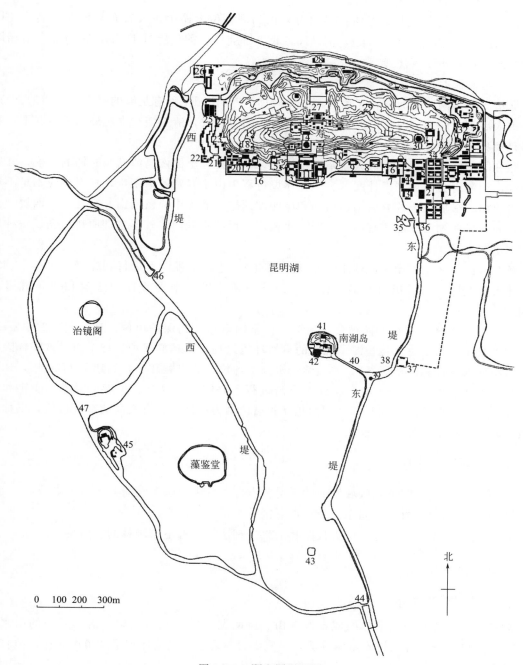

图 3-8-1 颐和园平面图

（摹自周维权《中国古典园林史》）

1—东宫门；2—仁寿殿；3—玉澜堂；4—宜芸馆；5—德和园；6—乐寿堂；7—水木自亲；8—养云轩；9—无尽意轩；10—写秋轩；11—排云殿；12—介寿堂；13—清华轩；14—佛香阁；15—云松巢；16—山色湖光共一楼；17—听鹂馆；18—画中游；19—湖山真意；20—石丈亭；21—石舫；22—小西泠；23—延清赏；24—贝阙；25—大船坞；26—西北门；27—须弥灵境；28—北宫门；29—花承阁；30—景福阁；31—益寿堂；32—谐趣园；33—赤城霞起；34—东八所；35—知春亭；36—文昌阁；37—新宫门；38—铜牛；39—廓如亭；40—十七孔桥；41—涵虚堂；42—鉴远堂；43—凤凰礅；44—绣绮桥；45—畅观堂；46—玉带桥；47—西宫门

年（1750年）三月十三日，弘历在易名万寿山的同一份上谕中正式宣布易西湖之名为"昆明湖"。乾隆二十九年（1764年），清漪园建设全部完成，前后历时15年。1860年，清漪园与圆明园同被英法联军烧毁。

（3）颐和园时期

弘历兴建清漪园的时候，正值所谓"乾隆盛世"，建园工程有足够的财力、物力的支持。到慈禧太后重建颐和园时，情况就完全不同了，国力衰败，清王朝在内忧外患的情况下，巧立名目挪移海军建设的专款作为建园的经费。

颐和园的修建工程在慈禧太后亲自主持下，原来打算全面恢复清漪园时期的规模，并曾命样式房绘制有关的规划设计图纸。但在建设过程中由于经费筹措困难，材料供应不足不得不一再收缩；最后完全放弃后山、后湖和昆明湖西岸，而集中经营前山、宫廷区、西堤、南湖岛，并在昆明湖沿岸加筑宫墙。昆明湖水操停止后，水操内、外学堂即原耕织图、蚕神庙也就划出园去了。

颐和园的重建工程始于光绪十二年（1886年），建园工程一直进行到光绪二十年（1894年）才大体完成，前后历时八载。恢复、改建、新建以及个别残存的建筑和建筑群组共97处。

1961年3月4日，颐和园被公布为第一批全国重点文物保护单位。1998年12月2日，颐和园以其丰厚的历史文化积淀，优美的自然环境景观，卓越的保护管理工作，被联合国教科文组织列入《世界遗产名录》，并被给予极高的评价。北京颐和园，始建于1750年，1860年在战火中严重损毁，1886年在原址上重新进行了修缮。其亭台、长廊、殿堂、庙宇和小桥等人工景观与自然山峦和开阔的湖面相互和谐地融为一体，具有极高的审美价值，堪称中国风景园林设计中的杰作（图3-8-1）。

8.2 实习目的

① 了解北京西北郊风景区域发展的历史，掌握"三山五园"空间关系与历史沿革。
② 掌握颐和园的整体空间布局及重点景区的造景手法。
③ 通过实地考察，印证中国古代园林的兴造理法，掌握皇家园林的造园特点。

8.3 实习内容

8.3.1 空间布局

颐和园集传统造园艺术之大成，万寿山、昆明湖构成其基本框架，借景周围的山水环境，饱含中国皇家园林的恢宏富丽气势，又充满自然之趣，高度体现了"虽由人作，宛自天开"的造园准则。颐和园亭台、长廊、殿堂、庙宇和小桥等人工景观与自然山峦和开阔的湖面相互和谐、艺术地融为一体，整个园林艺术构思巧妙，是集中国园林建筑艺术之大成的杰作。

颐和园规模宏大，占地面积2.93km^2（293hm^2），主要由万寿山和昆明湖两部分组成，其中水面占3/4（约220hm^2）。园内建筑以佛香阁为中心，园中有景点建筑物百余座、大小院落20余处、3555座古建筑，面积为70000多平方米，共有亭、台、楼、阁、廊、榭等不同形式的建筑3000多间。古树名木1600余株。其中佛香阁、长廊、石舫、苏州街、十七孔桥、谐趣园、大戏台等都已成为家喻户晓的代表性建筑。

8.3.1.1　宫廷区

以庄重威严的仁寿殿为代表的政治活动区，包括勤政殿、二宫门两进院等，是清朝末期慈禧与光绪从事内政、外交政治活动的主要场所。占地 $0.96hm^2$，占全园面积的 0.33％。

8.3.1.2　前山前湖景区

前山前湖景区占地 $255hm^2$，为全园面积的 88％，是颐和园的主体。前山即万寿山的南坡，东西长约 1000m，南北最大进深 120m，山顶相对水体平面高出 60 余米。前湖即昆明湖，南北长 1930m，东西最宽处 1600m，湖中布列 1 条长堤、3 个大岛、3 个小岛。长堤"西堤"及其支堤将前湖划分为里湖、外湖、西北水域三个面积不等的水域，"里湖"面积最大，约 $129hm^2$，"外湖"水面约 $74hm^2$。万寿山南麓的中轴线上，金碧辉煌的佛香阁、排云殿建筑群起自湖岸边的云辉玉宇牌楼，经排云门、二宫门、排云殿、德辉殿、佛香阁，终至山顶的智慧海，重廊复殿，层叠上升，贯穿青锁，气势磅礴。巍峨高耸的佛香阁八面三层，踞山面湖，统领全园。蜿蜒曲折的西堤犹如一条翠绿的飘带，萦带南北，横绝天汉，堤上六桥，婀娜多姿，形态互异。烟波浩森的昆明湖中，宏大的十七孔桥如长虹偃月倒映水面，涵虚堂、藻鉴堂、治镜阁 3 座岛屿鼎足而立，寓意着神话传说中的"海上仙山"。

8.3.1.3　后湖后山景区

"后山"主要为万寿山的北坡，"后湖"指后山与北宫墙之间的水道，也被称为"后溪河"。后山后湖景区占地 $24hm^2$，为全园总面积的 12％，其中山地 $19.3hm^2$。后山较前山山势稍缓，南北最大进深约 280m，有两条山涧——东桃花沟和西桃花沟。后溪河自西端的半壁桥至东端的谐趣园全长 1000 余米，建有"后溪河买卖街"，现称"苏州街"。

8.3.2　造园理法

8.3.2.1　对比

对比是各种空间处理中最常用的手法，颐和园造景的对比手法主要可以从以下几个方面得到体现。

（1）虚实对比

颐和园山水骨架中，山为"实"，水为"虚"，两者相衬，形成虚实对比关系。万寿山居于昆明湖北侧，山水呼应，虚实相辅相成，使整个园区开敞，给人以宏大之感。同时湖中堤岛纵横，与水面同时形成多种层次的虚实对比，更能增加水体的层次，以丰富水体景观。另外，颐和园中建筑大多具备皇家规制，体量硕大，但与整体绿色植物形成虚实对比，建筑为"实"，植物为"虚"，使建筑融于绿色，景致协调。

（2）开合对比

颐和园前山与前湖以宽阔的水面与大体量的建筑，塑造出开敞的园林空间，而后山与后湖则急剧收缩岸线，缩减建筑体量，形成众多闭合空间；同时前山大量使用落叶树种，衬托建筑与山形，而后山则以大量的常绿树种掩映院落空间。前山前湖的"开"与后山后湖的"合"形成对比，创造出丰富的空间感受。

（3）隐显对比

颐和园前山、里湖、外湖一带的绝大部分地段具有开朗的景观，景点的布置以"显"为主；若为建筑群则全部或大部外敞，有的甚至做成"屋包山"的形式；若为个体建筑则多成楼阁的形式，以便充分发挥其观景和点景的作用。而后山后湖的景点大多以"隐"为主，景点多见于水畔、山坳、谷地等郁闭环境中，空间以内聚为主，有的建筑甚至做成"山包屋"

的形式，如澹宁堂、谐趣园。"显"则体现出皇家的恢宏气魄，而"隐"则为园林增添了几分平和与小巧。

颐和园造园理法中对比手段的运用远不止以上三个方面，明暗对比、疏密对比、主次对比等手法与实例还很多。总之，造园过程中空间的营造与变化是基本的目标，而对比的手法在其中起到至关重要的作用。

8.3.2.2 借景

计成在《园冶》中十分强调景物因借的作用，称"借景"为"林园之最要者也"，并对因借做了明确的解释，"园林巧于因借，精在体宜""因者：随基势之高下，体形之端正，碍木删桠，泉流石注，互相借资……借者：园虽别内外，得景则无拘远近，晴峦耸秀，绀宇凌空，极目所至，俗则屏之，嘉则收之"。就是说借景要善于用因，这里"因"是依据，顺应的意思，强调因地制宜，因势利导，因势而成景，不拘成见，以及"按照事物的内部规律办事和发挥事物应当和可以发挥的作用"。传统园林中，造园家总是以创造性的手法来扩展视线的空间感，借助于无限之中，以解脱有限空间对于人的禁锢与约束。颐和园的造景理法中借景的运用主要体现在以下几个方面。

（1）园外景物

颐和园内西借玉泉山、西山之景与北借红山口双峰之景采用了最为典型的借景手法，为了突出借园外景物的效果，造园者刻意在西堤以西未建置任何大体量建筑，以保证景观视线通道的通透与完整。同时又在东堤与外湖设置知春亭与藻鉴堂两处点景建筑，分别与玉泉山顶的玉峰塔和红山口双峰形成对景，并建立相互垂直的东西与南北对景轴线。另外，昆明湖水将玉泉山南北走向山脉及玉峰塔完整地倒映其中，从视觉映像与视线连接两个方面将园外佳景借入园中，从而构成与万寿山近景相呼应的完整的风景画面。另外，前山山脊西部"湖山真意"之俯借玉泉山；东部昙花阁之俯借圆明园、畅春诸园；后山构虚轩、花承阁之隔着林海俯借圆明园到红山口的广阔平畴等，都是很好的借景手法的应用实例。

（2）借名胜景物

因借摹拟各地山川名胜的手法在皇家园林营造中屡见不鲜，正所谓"莫道江南风景佳，移天缩地在君怀"。颐和园更不例外，通过比较会发现，颐和园中的昆明湖与杭州的西湖之间、昆明湖西北水域与扬州瘦西湖之间、藻鉴堂的建筑布局与圆明园的"方壶胜境"之间、谐趣园的山水格局与无锡寄畅园之间、后湖的苏州街与江南水乡街市之间，都有着一种"似与不似"的关系，而颐和园将这种借山川名胜来摹拟造园的手法发挥得淋漓尽致。

（3）借景言志

无论是承德避暑山庄，还是颐和园这样的皇家园林，亦或是拙政园和留园这样的私家园林，都不是将园林简单地按休闲娱乐空间来处理的，而是赋予园林以更多的社会政治、文化理念的内容，通过园林的营建起到借景抒怀、托物言志的作用。例如，颐和园的建筑中佛教建筑占有相当大的比重，雄踞前山中央的大报恩延寿寺，后山的"须弥灵境"，这两座佛教建筑在全园景观体系中占有重要作用，一方面借寺庙建筑表达颐和园是理想中的佛国天堂；另一方面凸显对佛教的重视，以起到稳定社会政治的作用。另外，园中大多景物都有景题，通过对景物的抽象概括，借文字来表达内心的情绪与感悟。因此，"借景言志"成为古代园林营造中重要的理景手法。

8.3.3　主从调控

颐和园作为大型的皇家宫苑，不仅需要突出局部景点的主从关系，同时在全园总体布局上，同样需要通过地形的变化、建筑空间尺度的调控等方法，起到对全园景观的控制作用。例如颐和园中万寿山前山，面南向阳，濒临前湖，视野开阔，是全园各景点最重要的观赏面。因此，在前山形成一个庞大的景点集群。同时，万寿山的高度与昆明湖的广度将成为全园造景中利用最为核心的内容，也必然成为全园的构图中心。万寿山上的主体建筑佛香阁置于全园主轴之上，阁为八角形三层四檐大阁，高达41m，建筑体量同万寿山与昆明湖规模相当，给人以厚重、稳定之感，与前山建筑群及全园的其他景物形成了强烈的主从关系，起到统领全园各景点的调控作用，以避免全园结构的松散与凌乱。因此，园林营造中对主体空间尺度的把握，对主景与次景之间关系的调控等环节对于景观体系的构建与完善将起到主导作用。

8.4　实习作业

① 草测知春亭的平面、立面。
② 草测苏州街局部，需体现建筑、水体、驳岸、植物等要素关系。
③ 草测谐趣园平面，并与无锡寄畅园进行对比。
④ 自选园林空间处理佳处，速写3～4幅。
⑤ 论述总结颐和园及周边水系的关系及园中理水手法。
⑥ 论述颐和园总体空间布局的特点。
⑦ 整理并总结颐和园全园游览路线。

实习9　北　　海

9.1　背景资料

北海公园位于北京城中心区，东临景山公园和紫禁城故宫、隆福宫，北连什刹海，主要由北海湖和琼华岛组成。北海始建于辽代，是辽、金、元、明、清五代封建王朝的皇家"禁苑"，也是我国最悠久、保存最完整、最具综合性和代表性的皇家园林之一，到现在已有上千年历史。

北海园林是根据我国古代神话故事《西王母传》中描写的仙境建造的，历经辽、金、元、明、清五代，逐步形成了今天的格局。北海和中南海是"太液池"，琼华岛如"蓬莱"，团城为"瀛洲"，中海犀山台似"方丈"。今天不仅能看到琼华岛上犹如仙境的亭台楼阁，而且还能看到神人庵、吕公洞以及铜仙承露盘等传说中的仙岛景物。北海历史和北京城的发展有着密切的联系。最初这里是永定河河道，河道自然南迁后留下一片原野和池塘。早在辽代，辽太宗耶律德光就在城东北郊"白莲潭"（即北海）建"瑶屿行宫"，在岛顶建"广寒殿"等。金大定三年至十九年金世宗仿照了北宗汴梁艮岳园，建琼华岛，从那时起北海就基本形成了今天皇家宫苑格局。1264年，元世祖忽必烈三次扩建琼华岛，重建广寒殿，以琼华岛为中心，又在湖的东西两岸营建宫殿，将北海建成了一个颇有气派的皇家御园。明朝在元朝的基础上对北海又加以扩充、修葺，但基本上保持了元代北海的格局。1651年，为民族和睦，清世祖福临在广寒殿的废址上建藏式白塔，在塔前建"白塔寺"。清光绪二十六年，八国联军侵入北京，北海惨遭践踏。

辛亥革命推翻清王朝后，北海闭园 10 余年，园林建筑略经修缮后于 1925 年 8 月 1 日才正式开放为公园。

9.2　实习目的

① 了解北海的历史沿革，熟悉其创建历史及其在中国古典园林中所处的历史地位。
② 通过实习，掌握北海的整体空间布局及重点景区的造景手法。
③ 将北海与其他皇家园林作横向对比，归纳总结其异同点，掌握其主要的造园特点。
④ 通过实习，掌握皇家园林的造园特点。

9.3　实习内容

北海位于北京中南海之北，什刹海之南，其标志性建筑白塔为清顺治年所建。北海从规划理念上遵循的是中国传统的"一池三山"的神话传说。整体布局上体现了自然山水和人文园林的艺术融合，有燕京八景之中的两景"琼岛春阴"和"太液秋风"。建筑主要分布于琼华岛及东岸、北岸，全园面积 68hm^2，其中水面 39hm^2，琼华岛居于水中，其东南有桥与岸相联。琼华岛中央为土山，其南有普安殿、正觉殿、善因殿等佛教建筑，其北有酣古堂、环碧楼、一壶天地亭等建筑，东面有倚晴楼、智珠殿和琼岛春阴石幢，西面有分凉阁、阅古楼等建筑。琼华岛上古树参天，假山重叠，其北侧有一环形游廊临水而居，整岛如仙山琼阁，充满了浪漫色彩，体现了神功仙苑的意境。北海琼华岛山顶白塔为整个北海园林中的制高点，山南坡寺院沿南北中轴线对称布局，太液桥南面的团城承光殿为对景，白塔高耸天际与远处的景山、故宫互为借景。北海东岸有濠濮间、画舫斋等建筑。濠濮间在石山曲桥间有一泓池水，敞轩，石坊居池南北。画舫斋为一方形水院，周有屋宇四面布置。北岸有静心斋、极乐世界、阐福寺、五龙亭等建筑群组。静心斋为一精美的园中园，曾是皇太子读书居住的地方。五龙亭的五亭均为方形，错落布置，伸于水中与琼华岛相互呼应、映衬。北岸建筑多为寺庙建筑，各景区既独立又统一，融于山景水景之间。

9.3.1　空间布局

北海全园可分为团城、琼化岛、北海东岸、北岸、西岸五部分。名胜古迹众多，著名的有琼化岛、永安寺、白塔、静心斋、阅古楼、画舫斋、濠濮间、五龙亭、九龙壁等。另有燕京八景之一的"琼岛春阴"。

9.3.1.1　团城

团城在北海的北侧，北海与中海之间，距今已有 800 多年的历史，城墙高 4.6km，周长 276m，面积 4553m^2，是一座独具风格的圆形城垛式古老建筑。团城四周风光如画，苍松翠柏，碧瓦朱垣。

团城原是太液池中的一个小岛，金代为大宁宫的一部分，元代称元坻，亦称瀛洲。至元元年（1264 年）在其上建仪天殿。明永乐十五年（1417 年）重修，改名承光殿。岛四周砌圆形城墙。城高 4.6m，面积约 4500m^2，周长 276m。清康熙八年（1669 年）承光殿毁于地震。康熙二十九年（1690 年）重建。乾隆十一年（1746 年）扩建，成此规模。团城上殿宇堂皇别致，松柏苍劲挺拔。承光殿内陈设有白玉佛，院中有玉瓮亭，亭中有元代遗物玉瓮——"渎山大玉海"。1900 年八国联军侵占北京时，团城横遭洗劫，衍祥门楼被击毁，白玉佛左臂被击伤，团城上的珍宝文物也被洗劫一空。1949 年后，党和政府对团城多次进行修缮，1961 年国务院将团城及北海列为全国重点文物保护单位。

团城东西两边各有一门，东边是昭景门，西边叫衍祥门（现封闭）。团城上建筑按中轴线对称布置，中心建筑为承光殿，其南有玉瓮亭，其北为敬跻堂，组成了城台的中轴线。两侧对称排列，有古籁堂、余清斋东庑和西庑等。朵云亭、镜澜亭高踞假山上。整座城台黄瓦红墙，金碧辉煌的古建筑群间，遍植了数十株苍松翠柏。承光殿中间方形，面阔、进深各三间，四面各推出抱厦一间，整个平面呈十字形。南面有月台一座。正中大殿为重檐歇山顶，抱厦为单檐歇山卷棚式，覆以黄琉璃瓦绿剪边瓦顶，飞檐翘角。上檐重昂七斗，下檐及抱厦重昂五斗。殿内施大点金旋子彩画。玉瓮亭内玉瓮为元代作品，体积大，雕刻精美。

9.3.1.2　琼华岛

琼华岛在北海公园太液池中，是公园的中心，面积 6.5hm²，山高 32.8m，周长 1913m，是 1179 年用挖湖的土堆积而成的，是按照神话仙境的意图设计出来的，被喻为"海上蓬莱"。岛上建筑、造景繁复多变，堪称北海胜景。南部以佛教建筑为主，永安寺、正觉殿、白塔，自下而上高低错落，其中尤以高耸入云的白塔最为醒目。西部以悦心殿、庆霄楼等系列建筑为主，另有阅古楼、漪澜堂、双虹榭和许多假山隧洞、回廊、曲径等建筑。岛上苍松翠柏，绿荫葱茏，各类建筑精美，高低错落有致，掩映于苍松翠柏中。乾隆手书"琼岛春阴"石碑，立于绿荫深处，为"燕京八景"之一。清顺治八年（1651 年）在山顶建白塔，北面山麓沿岸一排双层 60 间的临水游廊，像一条彩带将整个琼华岛拦腰束起，回廊、山峰和白塔倒映水中，景色如画。

琼华岛的南坡是一组布局对称均齐的山地佛寺建筑群——永安寺。山门位于南坡之麓，其后为法轮殿。殿后拾级而上，左右二亭，东曰"引胜"，西曰"涤霭"。亭后各有石，东曰"昆仑"，西曰"岳云"，相传为金代移自艮岳的太湖石。再拾级而登临大平台，院落一进，正殿普安殿，前殿正觉殿，左右二配殿。普安殿后石蹬道之上为善因殿，殿后即山顶之白塔。琼华岛的相对高度为 33.4m，白塔的高度为 35.9m。因此白塔从平地算高度有七八十米，高踞顶巅。白塔建于清代顺治八年（1651 年），当时顺治皇帝接受了西域喇嘛恼木汗的请求，在原来广寒殿旧基上建筑了藏式白塔，并在塔前修建了白塔寺，自此北海白塔就成为了国家统一和民族和睦的象征。

西坡地势陡峭，建筑物的布置依山就势，配以局部的叠石而显示其高下错落的变化趣味。琼华岛西坡的建筑体量比较小，布局虽有中轴线，但更强调因山构室及高下曲折之趣，正如乾隆在《塔山西面记》一文中所说："室之有高下，犹山之有曲折，水之有波澜。故水无波澜不致清，山无曲折不致灵。然室不能自为高下，故因山以构室者，其趣恒佳。"这里更着重创造山地园林的气氛，其所表现的景观格调，与南坡不同。

北坡的景观又与南坡、西坡完全不同。北坡的地势下缓上陡，因而这里的建筑也按地形特点分为上下两部分。上部的坡地大约有 2/3 用人工叠石构成地貌，起伏变化，赋予这个局部范围内以崖、岫、冈、嶂、壑、谷、洞、穴的丰富形象，具有旷奥兼备的山地景观的缩影。这与颐和园万寿山前山中部的叠石同为北方叠石假山的巨制，但艺术水平则在后者之上，尤其是那些曲折蜿蜒的石洞。洞内怪石嶙峋，洞的走向与建筑相配合，忽开忽合，时隐时现，饶有趣味，独具匠心。这部分坡地上的建筑物的体量比较小，分散成组，各抱地势，随宜布置。靠西的醋古堂是幽邃的小庭院，堂之东侧为倚石洞，循洞而东为写妙石室，往南抵白塔之阴为揽翠轩。这一带"或石壁，或茂林，森岽不可上"，以山林景观为主，建筑比较隐蔽。延南熏的东南为涵碧楼，沿爬山廊向下为嵌岩室，折向西为小亭一壶天地。山坡转西在阅古楼之后有长方形小池，池上跨六方形的桥亭烟云水态。池之北为庙鉴室三间，后临方池。从西坡甘露殿之后水精域内的古井引来活水，蜿蜒流于山石之间，经烟云水态亭下再注入方池之中。过此则伏流不见，往北直到时承露盘侧的小昆丘擘岩而出为瀑布水濑，沿溪赴壑汇入北海。这一路小水系有溪、有涧、有潭、有瀑、有潺潺水音、有伏流暗脉，构成了北城的一处精巧的山间水景。承露盘以东是一组山地院落建筑群，包括得性楼、延佳精舍、抱冲室、邻山书屋，"或一间，或两间，皆随其宛转高下之趣"。山坡的东边，交翠亭与盘岚精舍倚山而构，这两座建筑之间以爬山廊"看画廊"相连接，室内通达石洞，凭栏可远眺北海及其北岸之景，是一处既幽邃又开朗的山间小园林。

东坡的景观则有所不同，以植物之景为主，建筑比较稀少。自永安寺山门之东起，一条密林山道纵贯南北，松柏浓荫蔽日，颇富山林野趣。东坡的主要建筑物是建在半圆形高台"半月城"上的智珠殿，坐西朝东。这里曲径回转，古树参天，环境幽静。人们站在殿前东眺，可见景山五亭错落排列，气势非凡。它与其后的白塔、其前的牌楼波若坊和三孔石桥构成一条不太明显的轴线。从半月城上可远眺北海东岸、钟鼓楼及景山形成借景。南面有小亭名迎旭亭，北面为见春亭一组小园林及"琼岛春阴"碑。

9.3.1.3 北海东岸

北海东岸自南向北依次有濠濮间、画舫斋、先蚕坛。

濠濮间位于北海东岸小土山北端，北面邻近"画舫斋"一院，基地狭长，占地面积约6500m²，仅一门、一堂、一室、一榭、一桥、一牌坊，却有"两三间曲尽春藏，一二处堪为避暑"之意。明代嘉靖十三年（1575年）增建成北海的园中之园。四周古松葱郁、遮天蔽日，来自北面先蚕坛的浴蚕水经画舫斋缓缓流入，曲桥、水池、山石、回廊，回旋于咫尺之间，景色清幽深邃。

自濠濮间石坊往北走，穿过蜿蜒于山冈之中的小路，可达画舫斋，它原是皇帝行宫，门前一带曾是练习弓箭的地方。清代常有名画家进园作画，又因该斋外形像一只浮在水面的船舫，故称画舫斋。画舫斋建于清乾隆二十二年（1757年），主体建筑坐北朝南，以池水为中心，南为春雨林塘殿，东西分别是镜香、观妙室，四面环绕回廊，构成一处幽深的庭院。西北角院落为小玲珑，东北为古柯庭、奥旷和得性轩等。古柯庭前有一棵枝繁叶茂的古槐，相传已千年。

先蚕坛位于北海东北隅，总占地面积17000m²。原为明代"雷霆洪应殿"。清乾隆七年（1742年），建"先蚕坛"，成为后妃们祭祀"蚕神"的地方。院内建筑有"观桑台""亲蚕殿""后殿""先蚕神殿""神橱""蚕署""井亭""牲亭""蚕所""游廊""桑园""浴蚕池"等。东面有一条贯通南北的小河叫"浴蚕河"，是元代由金水河引入北海东边的一支水系。整体建筑宏伟，构造精美，绿瓦红墙，色彩艳丽。先蚕坛是北京九坛之一，是现存较完整的一处皇室祭祀场所。

9.3.1.4　北海北岸

北岸由东往西的建筑依次为静心斋、西天梵境、九龙壁、澄观堂、阐福寺、小西天等。

北海北岸新建和改建的共有六组建筑群：静心斋（原名"镜清斋"）、西天梵境、澄观堂、阐福寺、五龙亭、小西天。它们都因就于地形之宽窄，自东而西随宜展开。利用其间穿插的土山堆筑和树木配置，把这些建筑群作局部的隐蔽并且联结为一个整体的景观。因此，北岸的建筑虽多却并不显壅塞。

静心斋是一座典型的"园中之园"。园林的主要部分靠北，这是一个以假山和水池为主的山池空间，也是全园的主景区。它的南面和东南面则分别布列着四个相对独立的小庭院空间。这四个空间以建筑、小品分隔，但分隔之中有贯通，障抑之下有渗透，由迂回往复的游廊、爬山廊把它们串联为一个整体。山池空间最大，但绝大多数建筑物则集中在园南部四个小庭院，作为山池空间主景的烘托，足见造园的立意是以山池为主体，建筑虽多，却无喧宾夺主之感。

山池空间也就是园林的主景区，周围游廊及随墙爬山廊一圈。正厅静心斋面北临水池，水池的北岸堆筑假山，这是私家园林典型的"凡园圃立基，定厅堂为主"的布局方式。但这个景区地段进深过浅，因而又因地制宜运用增加层次的办法来弥补地段的缺陷：跨水建水榭"沁泉廊"将水池分为两个层次。池北的假山也分为南北列的北高南低的两重，与水池环抱嵌合，形成了水池的两个层次之外的山脉的两个层次。

通过这种多层次既隔又透的处理，景区的南北进深看起来就仿佛比实际深远得多，这是此园设计最成功的地方。园内另外三个小庭院罨画轩、抱素书屋、画峰室，均以水池为中心，山石驳岸，厅堂、游廊、墙垣围合，但大小、布局形式都不雷同。

西天梵境是大型的宫廷佛寺，又名大西天。西天梵境（大西天）坐北朝南，前有四柱七楼琉璃牌坊一座，南临太液池，南向额提为"华藏界"，北向额提为"须弥春"。从华藏界牌楼穿过，意即进入佛门；反面"须弥春"的言外之意即到了"须弥山"这个佛家最神圣的境界。

山门为歇山黑琉璃黄剪边顶仿木结构券门，为三座，门之间有琉璃墙，中间门额为"西天梵境"。门内东西为钟鼓楼，重檐歇山调大脊，灰筒瓦绿琉璃瓦剪边顶。

后为天王殿五间，歇山调大脊，绿琉璃瓦黄剪边顶，殿内左右立四大金刚。殿外东西各有一座石幢，东边的刻金刚经，西边的刻药师经。

天王殿后为大慈真如殿，建于明万历时，殿五间，为重檐庑殿顶，黑琉璃瓦黄剪边，该殿全部为楠木建成。前出月台，有额为"恒河演乘"，联为："无住荫慈云，葱岭祇林开法界；真常扬慧日，鹫峰鹿苑在当前。"又北向联为："日月轮高，晬七宝城如依舍卫；金银界净，涌千华相正现优昙。"皆为乾隆皇帝所书。殿内供奉铜佛，佛前有铜塔二，木塔二。木塔即为铜塔的模型。

阐福寺始建于乾隆十一年（1746年），为太素殿旧址。清孝庄皇后死后曾在此祭奠，乾隆尊生母之愿，下令改为喇嘛庙，赐名阐福寺，其规制仿河北正定隆兴寺。阐福寺坐北朝南，山门前曾有四柱九楼牌坊一座，绿琉璃瓦顶。山门三间，歇山调大脊，黄琉璃瓦绿剪边。山门内为天王殿，歇山顶黄琉璃瓦绿剪边，殿后额为"宗乘圆镜"，东西有钟鼓楼，二层三间，上檐为歇山顶，上下檐均为黄琉璃瓦绿剪边顶。天王殿之后为大佛殿，其规制仿正定隆兴寺。楼高三层，而为"明二暗一"，顶层为重檐歇山顶，瓦顶皆为黄琉璃瓦绿剪边。阐福寺前临五龙亭，居中一亭名为龙泽亭，重檐三开间，左边两亭为澄祥亭和滋香亭，右边两亭为涌瑞亭和浮翠亭。亭顶形制采取左右对称手法，亭与亭之间用S形平桥相连。

9.3.1.5 北海西岸

北海西岸原来的建筑已全毁废，加筑宫墙之后地段过于狭窄，因而未作任何建置。

9.3.2 造园理法

北海先后历经辽、金、元、明、清五朝的兴建，历史悠久且重建时承袭较多。它的建筑风格受到一些江南园林的影响，但总体上仍然保持了北方园林持重端庄的特点。园内宗教色彩十分深厚，不仅琼华岛上有永安寺，在北岸和东岸还有阐福寺、西天梵境、小西天、龙王庙、先蚕坛等佛教、道教建筑，因此是一座集宫室、宅第、寺庙、园林于一体的宏大帝王宫苑。北海作为中国古典皇家园林代表作之一，其内容涵盖了包括儒家园林、寺庙园林、道家园林及南方私家园林等诸多风格，其本身就是一个展现中国古典园林高深造诣的实例。

9.3.2.1 空间组织形态

"向心辐射"式布局。该布局方式是整座园林有一个核心景区，核心景区往往有一个高大的景观作为这座园林的标志物，全园其余景观或景区，称为圆形向心辐射结构，团团包围核心景区，以体现园林的中心主题。

北海的山水间架，自最早的辽代开始直到清代，都采取"向心辐射"式的布局方式。全园布局以琼华岛为中心：南面寺院，依山势排列，直到山麓之间岸边的牌坊，一桥横跨，与团城的"承光殿"气势连贯，遥相呼应；北面山顶至山麓亭阁楼榭隐现于幽邃的山石之间，穿插交错，富于变化。山下为傍水而建的半圆形游廊，曲折巧妙而饶有意趣。沿岸景点自北而南顺序排列，虽然各自单独成为景区，但综合来看，都像群星捧月般，拱卫于全园的中心——琼华岛景区。而建于琼华岛之巅的白塔，造型独特，引人注目，显得卓尔不群，皎洁孤傲，成为北海公园的主要标志物、目光焦点，统摄全园。

9.3.2.2 园中园的布置

皇家园林大多范围相当辽阔，在这么大的旷野空间里造园，如果仅仅依照山水地形或园林的各种功能进行分区，园内部的各种要素势必难以细致地组织，特别是对于像北海，在平原上挖池堆山而营造的大型人工山水园，就更难免导致园林空间景象过分散漫而平淡，因此，在景点布置中多以园中园的形式来布置。北海公园中的静心斋、濠濮间、画舫斋都是较有特色的园中园。各自有各自的特点和主题，并发挥不同的艺术效果。同时在总体上又有机联系。园中园以其自成一体的格局，灵活变通的形式，显示了极大的优越性，因此在大型皇家园林里得到了普遍应用。

9.3.2.3 色彩

色彩对比与色彩协调运用得好，可获得良好构图效果。北海公园的白塔为整个园林中的制高点，附属寺院建筑沿坡布置，高大的塔身选用纯白色，在色彩上与寺院建筑群体形成了强烈对比。并且白塔的白色与远处金碧辉煌的故宫形成对比烘托，使特征更为突出，在青山、碧水、蓝天的衬托下，气势极其壮丽，在色彩构图上形成主次、明暗、浓淡，对比适宜，使空间环境富有节奏感。

9.3.2.4 植物造景

琼华岛景区在营建初始，大量运用植物造景手法，形成了独特的生态景观，岛上山石峻峭，松柏苍郁。以濠濮间为例，濠濮间地基狭长，入口处为北海的东墙和西边的小土丘之间，牌楼、桥、水榭序列式排布，长廊依托于假山上，回还变化有山洞深邃之感。植物配置以水生植物较多，骨干树为侧柏、榆树、白皮松，并种有少量构树、白蜡和桃树，林下灌木则以荆条和小榆树为主，水生植物有睡莲等。东面是北海的高墙，墙内有一排榆树和侧柏，春天榆钱会散到墙这边的水中。把高墙外的绿色迎进园子中，为边际空间种植的典范。

9.4 实习作业

① 草测白塔的平面、立面。
② 草测静心斋的枕峦亭平面、立面。
③ 草测濠濮间及其环境平面、立面。
④ 总结北海局部特色及造园手法。
⑤ 选小品、建筑、植物、山体、水体，速写 3～4 幅。

实习 10 恭王府花园

10.1 背景资料

恭王府花园又名翠锦园，位于北京后海柳荫街甲 14 号，是清代一座独具特色的王府后花园。

恭王府最早建于乾隆四十一年（1776 年），为大学士和珅的宅院。嘉庆四年（1799 年）和珅获罪，宅第没收。之后宅第分为东西两部分，西部赐给庆郡王永璘，东部留给了十公主。咸丰元年（1851 年）整座王府赐给恭亲王奕䜣入住，至此得名恭王府，沿用至今。

恭王府后花园南北长约 150m，东西宽 170 余米，占地面积 $2.8 \times 10^4 m^2$，有古建筑 31 处。同治年间曾重修过一次，光绪年间再度重修，当时园子的主人为奕䜣之子载滢。1929 年由辅仁大学收购，作为大学校舍的一部分。如今已修整开放，大体保持光绪时的规模和格局，但山水部分仍为乾隆年间的风格。园中的西洋门、御书"福"字碑、室内大戏楼并称恭王府"三绝"。

10.2 实习目的

① 了解恭王府花园的历史沿革，熟悉其创建历史及其在中国北方私家园林所处的历史地位。
② 通过实地考察、记录、测绘等工作掌握恭王府花园的整体空间布局及造景手法等。
③ 领会中国古代园林空间处理中，掇山的理法与技巧，并了解不同石材的特点及应用。

10.3 实习内容

10.3.1 空间布局

恭王府花园分为中、东、西三路。中路呈对称严整的布局，它的南北中轴线与府邸中轴线对位重合。东路和西路的布局比较自由灵活，前者以建筑为主体，后者以水池为中心。

中路的建筑是花园主体。花园的正门与前部王府建筑由一过道相隔，是一座具有西洋建筑风格的汉白玉石拱门，处于花园中轴线的最南端。进门后"独乐峰"，是一块高5m余的太湖石，虽是园中点缀，但起着屏风的作用。过了独乐峰，正北是"海渡鹤桥"，过桥为"安善堂"。这是一座宽敞大厅，当时恭亲王在此设便宴招待客人。越过安善堂，则可来到"韵花簃"。这是一排堂阁小屋，过此即是全园的主山"滴翠岩"。山上有平台名"邀月台"，额曰"绿天小隐"。山下有洞，曰"秘云洞"，著名的康熙"福字碑"即在此洞中。中轴线的最后一组建筑是"倚松屏"和"蝠厅"，这里是消夏纳凉的好地方。

东路的主要建筑是"大戏楼"，建筑面积685m²，建筑形式是三券勾连搭全封闭式结构。厅内南边是高约1m的戏台，厅顶挂着宫灯，地面方砖铺就。这里除了演戏之外，还是当年恭王府举办红白喜事的地方。大戏楼南为"怡神所"，是当年赏花行令之所。此外，"曲径通幽""吟香醉月""蹴蔬圃""流怀亭""垂青樾""樵香经"等景点，均属东路范畴。

西路的主要景观是"湖心亭"。这里以水面为主，中间有敞轩三间，是观赏、垂钓的好去处。水塘西岸有"凌倒影"，南岸有"浣云居"，北岸轩馆五间叫"花月玲珑"及"海棠轩"。南岸山上有一段城堡式墙垣，长约50m，雉堞、洞券俱全，石额书曰"榆关"，山径石碣书"翠云岭"。榆关东北有一座海棠式方亭，名"妙香亭"，二层八角式。西路中还有"雨者岭""养云精舍""山神庙"等景观。

10.3.2　造园理法

恭王府花园在造园手法上既有中轴线，也有对称手法。全园分为中路、东路、西路三路，成多个院落。中轴上依次是园门、飞来峰、蝠河、安善堂、方池、假山、邀月台、绿天小隐、蝠厅。中路建筑和山水基本对称，东、西两路只是山体对称，建筑不对称。整个园林由六条山龙围合：南面、东面、西面各有两山，中路后部有一山为中龙。如图3-10-1所示。

东路以建筑为主。东有两山南北奔趋，两山各在东南和东北转折成围合状。建筑分三个小院。南面靠东入院，抬头是一精致垂花门，入内为狭长院落，院内当年种竹，正厅为大戏楼的后部，西厢为中路明道堂的后卷，东厢为一排厢房，院西为另一个狭长院落。入口月洞门，曰：吟香醉月。北面是东路的主体建筑大戏楼，戏楼自成一个小院，面积达685m²，院内有前厅、观众厅、舞台、扮戏房等，厅内装饰豪华，是王府的观戏处。

西路以山水为主。西路的起始部分从飞来峰西走，在南端是两山之间的一个雄关。关名曰：榆关，榆关即长城的山海关，是长城的象征，素有天下第一关之美称，当年清代皇帝就是从此入关的，在园中设此关足以表示园主不忘记清祖从山海关入主中原的丰功伟绩。榆关之前是西路的中心大方池，方池东南角出细流折东与福河相连，大方池之中有一个方形小岛，岛上是观鱼台，以此来喻庄子濠上观鱼之乐的典故；池西是西山；池前有五间堂屋。东出抄手廊与中路滴翠岩的曲廊相接。

全园以福字贯穿，表明主题明显。山势围合有新意，榆关雄峙也有新意，但东部建筑较多，中部曲廊的围合也不够有机，特别是理水较差。从堆石、建筑、植物、格局上看仍有北方园林特点（图3-10-1）。

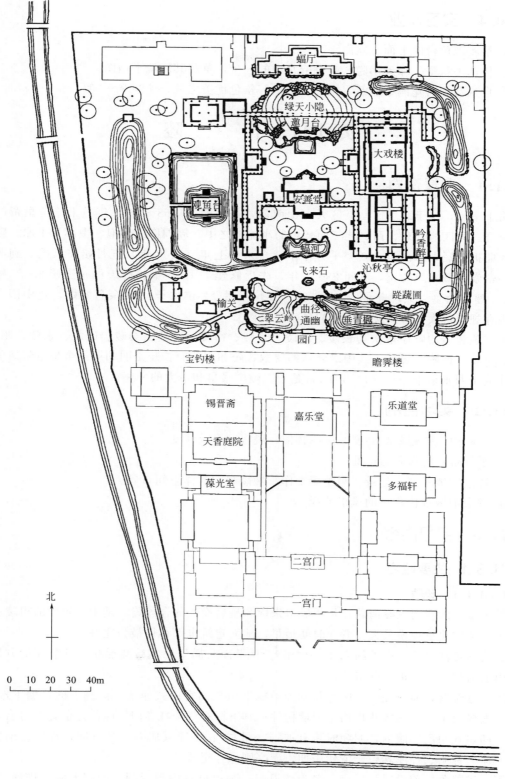

图 3-10-1 恭王府及花园平面图

（摹自《中国古典园林史》）

10. 4　实习作业

① 草测观鱼台的平面、立面。

② 任选沁秋亭、绿天小隐、吟香醉月中的一个，草测其环境平面图。

③ 自选恭王府花园中建筑、植物、假山等景色优美之处，速写 2～3 幅。

实习 11　十　三　陵

11. 1　背景资料

明十三陵，位于北京市昌平区天寿山南麓，是明朝（1368～1644 年）十三位皇帝的陵寝建筑群。陵区地处东、西、北三面环山的小盆地之中，周围群山环抱、中部为平原，陵前有小河曲折蜿蜒，总面积 120 多平方千米。自永乐七年（1409 年）五月始作长陵，到明朝最后一帝崇祯藏入思陵止，其间 230 多年，先后修建了 13 座金碧辉煌的帝王陵墓、7 座妃子墓、1 座太监墓。共埋葬了 13 位皇帝、23 位皇后、2 位太子、30 余名妃嫔，是中国乃至世界现存规模最大、帝后陵寝最多的皇陵建筑群。

十三陵建造的顺序依次为长陵、献陵、景陵、裕陵、茂陵、泰陵、康陵、永陵、昭陵、定陵、庆陵、德陵、思陵，其中最著名的要数长陵和定陵。长陵是明朝第三个皇帝朱棣的陵墓，建成于明永乐十一年（1413 年），是十三陵中最早和最大的一座。

11. 2　实习目的

① 了解中国陵寝墓葬制度的渊源替擅、陵寝制度及演变。

② 了解帝陵的命名与选址。

③ 通过实地考察、记录、测绘等工作掌握陵寝的整体空间布局。

④ 领会中国古代陵寝的风格特征。

11. 3　实习内容

11. 3. 1　主要陵寝

11. 3. 1. 1　长陵

长陵位于天寿山主峰南麓，是明成祖朱棣和皇后徐氏的合葬陵，是十三陵中的祖陵。长陵在十三陵中建筑规模最大，营建时间最早，地面建筑也保存得最为完好。

长陵的陵宫建筑，占地约 $1.2 \times 10^5 \mathrm{m}^2$。其平面布局呈前方后圆形状。其前面的方形部分，由前后相连的三进院落组成。

第一进院落，前设陵门一座。其制为单檐歇山顶的宫门式建筑，面阔五间，檐下额枋、飞子、檐椽及单昂三踩式斗拱均系琉璃构件；其下辟有三个红券门。陵门之前建有月台，左右建有随墙式角门。院内，明朝时建有神厨（居左）、神库（居右）各五间，神厨之前建有碑亭一座。神厨、神库均毁于清代中期，碑亭则保存至今。

第二进院落，前设殿门一座，名为祾恩门。为单檐歇山顶形制，面阔五间，进深二间，正脊顶部距地面高 14.57m。檐下斗拱为单翘重昂七踩式，其平身科斗栱耍头的后尾作斜起的杆状，与宋清做法皆不相同。室内明间、次间各设板门一道，稍间封以墙体。其中明间板门之上安有华带式榜额，书"棱恩门"三金字。"棱"字系后世修葺时误写。门下承以汉白玉栏杆围绕的须弥座式台基。其栏杆形制为龙凤雕饰的望柱、宝瓶和三幅云式的栏板。台基四角及各栏杆望柱之下，各设有排水用的石雕螭首（龙头）。台基前后则各设有三出踏跺式台阶。其中路台阶间的御路石上雕刻的浅浮雕图案十分精美：下面是海水江牙云腾浪涌，海水中宝山矗立，两匹海马跃出水面凌波奔驰；上面是两条矫健的巨龙在云海中升降飞腾，追逐火珠，呈现出一派波澜壮阔的雄伟景象。

棱恩门两侧还各有掖门一座，均做随墙式琉璃花门，门上的斗拱、额枋，门顶的瓦饰、椽飞均为黄绿琉璃件组装，在红墙的映衬下格外分明。院内，北面正中位置建有高大巍峨的祾恩殿。这座大殿在明清两代，是用于供奉帝后神牌（牌位）和举行上陵祭祀活动的地方。

11.3.1.2　定陵

定陵是明神宗朱翊钧的陵墓，建于 1584～1590 年。该陵位于长陵西南方，坐落在大峪山下，主要建筑有祾恩门、祾恩殿、宝城、明楼和地下宫殿等。占地 182000m²。它是十三陵中唯一一座被发掘了的陵墓。

定陵的地面建筑共占地 $1.8 \times 10^5 \text{m}^2$，前有院落三进，后有高大宝城一座。陵正门前方是三卒汉白玉石桥。过了桥是碑亭。亭周围有祠祭署、宰牲亭、定陵监等建筑物 300 多间。再往后就是陵园最外面的围墙——外罗城（围墙外的围墙）。

陵宫的总体布局亦呈前方后圆之形。其外围是一道将宝城、宝城前方院一包在内的"外罗城"。城内面积约 $1.8 \times 10^5 \text{m}^2$。外罗城仅前部正当中轴线位置设宫门一座，即陵寝第一道门。

外罗城内，偏后部位为宝城。宝城之前，在外罗城内设有三进方形的院落。

第一进院落，前设单檐歇山顶式陵门一座，为陵寝第二道门，又称重门。其左右各设有随墙式掖门一道。院落之内无建筑设施，院落之前（外罗城之内）左侧建有神厨三间，右侧建有神库三间。

第二进院落，前墙之间设祾恩门。其制面阔五间（通阔 26.47m），进深二间（通深 11.46m），下承一层须弥座式台基。台基之上龙凤望柱头式的石栏杆及大小螭首设置齐备。前后还各设有三出踏跺式台阶。

第三进院落，前墙间建有陵园最主要的殿宇——祾恩殿。其形制为重檐顶，面阔七间（通阔 50.6m），进深五间（通深 28.1m），下承须弥座式台基一层，围栏雕饰同祾恩门。台基前部出有月台。月台前设三出踏跺式台阶，左右各设一出。殿有后门，故台基的后面亦设踏跺式台阶一出。其中，后面一出踏跺及月台前中间一出踏跺设有御路石雕。刻龙凤戏珠（左升龙，右降凤）及海水江牙图案。祾恩殿左右各设随墙式掖门一座。院内沿中轴线设有两柱牌楼门（棂星门）一座、石几筵一套。牌楼门的两柱作出头式，白石雕成，截面为方形，顶部雕坐龙，前后戗以石抱鼓。石几筵，由石供案和石供器组成。石供案作须弥座式，石供器由香炉（一座）、烛台（二座）、花瓶（二座）组成。

由于宝城的隧道门设于宝城墙的右前方，帝后棺椁在享殿（祾恩殿）内举行"安神礼"后，必须途经外罗城内才能进入宝城的隧道门入葬玄宫，同时考虑到建筑设计的对称性，在第三进院落左右两墙又对称地设有随墙式掖门各一座。

此外，定陵外罗城之前，左侧还建有宰牲亭、祠祭署，右侧建有神宫监、神马房等附属建筑。定陵卫的营房则建于昌平城内。其中，定陵祠祭署的建筑布局是，中为公座（办公用的正厅），后为官舍，前为门。神宫监有重门厅室，房屋多至 300 余间。

11.3.1.3 昭陵

昭陵位于大峪山东麓，是明穆宗朱载垕（年号隆庆）及其三位皇后的合葬陵寝，也是十三陵中第一座大规模复原修葺的陵园。昭陵陵园建筑面积为 35000m²，现存有完整的祾恩门、祾恩殿及其东西配殿，以及方城、明楼、宝顶等。

明朝灭亡后，昭陵先后遭到两次破坏。1644 年，战乱中明楼遭火焚；清朝康熙三十四年（1695 年）三月五日，祾恩殿和两庑配殿又遭雷击起火，陵卒拼命扑救，只救下了两庑配殿，祾恩殿被彻底烧毁。乾隆年间，两庑配殿和祾恩门又相继残坏。乾隆五十至五十二年（1785～1787 年），重新修葺明十三陵，昭陵也在修葺之中。从遗址分析，当时修葺的项目只有明楼、祾恩门、祾恩殿三项工程。这次重修，虽然使陵园制度稍趋完备，但却改变了原有建筑的规制。

明楼的斗拱，依明朝制度各陵均为上檐单翘重昂七踩斗拱，下檐重昂五踩斗拱。而修葺后的昭陵却变成了上下檐均为单翘单昂五踩斗拱。明楼内还增加了条石券顶。祾恩门、祾恩殿虽然重建时没有大的变动，但都缩小了尺度。祾恩殿，原制面阔五间（30.38m），进深四间（16.77m）；清代重建后，面阔间数没有改变，尺度却缩小为 23.3m，进深改为三间，尺度缩小为 11.92m。祾恩门，原为面阔三间（18.44m），进深二间（8.04m）；清代重建后面阔缩小为 12.52m，进深缩小为 6.77m。陵内的两庑配殿和陵前的神功圣德碑亭不仅没有重建，而且残垣断壁也被拆除。只在碑石周围旧亭基上修建了一周宇墙。此后，长达 200 年的时间里一直没有修缮。昔日壮丽的陵园建筑满目凄凉，只剩下残坏的明楼和陵墙了。

11.3.1.4 永陵

永陵位于阳翠岭南麓，是明世宗朱厚熜（年号嘉靖）及三位皇后的合葬陵寝。与其他陵相比较，永陵有两大独特之处。

首先，是规模宏大。在古代，陵园规模取决于陵园殿庑、明楼及宝城规制。按照《大明会典》的记载，永陵宝城直径为 81 丈（约 270m），祾恩殿为重檐七间，左右配殿各九间，其规制仅次于长陵，而超过献、景、裕、茂、泰、康六陵制度。其祾恩门面阔五间则与长陵相等，其后仅定陵与之同制。

其次，永陵的方院和宝城之外，还有一道前七陵都没有的外罗城，其制"壮大，甃石之缜密精工，长陵规画之心思不及也"。外罗城之内，左列神厨，右列神库各五间，还仿照深宫永巷之制，建有东西长街。古人设计了外罗城，以便将皇妃们埋葬于外罗城之内，其布葬的位置则拟在宝山城之外，明楼之前，亦即明楼前左右宫墙之外，左右相向，依次而祔。后来，世宗的皇妃们的墓窆虽然没有按原议定的方案修在外罗城内，但外罗城则按原定计划修建了。

11.3.1.5 献陵

献陵是明仁宗朱高炽（洪熙）和皇后的陵寝，位于天寿山西峰之下，长陵的旁边。

献陵陵寝制度比较俭朴。其神道从长陵神道北五空桥北分出，长约 1km。途中建有单空石桥一座。路面为中铺城砖，两侧墁碎石为散水，十分俭朴。其朝向为南偏西 20°，占地仅 4.2×10⁴m² 左右。其陵殿、两庑配殿、神厨均各为五间，而且都是单檐建筑；门楼（祾恩门）则仅为三间；城下券门改为更简单的直通前后的形式。照壁则因之不设于券洞内而设于方城之后，墓冢之前。上登明楼的礓石察量路则改为设于宝城之内的方城左右两侧。

明献陵还有一个特点，这就是祾恩殿和方城明楼在院落上彼此不相连属。前面以祾恩殿为主，建有一进院落，殿前左右建两庑配殿和神帛炉。院的正门是祾恩门，也即陵园的大门，门前出大月台，院后设单座门一道。后面以宝城、明楼为主，前出一进院落。院内建两柱棂星门、石供案。院门为三座单檐歇山顶的琉璃花门。二院之间，隔一座小土山（影壁山）。

11.3.1.6 庆陵

庆陵位于黄山寺二岭南麓，是明光宗朱常洛和三位皇后的合葬陵寝。

庆陵陵园建筑由神道、陵宫及陵宫外附属建筑三部分组成。神道上建单空石桥一座。近陵处建神功圣德碑亭，亭内竖碑，螭首龟趺，无字。

陵宫建筑呈前方后圆状，占地约 $2.76 \times 10^4 \mathrm{m}^2$。前面有两进方院，彼此不相连接，在二进院落之间有神道相连，并于第一进院落后建单空石桥三座。第一进院落，以祾恩门为陵门，单檐歇山顶，面阔三间。院内建祾恩殿及左右配殿各五间，神帛炉两座。第二进院落，前设三座门，内建两柱牌楼门及石供案，案上摆放石质香炉一，烛台、花瓶各二。方院之后为圆形宝城，在宝城入口处建有方形城台，城台之上建重檐歇山式明楼。楼内竖圣号碑，上刻"大明""光宗贞皇帝之陵"。明楼后宝城内满填黄土，中央夯筑上小下大的圆柱形体为宝顶，底部直径约28m。冢前拦土墙与宝城墙等高，并与宝城城台及两侧墙体围成一个平面近于"月牙"形状的院落——哑巴院，院内有随墙式琉璃照壁。陵宫外还有一些附属建筑，如宰牲亭、神厨、神库、祠祭署、神宫监、朝房、果园、榛厂、神马房等。

11.3.1.7 茂陵

茂陵位于聚宝山下，是明宪宗朱见深和三位皇后的合葬陵寝。

茂陵的建筑在清初时保存尚好，而且祾恩殿内的陈设也保存较多。顾炎武《昌平山水记》记载顺治、康熙年间茂陵的情况是："十二陵惟茂陵独完，他陵或仅存御榻，茂陵则簨虡之属犹有存者。"至清朝末年，祾恩门因年久失修已经倒塌，民国年间祾恩殿本已残坏，又被拆毁。其现状情况同裕陵。

11.3.1.8 康陵

康陵位于金岭东麓，是明武宗朱厚照和皇后的合葬陵寝。康陵建陵用时 1 年，总体布局沿袭前制，呈前方后圆形状。该陵建于正德十六年（1521 年），占地 $2.7 \times 10^4 \mathrm{m}^2$。明末，康陵曾遭到烧毁，在清朝乾隆年间曾被整修。

11.3.1.9 景陵

景陵位于天寿山东峰之下，是明宣宗朱瞻基与皇后的合葬陵寝。其神道从长陵神道北五空桥南向东分出，长约 1.5km，途中建单空石桥一座。陵宫朝向为南偏西55°，占地约 $2.5 \times 10^4 \mathrm{m}^2$。宝城因地势修成前方后圆的修长形状。前面的二进方院和后面的宝城连成一体。中轴线上依次修建祾恩门、祾恩殿、三座门、棂星门、石供案、方城、明楼等建筑。

景陵内的祾恩殿台基，仍是嘉靖年间改建后的遗物。从遗存的明代殿宇檐柱柱础石分布可以看出，该殿原制面阔五间（31.34m），进深三间（16.9m），后有抱厦一间（面阔8.1m，进深4.03m），前面的御路石雕二龙戏珠图案，比献陵一色云纹显得更为精致壮观。祾恩门、祾恩殿的台基上还有清代改建后遗留的柱础石。神功圣德碑亭目前仅存石碑及台基。

11.3.1.10 泰陵

泰陵位于笔架山东南麓，是明孝宗朱祐樘及皇后的合葬陵寝。

泰陵陵事的筹划是在明孝宗去世之后。弘治十八年六月五日，陵园正式兴工，并定陵名为泰陵。历时四月，玄宫落成，于该年十月十九日午刻将孝宗葬入陵内。正德元年（1506年）三月二十二日，陵园的地面建筑全部告成。

泰陵在清康熙时有的建筑即已残坏。清乾隆五十至五十二年（1785～1787年）陵园建筑曾经修葺，修葺情况除三座门由琉璃花门改建成砖砌冰盘檐式门楼外余同茂陵，其现状较茂陵残坏最为严重。

11.3.2　神路

明十三陵神路全长 7km，是由石牌坊、大红门、碑楼、石像生、棂星门等组成的。

11.3.2.1　石牌坊

石牌坊在神道的最南端。明嘉靖十九年（1540年）建。为汉白玉仿木结构砌成，面阔五间，六柱十一楼，宽 28.86m，坊高 14m。嘉靖以前明朝皇家陵寝没有石牌坊，这座石牌坊是目前我国最大的石牌坊。

每个柱子下边是方形柱础盘。础盘之上分别立竖石柱，石柱样式为四角内凹的梅花柱。石柱下端前后各有夹柱石，夹柱石上的雕饰图案非常精美：中间两柱浮雕云龙，顶部各有圆雕的卧麒麟和浮雕的宝山。六根柱的内侧均按木构建筑样式雕出梓框，梓框上部雕出云墩、雀替，并贯以三幅云雕饰。雀替之上分别有三层横架其上的石构件，自下而上分别为大额枋、花板、龙门枋；其中，大额枋、花板两构件均插嵌于左右两柱之间。

11.3.2.2　大红门

大红门也称大宫门，是陵区的总门户。大红门墙体为红色，单檐庑殿顶，上覆黄色琉璃瓦，下承石刻冰盘檐，辟三券门，当年曾装有门扇。中门是已故皇帝、皇后棺椁和神主、神牌、祭品、仪仗通行之门，左门（东门）是皇帝谒陵通行之门，右门（西门）是谒陵官员谒陵进入陵区所经之门。大红门两侧原有封闭陵区南端的墙体，从大红门左右两侧延伸至龙山、虎山两山之巅，然后再向东西两侧蜿蜒而去，现只剩一段残余墙体。

大红门内左侧原建有拂尘殿，为帝后谒陵时更衣处，清初已毁。据传为修建王承恩墓将其砖石拆除，此后又屡次平整土地，地基已经不复存在。

大红门前左右两侧各有下马碑一座，正反面均刻有"官员人等至此下马"八字。朝廷命官前来谒陵，到此碑前必须下马步入陵以示崇敬。

11.3.2.3　碑楼

碑楼位于神道中央，是一座歇山重檐、四出翘角的高大方形亭楼，为长陵所建。亭内竖有龙首龟趺石碑一块，高 8.1m 多，上题"大明长陵神功圣德碑"，碑文长达 3500 多字，是明仁宗朱高炽撰文，明初著名书法家程南云所书。碑阴刻清高宗乾隆"哀明陵三十韵"。碑东侧是清廷修明陵的花费记录。西侧是清仁宗嘉庆帝论述明代灭亡的原因。

碑亭四隅立有 4 根汉白玉华表，其顶部均蹲有一只异兽，名为望天犼。其中面南者又称望君出，面北者称望君归。每座华表上共刻有 41 条龙。

华表和碑亭相互映衬，显得十分庄重浑厚。在碑亭东侧，原建有行宫，为帝后前来祀陵时的更衣处，现已无存。

11.3.2.4　石像生

石像生是陵前放置的石雕人、兽，古称石像生（石人又称翁仲）。从碑亭北的两根六角形的"望柱"起，至"棂星门"止的千米神道两旁，整齐地排列着 24 只石兽和 12 个石人，造型生动，雕刻精细。其数量之多，形体之大，雕琢之精，保存之好，是古代陵园中所罕见。石兽共分 6 种，分别为狮子、獬豸、骆驼、麒麟、马、大象，均呈两立两跪状。石人分朝衣冠勋臣、朝衣冠文臣和持瓜盔甲武臣，各 4 尊，为皇帝生前的近身侍臣，均为拱手执笏的立像，威武而虔诚。石像生主要起装饰点缀作用，以象征皇帝生前的仪威，表示皇帝死后在阴间也拥有文武百官及各种牲畜可供驱使，仍可主宰一切。

11.3.2.5　棂星门

棂星门又叫龙凤门。由四根石柱构成三个门洞，门柱类似华表，柱上有云板、异兽。在三个门额枋上的中央部分，还分别饰有一颗石雕火珠，因而该门又称"火焰牌坊"。龙凤门西北侧，原建有行宫，是帝后祭陵时的歇息之处，后来成了全陵区的主陵道。

11.3.3　十三陵选址

说到十三陵的选址，就要说到中国传统建筑文化，带有浓厚的追求天地人三者和谐为一的天人合一意识。十三陵所处的地形是北、东、西三面环山，南面敞开，山间泉溪汇于陵前河道后，向东南奔泻而去。陵前 6km 处神道两侧有两座小山，东为"龙山"，西为"虎山"，符合东青龙、西白虎的四灵方位格局。在中国传统建筑文化指导下，十三陵从选址到规划设计都十分注重陵寝建筑与大自然山川、水流和植被的和谐统一，追求形同"天造地设"的完美境界，用以体现"天人合一"的哲学观点。

十三陵的选址考虑了天干的因素（即天时，天时考虑三、六、九）、人的因素（明代十三代皇帝陵墓都建在此）、地的因素（原来的土质是好的，到现在已经发生变化），是符合中国传统建筑文化的。

11.4　实习作业

① 草测长陵祾恩殿的平面、立面。
② 自选个陵区中建筑、植物等景色优美之处，速写 2～3 幅。

实习 12　白　云　观

12.1　背景资料

白云观位于北京西城区西便门外，为道教全真三大祖庭之一。始建于唐开元二十九年（741 年），为唐玄宗奉祀老子之圣地，名天长观。金正隆五年（1160 年），天长观遭火灾焚烧殆尽。金大定七年（1167 年）敕命重修，历时七载，至大定十四年（1174 年）三月竣工，金世宗赐名"十方天长观"。泰和二年（1202 年），天长观又不幸罹于火灾，仅余老君石像。翌年重修，改名曰"太极宫"。金宣宗贞祐二年（1215 年），国势不振，迁都于汴，太极宫遂逐渐荒废。元代是著名道士长春真人丘处机的居所，改名"长春宫"。明洪武年间改名"白云观"。清康熙四十五年（1706 年）重修，奠定今日白云观之规模。

12.2　实习目的

① 了解白云观的历史沿革，熟悉其在中国寺观园林中所处的历史地位。
② 了解中国寺观布局方式。
③ 通过实地考察、记录、测绘等工作掌握白云观后部园林的整体空间布局。

④ 领会中国古代寺观与寺观园林的关系。

12.3 实习内容

白云观建筑群坐北朝南，呈中、东、西三路之多进院落格局。

12.3.1 中路

中路以山门外的照壁为起点，依次有照壁、牌楼、华表、山门、窝风桥、灵官殿、钟鼓楼、三官殿、财神殿、玉皇殿、救苦殿、药王殿、老律堂、邱祖殿和三清四御殿。

照壁又称影壁，位于观前，正对牌楼。壁上嵌有"万古长春"四个大字，为元代大书法家赵孟頫所书。其字体遒劲有力，令人叹赏不绝。

牌楼原为棂星门，是观中道士观星望气之所。后来棂星门演变为牌楼，已失去原来的观象作用。此牌楼建于明正统八年（1443年），为四柱七层、歇山式建筑。

山门为石砌的三券拱门，三个门洞象征着"三界"，跨进山门就意味着跳出"三界"，进入神仙洞府。山门石壁上雕刻着流云、仙鹤、花卉等图案，其刀法浑厚，造型精美。中间券门东侧浮雕中隐藏着一个巴掌大小的石猴，已被游人摸得锃亮。老北京有这样的传说："神仙本无踪，只留石猴在观中"，这石猴便成了神仙的化身，来白云观的游人都要用手摸摸它，讨个吉利。观内共有小石猴三只，分别藏在不同的地方，另外两只石猴刻在山门西侧的八字影壁底座和东路雷祖殿前九皇会碑底座，若不诚心寻找，难以见到，故有"三猴不见面"之说。

窝风桥始建于清康熙四十五年（1706年），后毁坏，1988年重建，为南北向的单孔石桥。桥下并无水。桥洞两侧各悬一枚古铜钱模型，刻有"钟响兆福"四字，钱眼内系一小铜钟。据说，由于北方风猛雨少，观外原有座"甘雨桥"，人们便在观内修了这座"窝风桥"，两座桥象征风调雨顺之意。另有一说是为纪念全真教创始人王重阳而建的。

灵官殿主祀道教护法尊神王灵官。神像为明代木雕，高约1.2m，比例适度，造型精美。红脸虬须，怒目圆睁，左手掐诀，右手执鞭，形象威猛。其左边墙壁上为赵公明和马胜画像，右边墙壁上为温琼和岳飞画像，这就是道教的四大护法元帅。

白云观的钟鼓楼，在建筑布局上与其他宫观的钟鼓楼截然相反，其钟楼在西侧，鼓楼在东侧。据称，元末，长春观殿宇大都倾圮，明初重建时，以处顺堂（今邱祖殿）为中心，保留了原来的钟楼，在钟楼之东新建鼓楼，故形成了今日所见之格局。

三官殿奉祀天、地、水"三官大帝"。传说天官赐福，地官赦罪，水官解厄。

财神殿供奉三位财神，中为春神青帝，左为财神赵公明，右为武财神关羽。赵公明，亦称赵公元帅，被元始天尊封为正一龙虎玄坛真君，统领招财、进宝、纳珍、利市四神，于是成为民间广泛供奉的财神。关羽，即关圣帝君，被民间广泛信仰，管辖范围极广，是一位全能之神，财神只是其形象之一。

玉皇殿奉祀玉皇大帝。神像为明代木雕，高约1.8m，身着九章法服，头戴十二行珠冠冕旒，手捧玉笏，端坐龙椅。神龛前及两边垂挂着许多幡条，上面绣有许多颜色各异的篆体"寿"字，一共是一百个，故称为"百寿幡"。左右两侧的六尊铜像均为明代万历年间所铸造，他们即是玉帝阶前的四位天师和二位侍童。殿壁挂有南斗星君、北斗星君、三十六帅、二十八宿的绢丝工笔彩画共八幅，均为明清时代佳作。

救苦殿奉祀太乙救苦天尊。天尊骑九头狮子，左手执甘露瓶，右手执宝剑。据道经说：

太乙救苦天尊是天界专门拯救不幸堕入地狱之人的大慈大悲天神。

药王殿奉祀唐代著名道士、医学家孙思邈。他著有《千金要方》《千金翼方》等多种著作，在中国医学和药物学方面作出了极大贡献，因而被后世尊称为药王。救苦殿与药王殿原均为"宗师殿"，供奉随邱处机去西域大雪山的十八弟子，塑像被毁后因无十八宗师塑像资料，故分别改为救苦殿与药王殿。

老律堂原名七真殿。供奉全真七子，即全真派祖师王重阳的七大弟子：中座为邱处机，左边依次为刘处玄、谭处端、马钰，右座依次为王处一、郝大通、孙不二。清代高道王常月曾奉旨在此主讲道法，开坛传授戒律，求戒弟子遍及大江南北，道门玄风为之一振。后世为纪念这一盛事，便将七真殿改称"老律堂"，即传授戒律之殿堂。老律堂建筑面积较大，是观内道士举行宗教活动的地方。每天早晚道士们都要来到这里上殿诵经，逢道教节日或祖师圣诞，要在这里设坛举行斋醮法会。

邱祖殿奉祀全真龙门派始祖长春真人邱处机。殿内正中摆放着一个巨大的"瘿钵"，系一古树根雕制而成的，此钵为清朝雍正皇帝所赐。传说观内道士生活无着落时，可抬着此钵到皇宫募化，宫中必有施舍。邱处机的遗蜕就埋藏于此"瘿钵"之下。

三清四御殿为二层阁楼，上层奉三清，下层奉四御。三清像为明朝宣德年间所塑造，高2m余，神态安详超凡，色彩鲜艳如初，富丽而又不失古朴。四御即辅佐玉皇大帝的四位天帝：勾陈上宫天皇大帝、南极长生大帝、中天紫微北极大帝和后土皇地祇。这些都是清代中期泥塑金漆沥粉造像，高约1.5m。殿前院子中的鎏金铜鼎炉，为明嘉靖年间所铸造。香炉造型浑厚，周身雕铸着精美的云龙图案，共有43条金龙。

藏经楼和望月楼为三清阁两侧配楼，有游廊相通。东侧藏经楼原藏有明版《道藏》，包括正统十年（1445年）编写的《正统道藏》和万历三十五年编写的《万历续道藏》，共计5485卷，为道教经典的总集。每年旧历六月初一至初七，白云观都要举行晾经会，将经书统统搬出，放于通风处翻晒，以防书蠹。现存此处的为复印本，原版于1950年移交北京图书馆（现国家图书馆）保存。西侧望月楼又称"朝天楼"。

12.3.2　西路

白云观西路有神特、祠堂院、八仙殿、吕祖殿、元君殿、文昌殿、元辰殿等。

进入西院，首先映入眼帘的是一匹酷似骏马的铜兽，走近细看，其造型竟为骡身、驴面、马耳、牛蹄，它的名字叫"特"。传说它是一种神兽，具有奇特的功能，人哪儿不舒服，只要先摸摸自己，然后再摸摸它的相同部位，即可手到病除。

祠堂院建于清朝康熙四十五年（1706年），堂上奉祀全真龙门派第七代律师王常月坐像，堂下埋藏其遗蜕。堂内左右室墙壁上嵌有元赵孟頫书《道德经》《阴符经》石刻，为白云观之珍宝。

八仙殿建于清嘉庆十三年（1808年），殿内奉祀钟离权、吕洞宾、张果老、曹国舅、李铁拐、韩湘子、蓝采和、何仙姑八位道教仙人。八仙殿的后面是吕祖殿，殿内奉祀吕洞宾。

元君殿奉祀道教女神。中座为天仙圣母碧霞元君，左座分别为催生娘娘和送子娘娘，右座分别为眼光娘娘和天花娘娘。文昌殿奉祀掌管人间科名禄位的文昌帝君。元辰殿俗称"六十甲子殿"，奉祀六十甲子神和斗姥元君。

12.3.3　东路

白云观东路有罗公塔、三星殿、慈航殿、真武殿和雷祖殿。

罗公塔位于东北角塔院内，造型为八角形，三层砖石结构。原塔前还有供奉罗公像的"罗公前殿"和"白云观重修碑""罗真人道行碑""粥场碑记""云溪方丈功德碑"四块石碑，现仅存罗公塔。罗公为江西人，康熙年间来京，常住白云观，雍正五年（1727年）逝世，被雍正帝敕封为"恬淡守一真人"。民间传说罗真人创造了剃头理发的工具和按摩术，传入皇宫后得到雍正帝的赞赏，旧时理发行业尊奉罗真人为祖师爷。三星殿清朝时为"华祖殿"，奉祀神医华佗。2000年重修后改为"三星殿"，奉祀福、禄、寿三星真君神像。慈航殿清朝时为"火祖殿"，奉祀火德真君。2000年重修后改为"慈航殿"，奉祀慈航天尊（佛教称为观音菩萨）。真武殿始建于清朝乾隆年间，2000年重修，奉祀真武大帝。

12.3.4　云集园

白云观后院为一个清幽雅静的花园，名云集园，又称小蓬莱。它是由三个庭院连接而成的，游廊迂回，假山环绕，花木葱郁，绿树成荫。中区正中间是建于石砌高台上的"云集山房"，这是全园的主体建筑物和构图中心。云集山房前面正对"戒台"，后面为土石假山。假山周围古木参天，登山可近观近处的天宁寺塔，远眺西山群峰。中区有游廊与东、西两区相连。东区院中以叠石假山为主景，山上建有"有鹤亭"，亭旁特置巨型峰石，上镌"岳云文秀"四个字，诱发人们对五岳名山的联想从而创造道家仙界洞府之意境。假山南面是三开间的云华仙馆，有窝角游廊与中区回廊相连。西有角楼"退居"，院中的假山为太湖石堆砌而成，为此区主景，山下石洞额题"小有洞天"，寓意道教的洞天福地。自石洞侧拾级登山，有碣，上书"峰回路转"。山顶建有"妙香亭"供人休憩。

12.4　实习作业

① 草测妙香亭及其环境的平面、立面。
② 草测并绘制白云观平面图。
③ 自选园中建筑、植物、假山等景色优美之处，速写2～3幅。

实习13　避暑山庄

13.1　背景资料

承德避暑山庄又名"承德离宫"或"热河行宫"，位于河北省承德市中心北部，武烈河西岸一带狭长的谷地上，是清代皇帝夏天避暑和处理政务的场所。避暑山庄始建于1703年，历经清康熙、雍正、乾隆三朝，耗时89年建成。避暑山庄以朴素淡雅的山村野趣为格调，取自然山水之本色，吸收江南塞北之风光，成为中国现存占地最大的古代帝王宫苑。1961年3月4日，避暑山庄被公布为第一批全国重点文物保护单位，与同时公布的颐和园、拙政园、留园并称为中国四大名园。

避暑山庄的营建，大至分为两个阶段。

第一阶段：从康熙四十二年（1703年）至康熙五十二年（1713年），开拓湖区、筑洲岛、修堤岸，随之营建宫殿、亭榭和宫墙，使避暑山庄初具规模。山区保持原有景观不变。主要艺术构思在于突出自然山水之美，循自然景观修筑建筑，不事彩画，以淳朴素雅格调为主。

第二阶段：从乾隆六年（1741年）至乾隆十九年（1754年），乾隆皇帝对避暑山庄进行了大规模扩建，增建宫殿和多处精巧的大型园林建筑，扩建湖州区几组庭院，修建了外八庙。主要艺术构思在于充分利用庄外的风景进行借景，突出自然山水之美。山庄整体布局巧于因借，因山就势，分区明确，景色丰富，以朴素淡雅的山村野趣为格调，取自然山水之本色，吸收江南塞北风光，同时融南北造园艺术于一体。

子孙等数万人前往木兰围场行围狩猎，以达到训练军队、固边守防之目的。为了解决皇帝沿途的吃、住，在北京至木兰围场之间，相继修建21座行宫，热河行宫——避暑山庄就是其中之一。避暑山庄及周围寺庙自康熙四十二年（1703年）动工兴建，至乾隆五十七年（1792年）最后一项工程竣工，经历了康熙、雍正、乾隆三代帝王，历时89年。

13.2　实习目的

① 了解康熙建设避暑山庄的目的和志向。

② 了解避暑山庄相地之法。

③ 学习大规模园林的分区、理水之法，包括水源利用、进出水口。

④ 比较避暑山庄宫殿区与故宫、颐和园、圆明园的异同点。

⑤ 调查山区景观及外八庙在相地选址、避开山洪、组织排水的技巧和方法。

13.3　实习内容

13.3.1　空间布局

避暑山庄分宫殿区、湖泊区、平原区、山峦区四大部分。宫殿区位于湖泊南岸，地形平坦，是皇帝处理朝政、举行庆典和生活起居的地方，占地 $1 \times 10^5 \mathrm{m}^2$，由正宫、松鹤斋、万壑松风和东宫四组建筑组成。湖泊区在宫殿区的北面，湖泊面积包括州岛约占 $43 \mathrm{hm}^2$，有8个小岛屿，将湖面分割成大小不同的区域，层次分明，洲岛错落，碧波荡漾，富有江南鱼米之乡的特色。东北角有清泉，即著名的热河泉。平原区在湖泊区北面的山脚下，地势开阔，有万树园和试马埭，区西部绿草如茵，一派蒙古草原风光；东部古木参天，具有大兴安岭莽莽森林景象。山峦区在山庄的西北部，面积约占全园的4/5，这里山峦起伏，沟壑纵横，众多楼堂殿阁、寺庙点缀其间。整个山庄东南多水，西北多山，是中国自然地貌的缩影。在避暑山庄东面和北面的山麓，分布着宏伟壮观的寺庙群，这就是外八庙，其名称分别为：溥仁寺、溥善寺（已毁）、普乐寺、安远庙、普宁寺、须弥福寺之庙、普陀宗乘之庙、殊像寺。外八庙以汉式宫殿建筑为基调，吸收了蒙、藏、维等民族建筑艺术特征，创造了中国的多样统一的寺庙建筑风格。

山庄整体布局巧用地形，因山就势，分区明确，景色丰富，与其他园林相比，有其独特的风格。山庄宫殿区布局严谨，建筑朴素，苑景区自然野趣，宫殿与天然景观和谐地融为一体，达到了回归自然的境界。山庄融南北建筑艺术精华，园内建筑规模不大，殿宇和围墙多采用青砖灰瓦、原木本色，淡雅庄重，简朴适度，与京城故宫的黄瓦红墙、描金彩绘、堂皇耀目呈明显对照。山庄的建筑既具有南方园林的风格、结构和工程做法，又多沿袭北方常用的手法，成为南北建筑艺术完美结合的典范。避暑山庄不同于其他的皇家园林，按照地形地貌特征进行选址和总体设计，完全借助于自然地势，因山就水，顺其自然，同时融南北造园艺术的精华于一身。它是中国园林史上一个辉煌的里程碑，是中国古典园林艺术的杰作，享有"中国地理形貌之缩影"和"中国古典园林之最高范例"的盛誉。

承德避暑山庄的总体布局大体可分为宫殿区和苑景区两大部分。如图 3-13-1 为避暑山庄平面图。

13.3.1.1　苑景区

苑景区又可分成湖区、平原区和山区三部分。

平原区位于山庄北部，占地 $6.07 \times 10^5 \mathrm{m}^2$，包括东部林地和西部草原。草原以试马埭为主体，是皇帝举行赛马活动的场地。林地称万树园，是避暑山庄内重要的政治活动中心之一。当年这里有万树园，园内有不同规格的蒙古包 28 座。其中最大的一座是御幄蒙古包，直径达 7 丈 2 尺（1 丈＝3.33m，1 尺＝0.33m），是皇帝的临时宫殿，乾隆经常在此召见少数民族的王公贵族、宗教首领和外国使节。万树园西侧为中国四大皇家藏书名阁之一的文津阁。另外还有永佑寺、春好轩、宿云檐等建筑点缀在草原、林地之间。

山区位于山庄西北部，面积 $4.435 \times 10^6 \mathrm{m}^2$。相对高差180m，形成了群峰环绕、众壑纵横的景。避暑山庄周围寺庙共占地 $4.72 \times 10^5 \mathrm{m}^2$，博仁寺、博善寺、普乐寺、安远庙、普宁寺、普佑寺、广缘寺、须弥福寿之庙、普陀宗乘之庙、广安寺、罗汉堂、殊像寺 12 座金碧辉煌、雄伟壮观的喇嘛寺庙群，是清政府为安抚中国西北蒙、藏等少数民族，加强边疆管理而建造的皇家寺庙。寺庙之集中，规模之宏大，建筑之精湛，寺庙中大量佛像、祭器制造技艺之高超，使其成为藏传佛教圣地之一。山区多处园林解放前多遭破坏，但山区景物依旧迷人，在亭子上远眺，山庄的各风景点，山庄外的几座大庙，以及承德市区，周围山上的奇峰怪石等，可尽收眼底。

湖区位于山庄东南，面积 $4.96 \times 10^5 \mathrm{m}^2$。有大小湖泊八处，即西湖、澄湖、如意湖、上湖、下湖、银湖、镜湖及半月湖，统称为塞湖。湖区的风景建筑大多是仿照江南的名胜建造的，如"烟雨楼"是模仿浙江嘉兴南湖烟雨楼的形状修的，金山岛的布局仿自江苏镇江金山。湖中的两个岛分别有两组建筑，一组叫"如意洲"，一组叫"月色江声"。"如意洲"上有假山、凉亭、殿堂、庙宇、水池等建筑，布局巧妙，是风景区的中心。"月色江声"是由一座精致的四合院和几座亭、堂组成的。每当月上东山的夜晚，蛟洁的月光，映照着平静的湖水。

13.3.1.2　宫殿区

宫殿区坐落在避暑山庄南部，面积 $1.02 \times 10^5 \mathrm{m}^2$，由正宫、松鹤斋、东宫（已毁）和万壑松风四组建筑组成。建筑风格朴素淡雅，又不失帝王宫殿的庄严。正宫是宫殿区的主体建筑，包括 9 进院落，分为"前朝""后寝"两部分。主殿叫"澹泊敬诚"，用楠木建成，也称楠木殿。附属建筑置于两侧，基本均衡对称。宫殿区是清帝理朝听政、举行大典和寝居之所。

13.3.2　造园理法

13.3.2.1　相地

康熙四十一年（1702 年）夏，康熙在行围射猎的同时踏察新的行宫地址。当他路过武烈河边的热河下营时，觉得此地有四个方面符合建行宫的地理条件。

① 此地是一个盆地，四周是山，犹如众象朝揖，就像各个山峰都来向这个盆地的地方朝拜一样。这样一个环境就很符合皇帝的心理状态，皇帝那是唯我独尊，天下都要朝中，都要以他为最高的统治者。

图 3-13-1　避暑山庄平面图

（摹自《中国古典园林史》）

1—丽正门；2—正宫；3—松鹤斋；4—德汇门；5—东宫；6—万壑松风；7—芝径云堤；8—如意洲；9—烟雨楼；10—临芳墅；11—水流云在；12—濠濮间想；13—莺啭乔木；14—莆田丛樾；15—苹香沜；16—香远益清；17—金山亭；18—花神庙；19—月色江声；20—清舒山馆；21—戒得堂；22—文园狮子林；23—殊源寺；24—远近泉声；25—千尺雪；26—文津阁；27—蒙古包；28—永佑寺；29—澄观斋；30—北枕双峰；31—青枫绿屿；32—南山积雪；33—云容水态；34—清溪远流；35—水月庵；36—斗姥阁；37—山近轩；38—广元宫；39—敞晴斋；40—含青斋；41—碧静堂；42—玉岑精舍；43—宜照斋；44—创得斋；45—秀起堂；46—食蔗堂；47—有真意轩；48—碧峰寺；49—锤峰落照；50—松鹤清越；51—梨花伴月；52—观瀑亭；53—四面云山；54—坦坦荡荡；55—碧峰门；56—梅檀林

② 地势较高，空气很清新凉爽，适合避暑。北京是内陆地区，夏天很热。

③ 距离北京不远，各省督抚大臣有关国家政务的奏折，能够很快送到。在这个地方总理万机，处理国家的政务，与宫中无异，就如同在皇宫一样，比较方便。

④ 当时此地是蒙古的游牧场，居民较少，只有热河上营和热河下营两个很小的村落。在此大规模修建皇帝行宫和以后的避暑山庄不会侵占民田或者民居，而且有武烈河，有沼泽，有平地自然环境，选景可以有广阔的空间，便于大规模地营造皇家的园林。

基于以上四点，康熙亲自确定在此地修建行宫，康熙四十七年，避暑山庄初步建成，当时名为热河行宫，康熙五十年完成了宫殿区建设。

13.3.2.2 立意

山庄为了体现建庄目的，指导兴建的构思原则包括以下几个方面。

（1）静观万物，俯察庶类

这显然是最高统治者的境界和心怀，反映在山庄诸多风景意境中。如鸶云寺侧有"静含太古山房"，意含"山仍太古留，心在羲皇上"之意。

（2）崇朴鉴奢，以素药艳

崇朴不但是宁拙舍巧"洽群黎"，缓和帝王和移民之间的矛盾，同时其建设也是出于因地制宜造园的目的。在这种思想指导下，山庄许多大石桥不用雕栏，多用带树皮的木板平桥，水位以下用驳岸，水面上以水草护坡，创造朴素雅致的景观形态。

（3）博采名景，集锦一园

无论是湖区还是山区都有很肖神的几组风景点控制整个局面。许多景点是模仿不同地方的代表性风景。掇山仿泰山，理水写江南，多样的风景融入统一的构图，形成了独特的艺术风格。

（4）外旷内幽，求寂避喧

无论是湖区还是山区都以静赏景观为主。"月色江声""梨花伴月""烟雨楼""素尚斋"无不给人以宁静的感觉。

13.4 实习作业

① 草测月色江声平面图。

② 草测三十六景中任意 2 个景的平面、立面图。

③ 实习报告，主要分析避暑山庄在理水和分区所采用的手法。

参 考 文 献

[1] 陈瑞修，王洪晶.园林花卉栽培技术.北京：北京大学出版社，2007.

[2] 张燕妮，杨春雪.园林花卉学实验指导.哈尔滨：东北林业大学园林学院花卉教研室，2005.

[3] 李式军.设施园艺学.北京：中国农业出版社，2002.

[4] 周武忠，雷东林，蒋长林.盆景制作技法与鉴赏.北京：中国农业出版社，1999.

[5] 苏本一，马文其.当代中国盆景艺术.北京：中国林业出版社，1997.

[6] 鲁涤非.花卉学.北京：中国农业出版社，1997.

[7] 叶要妹.园林树木栽培学实验实习指导.北京：中国林业出版社，2011.

[8] 赵彦杰.园林实训指导.北京：中国农业大学出版社，2007.

[9] 卓丽环，刘承珊.园林技术专业综合实训指导书——园林植物识别.北京：中国林业出版社，2010.

[10] 于晓南，魏民.风景园林专业综合实习指导书——规划设计篇.北京：中国建筑工业出版社，2016.

[11] 于晓南，魏民.风景园林专业综合实习指导书——园林树木识别与应用篇.北京：中国建筑工业出版社，2016.

[12] 张燕妮，岳桦.花卉学实习指导.哈尔滨：东北林业大学出版社，2008.

[13] 王玲，赵敬书，苏含英.园林树木学教学实习指导.哈尔滨：东北林业大学出版社，2008.

[14] 北京林业大学园林系花卉教研组.花卉学.北京：中国林业出版社，1995.

[15] 刘燕.园林花卉学.北京：中国林业出版社，2009.

[16] 孙洁雄.草坪学.北京：中国农业出版社，1995.

[17] 邹长松.观赏树木修剪技术.北京：中国林业出版社，1988.

[18] 孙时轩.林木种苗手册.北京：中国林业出版社，1985.

[19] 俞玖.园林苗圃学.北京：中国林业出版社，1988.

[20] 吴季玲.新婚花车.香港新婚通讯，1992.

[21] 林贤著.生活花艺设计.台湾：畅文出版社，1990.

[22] 张林华.新娘捧花.台湾：畅文出版社，1989.

[23] 王志东.新潮婚礼花车.园林，1998（4）：5.

[24] 李方编.插花与花艺.杭州：浙江大学出版社，1999.

[25] 李方，吴龙高.婚庆花艺设计.杭州：浙江大学出版社，2003.

[26] 孟兆祯，毛培琳，黄庆喜，等.园林工程.北京：中国林业出版社，1996.

[27] 梁伊任，瞿志，王沛永.风景园林工程.北京：中国林业出版社，2011.

[28] 李宝昌.园林技术专业综合实训指导书——园林施工与管理.北京：中国林业出版社，2008.

[29] 钟喜林.园林技术专业综合实训指导书——园林设计.北京：中国林业出版社，2008.

[30] 魏民.风景园林专业综合实习指导书：规划设计篇.北京：中国建筑工业出版社，2007.

[31] 卞正富.测量学实践教程（非测绘类专业用）.北京：中国农业出版社，2004.